TURING 图灵程序设计丛书

U0318281

两周自制脚本语言

【日】千叶滋 著 陈筱烟 译

人民邮电出版社

北 京

图书在版编目（CIP）数据

两周自制脚本语言 /（日）千叶滋著；陈筱烟译
--北京：人民邮电出版社，2014.6（2023.4重印）
（图灵程序设计丛书）
ISBN 978-7-115-35564-5

Ⅰ.①两… Ⅱ.①千… ②陈… Ⅲ.①JAVA语言－程
序设计 Ⅳ.①TP312

中国版本图书馆CIP数据核字（2014）第093603号

内 容 提 要

本书是一本优秀的编译原理入门读物。全书穿插了大量轻松风趣的对话，读者可以随书中的人物一起从最简单的语言解释器开始，逐步添加新功能，最终完成一个支持函数、数组、对象等高级功能的语言编译器。本书与众不同的实现方式不仅大幅简化了语言处理器的复杂度，还有助于拓展读者的视野。

本书适合对编译原理及语言处理器设计有兴趣的读者以及正在学习相关课程的大中专院校学生。同时，已经学习过相关知识，有一定经验的开发者，也一定能从本书新颖的实现方式中受益良多。

◆ 著　　　　[日]千叶 滋
　　译　　　　陈筱烟
　　责任编辑　徐　骞
　　责任印制　焦志炜
◆ 人民邮电出版社出版发行　　北京市丰台区成寿寺路11号
　　邮编　100164　电子邮件　315@ptpress.com.cn
　　网址　https://www.ptpress.com.cn
　　固安县铭成印刷有限公司印刷
◆ 开本：800×1000　1/16
　　印张：18.75　　　　　　　　2014年6月第1版
　　字数：429千字　　　　　　　2023年4月河北第21次印刷
　　著作权合同登记号　图字：01-2013-6220号

定价：59.00元
读者服务热线：(010)84084456-6009　印装质量热线：(010)81055316
反盗版热线：(010)81055315
广告经营许可证：京东市监广登字20170147号

译者序

在大学时代，编译原理就是我十分感兴趣的一门课程。无论是手工进行语法分析计算，还是尝试设计一些简单的语言处理器，都给我留下了深刻的印象。为某些特殊用途的软件设计专用的程序设计语言，也是我一度着迷的课题。当时，阿尔弗雷德所著的《编译原理技术与工具》是自己包中的常客，我常带着英文原版辗转于教室、图书馆与自己的房间。

怀着对编译原理的这份兴趣与热忱，我一直都希望能做一些与之相关的工作。遇到这本《两周自制脚本语言》，算是一种缘分。

初见书名，我还有些犹豫。国内以速成为卖点的计算机书籍不少，真正值得一读的好书却不多。诱惑读者靠走捷径学到真知，常常最终使他们绕了弯路。不过在了解到作者是东京大学和东京工业大学计算机系的资深教授后，我又对这本书产生了好奇。一位仍活跃在科研与教学第一线的学者，会怎样在两周内教会读者设计一种脚本语言呢？

读完本书，我颇为惊喜，原本的担心消失殆尽。这是一本有趣而实用的书，内容编排十分独特，作为一本编译原理的入门读物，本书的很多编写思路都围绕这点展开。作者没有为了增添噱头而加入大量初学者不易理解也无需急着掌握的知识与技术，而是始终以够用为本，逐步扩展语言的语法规则，帮助读者从最基础的概念到一些常用的进阶设计理念，逐步掌握语言处理器的运行原理，以及设计一门新的语言的必要步骤。书中随处可见的老师与学生、学生与学生间的轻松对话是本书的一大特色，几位性格迥异的出场人物时而为读者解惑，时而提出一些更深层次的问题，引发读者的思考。

尽管书名是自制脚本语言，但本书的内容却是自制脚本语言处理器。作者花了大量篇幅讲解语言处理器的功能增强与性能优化。与同类书相比，本书使用了一种较为新颖的实现方式，能够有效简化语言处理器的设计与维护成本。尽管它还无法完全胜任实际生活中更为复杂的系统，这种解决问题的思路却对开拓读者的眼界很有帮助。

得益于作者丰富的教学科研经验，本书涉及了不少实践中可能遇到的问题。作者没有直接给出解答，而是引导读者思考，无论是初学者还是有一定基础知识的读者，都能在阅读本书后有新的发现。在翻译本书时，我也有所收获。其中，为了深究一些细节问题，我曾专门致信向作者请教。作者立刻对我的疑问进行了解答，并附上了细致的说明，在他的帮助下，中译本的质量得到了进一步提升。在此谨对作者的支持表示衷心的感谢。此外，中译本已经参照原书的勘误及补遗表做了修改与调整，一些细节问题得到了修正。

　　在翻译过程中，我得到了许多人的帮助与支持。家人为自己创造了能够安心翻译的环境，并始终给予理解与关心。好友陈洁也为我提供了莫大的支持，使我可以每天以最佳状态投入工作。这里还要感谢图灵的各位编辑提出大量极具价值的建议与意见，帮助本书顺利完成并最终问世。最后，希望对编译原理有兴趣的读者都能从本书中获益。

陈筱烟

2014 年 4 月于上海

译者序

在大学时代，编译原理就是我十分感兴趣的一门课程。无论是手工进行语法分析计算，还是尝试设计一些简单的语言处理器，都给我留下了深刻的印象。为某些特殊用途的软件设计专用的程序设计语言，也是我一度着迷的课题。当时，阿尔弗雷德所著的《编译原理技术与工具》是自己包中的常客，我常带着英文原版辗转于教室、图书馆与自己的房间。

怀着对编译原理的这份兴趣与热忱，我一直都希望能做一些与之相关的工作。遇到这本《两周自制脚本语言》，算是一种缘分。

初见书名，我还有些犹豫。国内以速成为卖点的计算机书籍不少，真正值得一读的好书却不多。诱惑读者靠走捷径学到真知，常常最终使他们绕了弯路。不过在了解到作者是东京大学和东京工业大学计算机系的资深教授后，我又对这本书产生了好奇。一位仍活跃在科研与教学第一线的学者，会怎样在两周内教会读者设计一种脚本语言呢？

读完本书，我颇为惊喜，原本的担心消失殆尽。这是一本有趣而实用的书，内容编排十分独特，作为一本编译原理的入门读物，本书的很多编写思路都围绕这点展开。作者没有为了增添噱头而加入大量初学者不易理解也无需急着掌握的知识与技术，而是始终以够用为本，逐步扩展语言的语法规则，帮助读者从最基础的概念到一些常用的进阶设计理念，逐步掌握语言处理器的运行原理，以及设计一门新的语言的必要步骤。书中随处可见的老师与学生、学生与学生间的轻松对话是本书的一大特色，几位性格迥异的出场人物时而为读者解惑，时而提出一些更深层次的问题，引发读者的思考。

尽管书名是自制脚本语言，但本书的内容却是自制脚本语言处理器。作者花了大量篇幅讲解语言处理器的功能增强与性能优化。与同类书相比，本书使用了一种较为新颖的实现方式，能够有效简化语言处理器的设计与维护成本。尽管它还无法完全胜任实际生活中更为复杂的系统，这种解决问题的思路却对开拓读者的眼界很有帮助。

得益于作者丰富的教学科研经验，本书涉及了不少实践中可能遇到的问题。作者没有直接给出解答，而是引导读者思考，无论是初学者还是有一定基础知识的读者，都能在阅读本书后有新的发现。在翻译本书时，我也有所收获。其中，为了深究一些细节问题，我曾专门致信向作者请教。作者立刻对我的疑问进行了解答，并附上了细致的说明，在他的帮助下，中译本的质量得到了进一步提升。在此谨对作者的支持表示衷心的感谢。此外，中译本已经参照原书的勘误及补遗表做了修改与调整，一些细节问题得到了修正。

　　在翻译过程中，我得到了许多人的帮助与支持。家人为自己创造了能够安心翻译的环境，并始终给予理解与关心。好友陈洁也为我提供了莫大的支持，使我可以每天以最佳状态投入工作。这里还要感谢图灵的各位编辑提出大量极具价值的建议与意见，帮助本书顺利完成并最终问世。最后，希望对编译原理有兴趣的读者都能从本书中获益。

陈筱烟

2014 年 4 月于上海

前　言

本书是一本编译原理的入门读物。过去，大家普遍认为编译器与解释器之间存在很大的差异，因此会分别编写针对编译器与解释器的图书。不过，最近编译器与解释器之间的界限越来越模糊，我们只要稍微了解一下常见的程序设计语言，就会发现两者已不再是对立的概念。

因此，与其说本书是编译原理的入门书，不如说是语言处理器的入门读物更为恰当。语言处理器是用于执行程序设计语言的软件，它同时包含了编译器与解释器。本书看似用了大量篇幅讲解解释器的原理，其实是在讲解编译器与解释器通用的理论。第 1 章将详细介绍各章节的具体内容。

本书采用了 Java 语言来实现语言处理器。在设计语言处理器时，C 语言或 C++ 语言更为常见，加之本书没有借助 yacc 等常用的工具来生成语言处理器，因此读者也许会认为本书的实用性不足。

本书在介绍语言处理器的设计方式时，尽可能采用了较新颖的手段。C 语言或 C++ 语言结合 yacc 的方式性能较差，且是上世纪 80 年代的实现方式。在那之后，程序设计语言飞速发展，已不可同日而语，其运行性能也大幅提升。入门读物也应该与时俱进，讲解与过去不同的设计方式，展现它们的实践价值。

时至今日，软件领域的发展依然日新月异，并逐渐渗透至生活的方方面面，这一势头无疑将持续下去。在此期间，各类技术必将不断发展，为了跟上技术更新的步伐，软件应当以略微领先于时代的设计思路开发。

很久以前，笔者曾使用 C++ 语言开发过适用于工作站的语言处理器，当时，时钟频率仅有 100 兆赫，内存也不过几百兆字节。那套软件幸运地在各种环境下运行了十年以上。有一天，我收到了一封邮件。我记得好像是一个德国的年轻人，他洋洋洒洒写了很多，批评那套软件的设计有不少问题。还说开发者应当合理使用模板，并灵活运用各种库，要学习使用设计模式，还要用 XML 来表示抽象语法树，等等。

他指出我太节省内存，只顾着提升性能，结果程序难以阅读。从当时的主流软硬件标准来看，这些批评确实合情合理，但那套系统毕竟是十年前的产物。在当时软硬件性能屡弱的情况下，如果遵循他的建议，最终完成的语言处理器恐怕会被打上缺乏使用价值的标签（顺便一提，提出批评的那位年轻人虽然说了很多，却没有写一行代码）。

然而，从这件事中我深刻体会到，软件有着惊人的生命力，即使在开发时采用了最佳设计，最终还是会随着时代的进步而被迅速淘汰。因此，前文说软件应当以略微领先于时代的设计思路开发有其合理性。当然，我们也可以不关心他人的批评，尽可能缩短软件的生命周期，并积极抛弃过时的内容。具体采用哪种策略因人而异。

希望读者能够在阅读本书时始终记住这些理念。读过本书之后，如果大家觉得收获良多，我将深感荣幸与喜悦。

2012 年 新春

千叶滋

推荐序

本书虽然是编译原理的入门读物，但除了编译器之外，还将介绍程序设计语言的各种功能及相应实现方法的基本设计思路。不过，与现有的很多编译原理入门书不同，本书的内容十分新颖。已有的同类书大多遵循一些固定套路，以正则表达式、自动机、LL 语法、LR 语法及相关的语法分析算法等基础知识为核心，设计简化的 C 语言风格编译器。本书不仅会仔细讲解这些知识点蕴含的基本思想，还会通过现成的库来实现语言处理的词法分析与语法分析逻辑。

本书仅简单讲解词法分析与语法分析等编译器的基本知识，而将重点放在语言处理器的实现上。已有的同类书很少涉及各类具体的语言功能与它们的具体实现方式，本书将由简入繁，逐步修改语言处理器，介绍这些功能与实现。语言处理器最初只支持无变量声明的简单表达式，之后陆续添加函数与闭包、数组、面向对象类型、类型推论等功能，将它从解释器修改为编译器。

本书采用 Java 语言来实现语言处理器，不过在多次修改后，已有的程序通常需要重写，这并非我们希望看到的。本书使用了笔者开发的语言处理工具 GluonJ，因此在添加功能时无需修改已有的代码，只需另外编写必要的程序即可。因此可以轻松更改不同功能的配置。这是一种非常理想的程序开发方式。

得益于这种方式，本书能通过若干较为简短的独立程序实现语言处理器的各种功能，并将完整代码收录于书中。这正是 GluonJ 的长处，如果合理设计程序结构，这种优势能进一步得到发挥，程序的扩展将更加容易。希望读者能够通过本书体会这种编程思想。

本书并非一味教授基础知识，而会尽可能简明地讲解这些基本概念背后的原理。此外，乍一看类与函数是完全不同的概念，其实类是函数概念的一种延伸，本书也会对此进行说明。正文中插入了大量学生与教师的对话，时而质疑时而反驳，提供了很多相关信息，引发读者深入思考。

本书是一本优秀的编译原理入门读物，它尝试以一种现代的方式设计一种现代的语言，即使读者对编译器已有一定程度的了解，也一定能从中学到很多。

中田育男

致谢

　　笔者在执笔期间得到了多方帮助。其中，我要特别要感谢五十岚淳、笹田耕一，以及以学生视角审读本书草稿的栗田昂裕。中田育男老师不仅审读了草稿，还特地为本书作序，在此谨深表谢意。此外，从本书策划阶段起，技术评论社的池本公平先生一直给予我诸多照顾，非常感谢。本书使用的软件与技术是笔者日常研究中积累的成果，我要感谢研究室的各位成员。最后，我要感谢爱妻典子与孩子们，正是有了他们的支持，本书才得以顺利完成。

本书的阅读方式

对话形式的补充说明在本书中随处可见。这些对话有时用于补充正文内容，有时会引入一些更深入的主题。

本书的对话中将出现以下 5 个角色。

● 出场角色

C 某大学的老师。程序设计语言研究室的负责人。

H 最年长的学生。彬彬有礼的运动型男生。

F 好为人师的学生。

S 博学的学生。平时少言寡语，一开口反而会语惊四座。

A 留过级，所谓的差生。不过他究竟是不是真的差生还是一个谜。

这些出场角色纯属虚构，与现实中存在的人物没有任何关系。希望读者能够结合对话与正文，更深入地理解本书的内容。

● 有效利用源代码

在阅读本书时，强烈建议读者下载源代码并通过 Eclipse 等集成开发环境调试。如果不使用 Eclipse 之类的开发环境，用面向对象语言写成的程序将变得难以理解。

读者可以从以下地址下载源代码。

http://www.ituring.com.cn/book/1215

需要注意的是，在不同的程序设计环境中，源代码中的反斜杠 \ 可能会显示为 ¥ 等字符。本书将统一使用 \。

目录

第
1
天

来，我们一起做些什么吧

第 1 天　来，我们一起做些什么吧

——某大学研究室内

C 话说，我现在正在写一本新书。

H 老师，您这次写的是什么主题的书呢？

C 是一本和编译相关的书。确切地说，是关于语言处理器的书。

F 这样啊，这次是要写成一本教科书吗？

C 不，出版社要求我这次写得通俗些，所以这本书的内容会比教材来得简单。

H 那这次还会像前一本书[①]那样，通过对话形式进行解说吗？

C 这个问题现在还没有确定。有人赞成用对话的形式，但也有人反对。

F 老师，那这次的新书中会出现哪些人物呢？肯定会有 H 吧，毕竟这里他最年长。

H 哎呀，别么说，就算没有我也没关系。

F H 肯定会出现啦。至于还会有哪些人，真是很期待呀。此外，M[②] 那样称职的角色也必不可少。这次选谁才好呢？

　　设计程序时使用的语言称为程序设计语言。如 Java 语言、C 语言、Ruby 语言、C++ 语言、Python 语言等，都是程序设计语言。

　　程序员必须使用与各程序设计语言相匹配的软件来执行由该语言写成的程序。这种软件通常称为语言处理器。本章将首先说明语言处理器的基本概念。

1.1　机器语言与汇编语言

——不久后

A 该不会是要让我来扮演 M 的角色吧？真是这样倒也没问题，M 一直也很关照我。

C 不，所有出现的人物都是虚构的，不必在意。

　　有些程序设计语言无需借助软件执行，也就是说，它们不需要语言处理器。这些语言称为机器语言。机器语言可以由硬件直接解释执行，理论上不必使用软件。

---

① 千叶滋《面向方面程序设计入门》技术评论社，2005 年。

② 这里指的是在注 1 提到的书中出现的角色 M。

来，我们一起做些什么吧

第 1 天

来，我们一起做些什么吧

——某大学研究室内

C 话说，我现在正在写一本新书。

H 老师，您这次写的是什么主题的书呢？

C 是一本和编译相关的书。确切地说，是关于语言处理器的书。

F 这样啊，这次是要写成一本教科书吗？

C 不，出版社要求我这次写得通俗些，所以这本书的内容会比教材来得简单。

H 那这次还会像前一本书[1]那样，通过对话形式进行解说吗？

C 这个问题现在还没有确定。有人赞成用对话的形式，但也有人反对。

F 老师，那这次的新书中会出现哪些人物呢？肯定会有 H 吧，毕竟这里他最年长。

H 哎呀，别这么说，就算没有我也没关系。

F H 肯定会出现啦。至于还会有哪些人，真是很期待呀。此外，M[2]那样称职的角色也必不可少。这次选谁才好呢？

　　设计程序时使用的语言称为程序设计语言。如 Java 语言、C 语言、Ruby 语言、C++ 语言、Python 语言等，都是程序设计语言。

　　程序员必须使用与各程序设计语言相匹配的软件来执行由该语言写成的程序。这种软件通常称为语言处理器。本章将首先说明语言处理器的基本概念。

1.1　机器语言与汇编语言

——不久后

A 该不会是要让我来扮演 M 的角色吧？真是这样倒也没问题，M 一直也很关照我。

C 不，所有出现的人物都是虚构的，不必在意。

　　有些程序设计语言无需借助软件执行，也就是说，它们不需要语言处理器。这些语言称为机器语言。机器语言可以由硬件直接解释执行，理论上不必使用软件。

---

① 千叶滋《面向方面程序设计入门》技术评论社，2005 年。

② 这里指的是在注 1 提到的书中出现的角色 M。

然而，机器语言书写的程序只有载入内存后才能通过硬件执行。因此用户在实际使用时，必须先通过软件从磁盘文件中读取机器语言程序，再将它复制至内存。不过，这类程序称不上是语言处理器，通常称为操作系统（Operating System，OS）。

A 我先打个岔，如果说操作系统是用于复制的软件，机器语言就该是其中的程序了吧。

F 你是想问，机器语言是不是需要通过某种软件来复制到内存吧？

C 当然需要了。这叫做引导装载程序。

A 老师，我想知道的是这个引导装载程序是怎样被复制到内存中的呢？

F 小 A，引导装载程序会事先写在内存中，无需复制。计算机在启动时会首先执行这个程序。

C 没错，即使切断电源，引导装载程序依然会留在内存中。

A 那为什么不一开始就把操作系统写入内存呢？

S 那样的话，升级操作系统将会变得很麻烦。

F 而且也无法实现 Windows 和 Linux 双操作系统启动。

C 嗯。不过要是断电后数据也不会丢失的高速内存能得到普及，预先将操作系统写入内存的计算机系统也会出现吧。

汇编语言与机器语言是很容易混淆的概念，但两者并不相同。机器语言写成的程序本质上是一个位数很长的二进制数字。由于它不易于阅读，人们常通过汇编语言程序来表述这个巨大的数字，使其更易于理解。因此，如果要执行汇编语言写成的程序，用户通常需要使用软件将其转换为机器语言。这种软件称为汇编程序（assembler）。汇编程序可以说是一种最基本的语言处理器。

1.2 解释器与编译器

语言处理器可大致分为解释器与编译器两种。这两类语言处理器的执行原理有很大差异。

● **解释器**

解释器根据程序中的算法执行运算。简单来讲，它是一种用于执行程序的软件。如果执行的程序由虚拟机器语言或类似于机器语言的程序设计语言写成，这种软件也能称为虚拟机。

● **编译器**

编译器能将某种语言写成的程序转换为另一种语言的程序。通常它会将原程序转换为机器语言程序。编译器转换程序的行为称为编译，转换前的程序称为源代码或源程序。如果编译器没有把源代码直接转换为机器语言，一般称为源代码转换器或源码转换器（source code translator）。

程序设计语言提供了何种类型的语言处理器不一而论，一些具有解释器，另一些则会提供编译器。例如，尽管 C 语言也提供了解释器，但却很少使用。C 语言通常直接通过编译器转换为机器语言执行。转换后得到的机器语言程序会暂时保存至某个文件，需要借助操作系统来执行。

另一方面，Common Lisp 或 Haskell 等语言一般会同时提供解释器与编译器，供用户根据需要选用。

有些语言混用解释器与编译器。通常，Java 语言首先会通过编译器把源代码转换为 Java 二进制代码，并将这种虚拟的机器语言保存在文件中。之后，Java 虚拟机的解释器将执行这段代码。

传统的狭义的编译器将会以文件形式保存转换后的程序。因此，只要源程序没有变更，编译就仅需执行一次，执行时间也会缩短。然而，一些编译器并不保存转换后的程序文件。这种编译器常见于解释器内部。

大多数 Java 虚拟机为了提高性能，会在执行过程中通过编译器将一部分 Java 二进制代码直接转换为机器语言使用。执行过程中进行的机器语言转换称为动态编译或 JIT 编译（Just-In-Time compile）。转换后得到的机器语言程序将被载入内存，由硬件执行，无需使用解释器。

编译器的用途多样。如上所述，它能够直接在解释器内部执行。此外，编译器的作用也不局限于将源程序转换为机器语言。例如，Ruby 语言的解释器内部会通过编译器来执行预处理工作，将源程序转换为类似于 Java 二进制代码的虚拟机器语言程序。解释器真正执行的是这种经过编译的语言。这种设计提高了执行性能。

> **C** 最近在解释器内部编译的例子越来越多，解释器的定义也变得模糊了呢。
> **F** 是呀。不过前面提到的 Java 源代码将首先经过编译这一点，恐怕很多人并不知道吧。
> **H** 的确如此，如果使用 Eclipse 开发 Java 程序，开发者很难看到编译过程。
> **F** Eclipse 其实已经把编译器与编辑器整合了，编译器会在开发者书写代码的同时执行编译，就好像编译始终能即时完成。
> **C** 对，开发者要意识到代码已被编译反而是一件难事。

过去人们提到编译器时，首先会联想到费时的编译过程。不过由于编译后实际执行的是机器语言，因此执行速度很快。而对于解释器，人们通常认为它会在程序输入的同时立即执行，执行速度较慢。这就是两者的基本区别。现代的解释器内部常采用各种类型的编译器，已经越来越没有必要将解释器与编译器区分看待。

> **C** 另外，编译器是否将源代码转换成了机器语言，并不那么易于分辨呢。
> **A** 只要编译后的文件双击后能够运行，它就是机器语言了。
> **S** 咦，但是 Java 编译后的 .jar 文件大都能双击运行不是吗？
> **H** 嗯，如果我说 .jar 文件的内部其实是机器语言，大概也会有人相信吧。
> **C** 当然了，.jar 文件内保存的是 Java 二进制代码。操作系统将会在后台启动 Java 虚拟机，并通过它来运行 .jar 文件。
> **F** Android 系统也是这种机制，它采用了名为 Dalvik 的虚拟机。

1.3 开发语言处理器

本书将为极为简单的脚本语言开发语言处理器。由于对象是脚本语言，所以如果按上一节的分类方式，本书开发的语言处理器属于解释器。不过，该解释器内部将采用编译器来提高性能，因此本书也将涉及开发编译器的一些基本知识。本书不包含代码优化之类的技巧，因此不会介绍诸如编译器在将程序转换为机器语言时，如何提高机器语言的执行效率等内容。

> **F** 脚本语言这个词的含义有些模糊不是吗？
>
> **C** 嗯，这的确是一个无法回避的问题。
>
> **H** 要回答脚本语言是怎样的程序设计语言，实在是不容易。
>
> **C** 总之，我们并不是要设计 C 语言那样的语言。不过，这类主题的书常会选择 C 语言的某些简化版本作为研究对象呢。
>
> **F** 本书会包含通过正则表达式实现模式匹配的语法功能吗？
>
> **C** 我不打算介绍这些。
>
> **F** 本书中出现的语言，会像 Perl 那样，同一种逻辑可以通过多种方式表达吗？
>
> **H** 熟悉之后，只需数行就能写出复杂的功能，这也是脚本语言的一个特点了。
>
> **C** 你们当然可以增加语法的种类，不过这就留作课后作业吧。毕竟不同语法的本质是相同的。
>
> **H** 也就是说不会介绍这部分内容了吗？
>
> **C** 是的。这只会平白增加篇幅而已。
>
> **F** 那本书使用的语言还能称为脚本语言吗？
>
> **C** 想问的是这个啊？这种语言支持动态数据类型，无需事先声明变量，且通过解释器运行。其实本书的主题应该是以现代的手法来设计现代语言。
>
> **A** 这样一来，这本书会变成什么样子呢？或许会有人说书的标题与内容不符了吧。

本书将设计的语言命名为 Stone 语言。实现该语言的开发语言是 Java 语言。因此，Stone 语言也是一种运行于 Java 虚拟机的语言。

> **H** 老师，还是说明一下"实现"这个词的含义比较好吧？
>
> **C** 这里的实现（implementation）指的是通过程序来实现某种功能。把它理解为书写程序也可以。
>
> **F** 说起来，Stone 语言的命名灵感是来自 Perl 语言和 Ruby 语言对吧？
>
> **C** 没错。它称不上是宝石，顶多算是小石子，因此取名为 Stone。

Stone 语言运行于 Java 虚拟机，并不轻巧。之所以选择 Java 语言，是为了以面向对象的方式设计语言处理器。语言处理器的复杂度适中，常用于实验或论证各种语言范型的性能。

例如，Haskell 语言或 OCaml 语言之类的函数型语言，非常适合开发语言处理器。面向对象语言也是如此。本书在讲解时，默认读者十分了解面向对象语言，尤其是 Java 语言的基本编程方式。

A 如果是要使用面向对象语言，Ruby 语言或 Scala 语言这些不可以吗？

C 这个嘛……它们可能会赶跑一部分读者，编辑或许会否决这个提议的吧。

H 那用 C 语言和 yacc 来实现的话如何？老师您觉得这样可以吗？

C 嗯，C 语言本身没什么不好，但要实现稍微复杂些的语言处理器时，就不得不使用各种不同的编程技术。最终写出的 C 语言程序会具有面向对象风格，那还不如从最开始就使用面向对象语言。

S 我倒是觉得以函数式语言风格来写 C 语言代码也挺好。

H 如果要写一本设计 Tiny C 编译器的书，C 语言会是个不错的选择吧。

C 此外，这里不会使用 yacc 相关的外部工具。我打算用其他方法来设计。

1.4 语言处理器的结构与本书的框架

无论是解释器还是编译器，语言处理器前半部分的程序结构都大同小异。如图 1.1 所示，源代码首先将进行词法分析，由一长串字符串细分为多个更小的字符串单元。分割后的字符串称为单词。之后处理器将执行语法分析处理，把单词的排列转换为抽象语法树。至此为止，解释器与编译器的处理方式相同。之后，编译器将会把抽象语法树转换为其他语言，而解释器将会一边分析抽象语法树一边执行运算。

F 首先需要把源代码转换为抽象语法树没错吧？

C 程序的分析结果能由抽象语法树表现，因此无论是解释器还是编译器都需要用到抽象语法树。

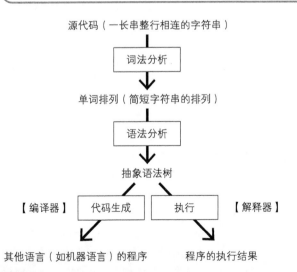

图1.1 语言处理器内部的处理流程

今后，本书将根据这一流程开发 Stone 语言的处理器。各章内容如下所示。

第 1 部分　基础篇

设计 Stone 语言的解释器。第 2 ~ 8 章将实现一个具有基本功能的解释器。第 9 ~ 10 章将介绍一些高级内容。

- 第 1 章（第 1 天）

  本章。

- 第 2 章（第 2 天）

  第 2 章将设计 Stone 语言，决定 Stone 语言需要具备哪些语法功能。

- 第 3 章（第 3 天）

  第 3 章将设计词法分析器，介绍通过正则表达式实现词法分析的方法。

- 第 4 章（第 4 天）

  第 4 章将讲解抽象语法树，并通过 BNF 表达 Stone 语言的语法。

- 第 5 章（第 5 天）

  第 5 章将利用非常简单的解析器组合子库来创建语法解释器。解析器组合子库的内部结构将在第 17 章进行说明。

- 第 6 章（第 6 天）

  第 6 章将设计一种极为基本的解释器。在这一章结束后，解释器将能够实际执行 Stone 语言写成的程序。本书采用了 GluonJ 这一系统来设计解释器的程序，因此这一章还会简单介绍 GluonJ 的使用方法。

- 第 7 章（第 7 天）

  第 7 章将增强解释器的功能，使它能够执行程序中的函数，并且支持闭包语法。

- 第 8 章（第 8 天）

  第 8 章将为解释器增加 static 方法的调用支持，使 Stone 语言能像 Java 语言那样调用静态方法。

- 第 9 章（第 9 天）

  第 9 章将为 Stone 语言新增类与对象的语法。本章将使用闭包来实现该功能。

- 第 10 章（第 10 天）

  第 10 章将为 Stone 语言增加数组功能。

第 2 部分　性能优化篇

第 2 部分将对第 1 部分设计的 Stone 语言解释器进行性能优化。其中，第 13 章将介绍如何设计 Stone 语言的编译器，帮助提高性能。如果读者仅对编译器的设计方法感兴趣，只需阅读第 11 章与第 13 章即可。

● 第 11 章（第 11 天）

程序不应在访问变量时每次都搜索变量名，而应首先搜索事先分配好的编号，提高访问性能。

● 第 12 章（第 12 天）

同样地，程序在调用对象的方法或引用其中的字段时，也不应直接搜索其名称，而应搜索编号。此外，第 12 章还会为 Stone 语言的解释器增加内联缓存，进一步优化性能。

● 第 13 章（第 13 天）

Stone 语言的解释器也采用了中间代码解释（或虚拟机）的机制。Stone 语言写成的程序将首先被转换为中间代码（或二进制代码），解释器执行的其实是转换后的中间代码。Ruby 等语言也采用了这样的方式。第 13 章还将介绍如果要设计一个能把 Stone 语言转换为机器语言的编译器，需要做哪些准备。

● 第 14 章（第 14 天）

最后，为了提高性能，Stone 语言有必要支持静态数据类型，并根据数据类型的不同进一步优化性能。在执行具有静态数据类型的 Stone 语言程序时，编译器可以先将其转换为 Java 二进制代码，再直接由 Java 虚拟机执行该程序。第 14 章还会为编译器增加类型检查功能，在执行程序前检查是否存在类型错误，并同时提供类型预判功能。这样一来，即使程序没有显式地声明数据类型，Stone 语言的解释器也能推测并指定合适的类型。Scala 等一些语言也采用了这一机制。

第 3 部分　解说篇（自习时间）

第 3 部分将介绍一些在开发 Stone 语言过程中没能涉及的进阶主题。第 15、16 章的内容是大多语言处理器相关教材中都会讲解的基础知识。

> **A** 咦，前 14 章就把书名所讲的内容都介绍完了呢。
>
> **C** 嗯，的确如此。
>
> **A** 这么做是为了博人眼球吗？
>
> **H** 小 A，不能这么挑刺哦。
>
> **F** 不过其实这也不难理解，上课时也常会出现本课内容还没全部结束，就被要求去自学剩下的内容的情况呢。
>
> **C** 没错，这里也一样。

● **第 15 章（第 15 天）**

Stone 语言的词法分析器由 Java 的正则表达式库实现。第 15 章将不使用这种方式，手工设计词法分析器。具体来讲，这一章将介绍基于正则表达式的字符串匹配程序设计。

● **第 16 章（第 16 天）**

本书采用了解析器组合子库这一简单的库来实现语法分析器。第 16 章将介绍一些语法分析的基本算法，并以 LL 语法分析为基础，手工设计一个简单的语法分析器。

● **第 17 章（第 17 天）**

第 17 章将简单介绍本书使用的解析器组合子库的内部结构，并分析该库的源代码。

● **第 18 章（第 18 天）**

Stone 语言的解释器采用了 GluonJ 系统来实现，该系统允许 Java 语言执行类似于 Ruby 语言中 open class 的功能。第 18 章将总结使用 GluonJ 时的一些琐碎的注意事项。

● **第 19 章（第 19 天）**

抽象语法树是语言处理器的核心。在实现面向对象语言时，抽象语法树的节点对象的类会包含各种类型的方法。本书借助了 GluonJ 来增加这些方法，读者还可以通过其他设计模式来实现相同的效果。第 19 章将介绍使用设计模式实现抽象语法树的优缺点，并与使用 GluonJ 的方式作比较。

> **A** 也就是说全书共有 19 章对吧？老师，那平时时间不多的读者应该优先阅读那些章节比较好呢？
>
> **F** 你是想问有哪些章节跳过不读也可以对吧？
>
> **C** 嗯，我建议先读完第 2~8 章，之后是第 15、16 章，如果还有时间，再读一下第 11 章和第 13 章。
>
> **F** 第 9 章关于面向对象的内容不重要吗？
>
> **S** 要说最近比较流行的话题，第 14 章的内容才更重要吧。
>
> **C** 其实如果时间足够，我希望读者能够读完全书。真要选取部分来读的话，我建议按前面讲的顺序阅读。

第

2

天

设计程序设计语言

第 2 天　设计程序设计语言

从本章开始，我们将逐步实现一种名为 Stone 语言的程序设计语言。在具体实现之前，我们必须设计 Stone 语言的语法。本章将讨论如何设计 Stone 语言。如果想要从零开始设计一种新颖实用的语言，结果往往是半途而废。即使设计成功，也可能由于过于复杂难以实现等原因而最终不了了之。因此，本书将首先设计一种极为简单的语言，并开发相应的语言处理器，确保程序能够正确运行。之后，再慢慢向其中添加诸如面向对象等一些复杂的语言功能。也就是说，先设计出一个简化的成品，再逐步改良。

2.1　麻雀虽小、五脏俱全的程序设计语言

一种程序设计语言至少需要具备哪些语法功能呢？整数四则运算之类的功能自然必不可少，最好还能支持字符串处理。同时，这种语言应该对变量提供支持，不然就和计算器没什么区别了。if 语句及 while 语句等一些基本的控制语句也是必需的。Stone 语言姑且算是一种脚本语言，因此不需要指定静态数据类型，用户在使用时也不必事先声明变量，这样它的语法能较为简洁。像 Java 语言那样必须静态地指定数据类型的语言，用户在使用变量及参数前必须先进行声明，并指定数据类型。例如，以

```
int i = 0;
```

的方式声明了变量 i 之后，它就成为了一个 int 类型的变量。虽然这种限制确实有用，但目前的 Stone 语言还不需要。Stone 语言既不需要在使用变量前事先声明，也不需要指定变量的类型。用户可以将变量任意赋值为整数或字符串。只是这样一来，如果程序中出现字符串变量相减的语句，就会引起运行错误并终止。

和 Java 语言一样，Stone 语言的句末需要使用分号（;）。不过如果正巧在句末换行，分号也可省略。例如，下面这样的代码也是合法的。

```
sum = 0
i = 1
while i < 10 {
    sum = sum + i
    i = i + 1
}
sum
```

这段程序是计算 1 至 9 这 9 个数字的和，并输出结果。在执行这段程序时，最后一条语句

将显示计算结果，之后程序结束。Stone 语言不支持类似于 Java 语言中 return 语句的功能，最后一条语句的计算结果就是整个程序的运行结果。在上面的例子中，最后一行只写了一个 sum。Stone 语言会把变量 sum 也视为一条语句，该语句将读取变量 sum 的值。执行完这条语句后程序就会结束。于是，上面这段含有 while 语句的程序的运行结果是得到一个值为 45 的变量 sum。

F 这段程序和 Ruby 语言很像呢。它和 Ruby 语言唯一的不同在于，while 语句体是通过 {} 括起来的，而 Ruby 语言则是使用 do 和 end。

A 而且不同于 Java 语言，这段程序中 while 语句的条件表达式 1<10 两侧没有括号。

C 没错，因此语句体必须由 {} 括起来才行。

F 在书写 Java 代码时，如果语句体中仅有一条语句，这对大括号就能省略了。

上面的例子没有使用 if 语句，接下来让我们来看一个使用 if 语句的程序示例。这段程序的计算内容与前一个程序相同，都是计算 1~9 这 9 个数字的和。不过，这里将分别计算其中奇数与偶数的和，最后再将两者相加。

```
even = 0
odd = 0
i = 1
while i < 10 {
    if i % 2 == 0 { // even number?
        even = even + i
    } else {
        odd = odd + i
    }
    i = i + 1
}
even + odd
```

在上面的代码中，// 之后直至该行末尾的内容都是注释。最后一句语句为 even+odd，它将会把求和结果作为程序的执行结果输出。

该例中，变量 i 的值被用于奇偶分支判断。条件表达式无需用括号括起来，不过完成判断后执行的语句体需要使用 {} 括起来。和 Java 等语言一样，else 及之后的代码可有可无。

2.2 句尾的分号

Stone 语言为了简化语法，省去了 if 语句及 while 语句的条件表达式两侧的括号，并允许用户省略可以省略的句尾分号。如果同一行中写有多句语句，各句句尾的分号则不能省略。此时，分号用于区分不同的语句。

此外，{} 括起来的代码块中最后一条语句的句尾分号能够省略。也就是说，如果句尾直接跟着 }，就不必使用分号。

```
{ x = 1; y = 2 }
```

在上例中，y = 2 之后没有分号。分号并不是一句语句结束的标识，而是代码块中语句之间的分隔符。因此，下面的代码块中含有 3 条语句，而不是 2 条：

```
{ x = 1; y = 2; }
```

其中第三条应该被视为一条空语句。空语句指的是没有内容的语句。

Stone 语言中，行末的句尾分号也能省略。也就是说，如果该语句之后是换行符，就不需要另外添加分号。因此，空行也应被视为一句空语句，只不过省略了句尾的分号。

```
x = 1

y = 2
```

在上面的代码中，第 1 与第 3 行之间的空行是一句空语句。

由于 Stone 语言的句尾分号能够省略，换行与否将会大有不同。和 Java 等语言不同，此时换行符不会被简单地当作空白符处理。因此，Stone 语言的表达式和语句不能中途换行。只有语句的句尾，或 if、while 等语句的语句体之前的 { 后能够换行。} 与 else 之间，或 else 与 { 之间不能换行。例如：

```
if i % 2 == 0   // error
{
   even = even + i
}           // error
else        //error
{
   odd = odd + i
}
```

第 1 行的换行出现在 { 之前，这是不允许的。第 4 行没有将 } else { 写在一起，同样是错误的。只有下面的格式才是唯一正确的写法。

```
if i % 2 == 0 {
   even = even + i
} else {
   odd = odd + i
}
```

只不过，else 部分的换行规则，也许不能符合所有人的喜好。

上述限制尽管增加了代码书写的难度，但如果允许代码在各种情况下换行，语言处理器的实现就会变得复杂。本书为了保持实现的简洁性，对能够换行的情况做了尽可能多的限制。

2.3　含糊不得的语言

如果代码中能够随处省略分号，并可以任意换行，似乎可读性就会提升。但要是一种程序设计语言的各种语法元素都能省略，语句中任何地方都能换行，它就可能会变得模棱两可，引起误解。

如果语言的含义不清，程序员就无法判断程序的实际执行方式，这会造成很大的麻烦。事实上，如何为这种语言设计语言处理器也很让人头疼。在设计一种语言时，设计者必须多加注意，确保语言中不出现模棱两可的歧义语法。

> **A** 刚刚讨论的句尾分号的省略问题，不会有什么歧义吧？
>
> **H** 如果一个分号不能省略，又没有明确的不可省略的理由，会让人感到很困惑呢。
>
> **C** 我在设计时已经尽力避免出现这种情况了。不过刚才的说明确实不够明了，不太容易理解。
>
> **F** 我倒是觉得多写几个分号不是什么问题，不过似乎大家都不喜欢写分号嘛。
>
> **C** 就是呀，如果语句必须由分号结束，就不会有那么多问题了。
>
> **S** 嗯，不过从使用者的角度来看，能不用的东西肯定是不用比较好。
>
> **C** 顺便一提，基于类似的理由，Stone 语言也不会支持 Ruby 语言的正则表达式字面量。
>
> **A** 正则表达式字面量？
>
> **C** 如果只要把两个 / 内的内容视作正则表达式字面量自然没什么问题，不过 / 本身还是除号不是吗？比如说，x / ruby / 3 该怎样理解呢？
>
> **S** 嗯，/ 的含义可以通过上下文来判断。
>
> **C** 话虽如此，不过通过上下文判断并不容易，实现起来也较为复杂，因此 Stone 语言就不支持这种语法了。

例如，Stone 语言中 while 语句体必须由大括号 {} 包围。if 语句也是如此。条件表达式不一定非要用括号括起，但这两个语句体两侧必须使用括号。

如果像 Java 语言那样，语句体内仅含一条语句时可以不使用括号，就会出现下面这样的歧义。

```
if 0 < x - y - z
```

这句 if 语句能有两种解读方式。

```
if 0 < x - y { -z }
if 0 < x { -y - z }
```

前者的条件表达式是 0 < x - y，如果为真则结果为 -z，后者的条件表达式为 0 < x，如果为真则结果为 -y - z。如果这种语言的语法明确规定了如何解释这种情况，语言处理器也做了相应的实现，自然没有问题，否则这种语法就是模棱两可的。要明确规定如何判断并不是一件

容易的事，因此 Stone 语言的语句体必须使用 {} 括起来，避免出现这个问题。

> **F** 只要在可能产生歧义时使用括号不就可以了吗？
> **H** 这可不行，万一在应该使用的地方没有使用括号，就出问题了。
> **F** 忘记使用括号而导致了二义性时，把它判定为语法错误不就行了？
> **C** 要设计出能够发现这类语法错误的语言处理器可是一件大工程了。

if 语句的 dangling-else 问题是一个著名的二义语法。例如，Java 语言允许下面这样的 if 语句。由于语句体中只有一条语句，因此无需使用大括号。

```
if (x > 0)
    if (y > 0)
        return x + y;
else
    return -x;
```

这段代码的问题在于判断 else 应当对应哪一个 if。如果语法没有对此做出明确规定，两个 if 都没问题。Java 语言当然做了规定，在这种情况下，else 与最近的一个 if 对应，因此不存在歧义（因此，上面代码中的缩进是不恰当的）。如果在设计语言时欠考虑，就很容易出现这类 dangling-else 问题，使语言变得模棱两可。为此，设计者必须万分小心。

> **A** Stone 语言会怎样处理 dangling-else 问题呢？
> **C** 因为语句体必须被大括号包围，所以不存在这个问题。
> **H** A 君，在 Stone 语言里，如果像下面这么写。
>
> ```
> if x > 0 { if y > 0 { x + y }} else { -x }
> ```
>
> 显然 else 对应的是第一个 if。
> 如果写成这样
>
> ```
> if x > 0 { if y > 0 { x + y } else { -x }}
> ```
>
> 就明显是与第 2 个对应。由于语句体外必须写有 {}，因此不会产生歧义。
> **F** 老师，我刚发现 Stone 语言里是不能使用 else if 的呢。
>
> ```
> if x > 0 {
>     y = 1
> } else { if x == 0 {
>     y = 0
> } else {
>     y = -1
> }}
> ```

因为一定要使用括号括起来，所以第 3 行的 else 与 if 之间不得不插入一个 {。

C 是呢，Stone 语言的语法中的确有很多地方能挑出毛病。添加 else if 语法的事就当作读者的课后习题好了。

F 呃，这样也行吗？！

第

3

天

分割单词

第 3 天　分割单词

语言处理器的第一个组成部分是词法分析器（lexical analyzer、lexer 或 scanner）。程序的源代码最初只是一长串字符串。从内部来看，源代码中的换行也能用专门的（不可见）换行符表示，因此整个源代码是一种相连的长字符串。这样的长字符串很难处理，语言处理器通常会首先将字符串中的字符以单词为单位分组，切割成多个子字符串。这就是词法分析。

3.1　Token 对象

程序设计领域中的单词包含 + 或 == 之类的符号。例如，下面是某个程序中的一行代码。

```
while i < 10 {
```

词法分析会把它拆分为下面这样的字符串。

```
"while"    "i"    "<"    "10"    "{"
```

这句代码被分割为了 5 个字符串。其中 while 是一个词语，但要把 < 与 { 也称作词语，的确有些不自然，因此，人们通常把词法分析的结果称为单词[①]（token）。

词法分析将筛选出程序的解释与执行必需的成分。单词之间的空白或注释都会在这一阶段被去除。例如，

```
i = i + 1 // increment
i=i+1
```

这两行代码词法分析的结果相同，都将是 5 个单词：

```
"i"    "="    "i"    "+"    "1"
```

在经过词法分析之后，程序员便无需再处理代码的注释，也不用考虑单词之间是否含有空白符。

> **A** 感觉就像是去除了程序中无用的内容，筛选出了有价值的信息呢。

词法分析器将把程序源代码视作字符串，并把它分割为若干单词。分割后得到的单词并不是简单地用 String 对象表示，而是使用了代码清单 3.1 中的 Token 对象。这种对象除了记录该单词对应的字符串，还会保存单词的类型、单词所处位置的行号等信息。代码清单 3.1 中使用

[①] 在英语与日语中，自然语言中的单词（word、単語）与编译领域中的单词（token、トークン）是不同的词。中文直接将 token 译作单词，因此翻译成中文后，原文这句话显得有些多余。——译者注

的 StoneException 是 RuntimeException 的一个子类（代码清单 3.2）。

实际的单词是 Token 类的子类的对象。Token 类根据单词的类型，又定义了不同的子类。Stone 语言含有标识符、整型字面量和字符串字面量这三种类型的单词，每种单词都定义了对应的 Token 类的子类。每种子类都覆盖了 Token 类的 isIdentifier（如果是标识符则为真）、isNumber（如果是整型字面量则为真）及 isString（如果是字符串字面量则为真）方法，并根据具体类型返回相应的值。

> **F** 把单词的种类限定为 3 种，还真是敷衍啊。
>
> **H** 用 is 什么的方法来区别不同的类型也有些……
>
> **F** 以后想要增加单词的类型也不行了吧。
>
> **C** 这里的确有些随便了，应该用 enum 之类的才对。

此外，Stone 语言还定义了一个特别的单词 Token.EOF（end of file），用于表示程序结束。类似的还有 Token.EOL（end of line），用于表示换行符。不过它是一个 String 对象，也就是说，只是一个单纯的字符串。

3.2 通过正则表达式定义单词

要设计词法分析器，首先要考虑每一种类型的单词的定义，规定怎样的字符串才能构成一个单词。这里最重要的是不能有歧义。某个特定的字符串只能是某种特定类型的单词。举例来讲，要是字符串 123h 既能被解释为标识符，又能被解释为整型字面量，之后的处理就会相当麻烦。这种单词的定义方式是不可取的。

代码清单 3.1 Token.java

```java
package stone;

public abstract class Token {
    public static final Token EOF = new Token(-1){};  // end of file
    public static final String EOL = "\\n";           // end of line
    private int lineNumber;

    protected Token(int line) {
        lineNumber = line;
    }
    public int getLineNumber() { return lineNumber; }
    public boolean isIdentifier() { return false; }
    public boolean isNumber() { return false; }
    public boolean isString() { return false; }
    public int getNumber() { throw new StoneException("not number token"); }
    public String getText() { return ""; }
}
```

代码清单3.2　StoneException.java

```
package stone;
import stone.ast.ASTree;

public class StoneException extends RuntimeException {
    public StoneException(String m) { super(m); }
    public StoneException(String m, ASTree t) {
        super(m + " " + t.location());
    }
}
```

Stone 语言支持三种类型的单词，即标识符、整型字面量及字符串字面量。

标识符（identifier）指的是变量名、函数名或类名等名称。此外，+ 或 - 等运算符及括号等标点符号也属于标识符。标点符号与保留字有时也会被归为另一种类型的单词，不过 Stone 语言在实现时没有对它们加以区分，都作为标识符处理。

> **A** 保留字是什么？
>
> **F** 指的是那些无法用作变量名或类名的名称。Java 语言中的 class 或 public 之类的就是保留字。

整型字面量（integer literal）指的是 127 或 2014 等字符序列。如果仅使用整型这样的名称，读者可能会把它与程序执行过程中赋值给变量的整数值混同，因此这里使用了整型字面量的名称，用于指代整数值的字符序列。

例如，Java 语言支持 0x1f 这样的 16 进制数表示。这种 4 个字符组成的字符串也是整型字面量。用一个整数值来表示的话，即为 31。

字符串字面量（string literal）是一串用于表示字符串的字符序列。与 Java 等语言一样，被双引号（"）括起来的字符序列就是一个字符串字面量。双引号及其中的字符构成了一个字符串字面量，表示的是某一字符串类型的值，该值即为双引号内包含的字符序列。例如，字符串字面量 "Java" 表示的是字符串值 Java。

双引号之间可以使用 \n、\" 与 \\ 这三种类型的转义字符。它们分别表示换行符、双引号和反斜杠。因此，尽管 "x\n" 这一字符串字面量含有 5 个字符，但它表示的是一个由 2 个字符组成的字符串值，其中第一个字符是 x，第二个是换行符。

> **C** 如果能用 one、two、three 之类的字符串作为整型字面量来表示数字，会是一件挺有意思的事吧？表示的值当然就是整数 1、2、3 了。

本书在定义单词时使用了正则表达式。这样一来，就能够借助正则表达式库简单地实现词法分析器。简言之，正则表达式（regular expression）是一种用于字符串模式匹配的书写记号。

正则表达式中能使用一些特殊的记号（元字符）。在不同的正则表达式实现方式中，允许使用的元字符有所不同。表 3.1 列出的记号在大多数情况下都能使用。例如，.*\.java 指的是

以 .java 结束的任意长度的字符串模式。.*\. 由两部分组成，.* 表示由任意字符组成的任意长度的字符串模式，\. 表示与句点字符相匹配的字符串模式。(java|javax)\..* 则表示由 java. 或 javax. 起始的任意长度的字符串模式。

> **C** 正则表达式内涵丰富，在此不多赘述，我们先继续介绍。

表3.1 正则表达式的元字符

. （句点）	与任意字符匹配
[0-9]	与 0 至 9 中的某个数字匹配
[^0-9]	与 0 至 9 这些数字之外的某一个字符匹配
pat*	模式 pat 至少重复出现 0 次
pat+	模式 pat 至少重复出现 1 次
pat?	模式 pat 出现 0 次或 1 次
pat1|pat2	与模式 pat1 或模式 pat2 匹配
()	将括号内视为一个完整的模式
\c	与单个字符 c（元字符 * 或 . 等）匹配

接下来，我们借助正则表达式来定义 Stone 语言的单词。正则表达式的写法遵循 Java 正则表达式库 java.util.regex 的规定。

首先来定义整型字面量，它比较简单。

```
[0-9]+
```

从 0 到 9 中取出一个或以上的数字，就能构成一个整型字面量。

然后定义标识符。

```
[A-Z_a-z][A-Z_a-z0-9]*
```

这个正则表达式表示至少需要一个字母、数字或下划线 _，且首字符不能是数字，这种表示方式涵盖了常用的名称。根据该定义，对整型字面量和标识符的判断不存在二义性。

Stone 语言的标识符包括各类符号，因此下面才是真正完整的正则表达式。各个模式之间需要通过 | 连接。即，

```
[A-Z_a-z][A-Z_a-z0-9]*|==|<=|>=|&&|\|\||\p{Punct}
```

最后的 \p{Punct} 表示与任意一个符号字符匹配。模式 \|\| 将会匹配 ||。由于 | 是正则表达式的元字符，因此在使用时必须在前面添加 \ 来转义。==、>=、<=、&& 与 || 由两个字符组成，Stone 语言将它们视为一个整体，即含有 2 个字符的符号。除此之外的字符组合将被拆开处理，例如，+- 将被视作 + 与 - 两个不同的符号。

最后需要定义的是字符串字面量。由于不得不处理各种转义字符，字符串字面量的定义稍微

有些复杂。

```
"(\\"|\\\\|\\n|[^"])*"
```

首先，从整体上来看，这是一个 "(pat)*" 形式的模式，即双引号内是一个与 pat 重复出现至少 0 次的结果匹配的字符串。其中，模式 pat 与 \"、\\、\n 或除 " 之外任意一个字符匹配。反斜杠 \ 具有特殊的含义，因此在正则表达式中需要通过 \\ 的方式转义，使整个模式变得复杂。

F 老师，这样的正则表达式就能完全对应所有的字符串字面量了吗？

C 也许吧……应该都没问题吧……至少准备的一些测试用例，都通过了。

3.3 借助 java.util.regex 设计词法分析器

只要能够通过正则表达式来表示单词的定义，词法分析器的设计就没有太大的困难。Java 语言的正则表达式库能够在模式匹配后返回匹配的字符串中的一部分，本书将利用这一功能来实现词法分析器。例如，下面的字符串

```
http://javassist.org/
```

与正则表达式

```
http://(.+)/
```

匹配。Java 语言能够获取与括号中的模式 .+ 匹配的子字符串 javassist.org。如果模式包含多个括号，各个括号内的子字符串都能被分别取得。

每一对左右括号都对应了与其包围的模式相匹配的子字符串。要利用这一功能设计词法分析器，首先要准备一个下面这样的正则表达式。

```
\s*((//.*)|( pat1 )|( pat2 )| pat3 )?
```

其中，pat1 是与整型字面量匹配的正则表达式，pat2 与字符串字面量匹配，pat3 则与标识符匹配。起始的 \s 与空字符匹配，\s* 与 0 个及 0 个以上的空字符匹配。模式 //.* 匹配由 // 开始的任意长度的字符串，用于匹配代码注释。于是，上述正则表达式能匹配任意个空白符以及连在其后的注释、整型字面量、字符串字面量或标识符。又因为它最后以 ? 结尾，所以仅由任意多个空白符组成的字符串也能与该模式匹配。

执行词法分析时，语言处理器将逐行读取源代码，从各行开头起检查内容是否与该正则表达式匹配，并在检查完成后获取与正则表达式括号内的模式相匹配的字符串。

左起第 1 个左括号对应的字符串与该括号对应的模式匹配，不包含字符串头部的空白符。如果匹配的字符串是一句注释，则对应于左起第 2 个左括号，从第 3 个左括号起对应的都

是 null。如果匹配的字符串是一个整型字面量，则对应于左起第 3 个左括号，第 2 个和第 4 个左括号与 null 对应。类似地，如果匹配的字符串是一个字符串字面量，则对应于左起第 4 个左括号，第 2 个和第 3 个左括号对应 null。如果匹配的字符串是标识符，它将与第 1 个左括号对应，除此之外的左括号都与 null 对应。

只要像这样检查一下哪一个括号对应的不是 null，就能知道行首出现的是哪种类型的单词。之后再继续用正则表达式匹配剩余部分，就能得到下一个单词。不断重复该过程，词法分析器就能获得由源代码分割而得的所有单词。

> **F** 这么依赖正则表达式，会不会导致执行速度变慢呢？
>
> **C** 手动设计匹配逻辑也是一样的，并不会有什么区别。
>
> **S** 嗯，而且库中的实现经过了大量优化，肯定比自己手动设计性能更好嘛。
>
> **C** 与完全手写的词法分析逻辑相比，至少错误会少很多。
>
> **A** 是吗？只要字符串字面量的正则表达式没什么问题的话，这么说也没错吧。

代码清单 3.3 与代码清单 3.4 是一个实际的词法分析程序。Lexer 类就是一个词法分析器。Lexer 对象的构造函数接收一个 java.io.Reader 对象，它能根据需要逐行读取源代码，供执行词法分析。

正则表达式保存于 regexPat 字段。Java 语言的字符串字面量中，反斜杠与双引号必须分别以 \\ 与 \" 的形式转义。因此，字符串中将包含大量的反斜杠。

read 与 peek 是 Lexer 中主要的两个方法。read 方法可以从源代码头部开始逐一获取单词。调用 read 时将返回一个新的单词。

peek 方法则用于预读。peek(i) 将返回 read 方法即将返回的单词之后的第 i 个单词。如果参数 i 为 0，则返回与 read 方法相同的结果。通过 peek 方法，词法分析器就能事先知道在调用 read 方法时将会获得什么单词。例如，peek(1) 所返回的单词与调用 read 方法两次后返回的单词相同。

如果所有单词都已读取，read 方法和 peek 方法都将返回 Token.EOF。这是一个特殊的 Token 对象，用于表示程序结束。

> **F** Lexer 中不使用 Iterator 吗？
>
> **H** 用 next 与 hasNext 方法来替代 read 也不错吧。
>
> **C** 考虑到 Lexer 实际的使用方式，返回一个 Token.EOF 更加方便。不过如果能有 hasNext 也可以。

在词法分析后需要执行的是语法分析。对语法分析阶段的抽象语法树构造来说，peek 方法必不可少。语法分析阶段将一边获取单词一边构造抽象语法树，在中途发现构造有误时，需要退回若干个单词，重新构造语法树，这称为回溯。为了支持回溯，语言处理器必须能够取消之前的几次 read 方法调用，并还原先前的结果。不过，如果要在实现 Lexer 类时解决这一问题，执行效率会受到影响，因此这里准备了 peek 方法。

peek 方法可以事先获知之后将会取得的单词，以此避免撤销抽象语法树的构造。也就是说，当遇到分支路线时，不是先随意选取一条，在行不通时再原路返回改走另一条，而是先费一番周折，判断前路是否正确，在确信没有问题时才真正继续。

> **A** 只要使用 peek 方法就能自由读取之后的单词，那还有必要使用 read 方法吗？
>
> **C** 这关系到内存的占用量。read 方法返回的单词不必一直保留，而 peek 方法必须保存所有返回的单词，内存消耗更大。

要使用 peek 方法，词法分析器需要在读取代码并获取单词后，将这些单词暂时保存在一个名为 queue 的 ArrayList 对象中。之后，peek 与 read 方法会根据需要从中取值并返回。由 read 方法读取的单词会从 queue 中删除。

readLine 方法是实际从每一行中读取单词的方法。由于正则表达式已经事先编译为 Pattern 对象，因此能调用 matcher 方法来获得一个用于实际检查匹配的 Matcher 对象。词法分析器一边通过 region 方法限定该对象检查匹配的范围，一边通过 lookingAt 方法在检查范围内进行正则表达式匹配。之后，词法分析器将使用 group 方法来获取与各个括号对应的子字符串。end 方法用于取得匹配部分的结束位置，词法分析器将从那里开始继续执行下一次 lookingAt 方法调用，直至该代码行中不再含有单词。

代码清单 3.3 最后的 NumToken、IdToken 与 StrToken 类是 Token 类的子类。它们分别对应不同类型的单词。

> **C** readLine 与 addToken 是词法分析的核心部分，其他都只是起辅助作用，因此词法分析还是比较简单的。
>
> **H** 我还以为您肯定会用工具来定义单词并自动生成词法分析器呢。
>
> **F** 的确有 JFlex 之类的工具。
>
> **C** 如果要设计一个真正的语言处理器，最好是使用一些合适的工具。不过 Stone 语言非常简单，所以没这个必要。

代码清单3.3 词法分析器 Lexer.java

```java
package stone;

import java.io.IOException;
import java.io.LineNumberReader;
import java.io.Reader;
import java.util.ArrayList;
import java.util.regex.Matcher;
import java.util.regex.Pattern;

public class Lexer {
```

```java
public static String regexPat
    = "\\s*((//.*)|([0-9]+)|(\"(\\\\\"|\\\\\\\\|\\\\n|[^\"])*\")"
    + "|[A-Z_a-z][A-Z_a-z0-9]*|==|<=|>=|&&|\\|\\||\\p{Punct})?";
private Pattern pattern = Pattern.compile(regexPat);
private ArrayList<Token> queue = new ArrayList<Token>();
private boolean hasMore;
private LineNumberReader reader;

public Lexer(Reader r) {
    hasMore = true;
    reader = new LineNumberReader(r);
}
public Token read() throws ParseException {
    if (fillQueue(0))
        return queue.remove(0);
    else
        return Token.EOF;
}
public Token peek(int i) throws ParseException {
    if (fillQueue(i))
        return queue.get(i);
    else
        return Token.EOF;
}
private boolean fillQueue(int i) throws ParseException {
    while (i >= queue.size())
        if (hasMore)
            readLine();
        else
            return false;
    return true;
}
protected void readLine() throws ParseException {
    String line;
    try {
        line = reader.readLine();
    } catch (IOException e) {
        throw new ParseException(e);
    }
    if (line == null) {
        hasMore = false;
        return;
    }
    int lineNo = reader.getLineNumber();
    Matcher matcher = pattern.matcher(line);
    matcher.useTransparentBounds(true).useAnchoringBounds(false);
    int pos = 0;
    int endPos = line.length();
    while (pos < endPos) {
        matcher.region(pos, endPos);
        if (matcher.lookingAt()) {
            addToken(lineNo, matcher);
            pos = matcher.end();
        }
        else
```

```
                throw new ParseException("bad token at line " + lineNo);
        }
        queue.add(new IdToken(lineNo, Token.EOL));
    }
    protected void addToken(int lineNo, Matcher matcher) {
        String m = matcher.group(1);
        if (m != null) // if not a space
            if (matcher.group(2) == null) { // if not a comment
                Token token;
                if (matcher.group(3) != null)
                    token = new NumToken(lineNo, Integer.parseInt(m));
                else if (matcher.group(4) != null)
                    token = new StrToken(lineNo, toStringLiteral(m));
                else
                    token = new IdToken(lineNo, m);
                queue.add(token);
            }
    }
    protected String toStringLiteral(String s) {
        StringBuilder sb = new StringBuilder();
        int len = s.length() - 1;
        for (int i = 1; i < len; i++) {
            char c = s.charAt(i);
            if (c == '\\' && i + 1 < len) {
                int c2 = s.charAt(i + 1);
                if (c2 == '"' || c2 == '\\')
                    c = s.charAt(++i);
                else if (c2 == 'n') {
                    ++i;
                    c = '\n';
                }
            }
            sb.append(c);
        }
        return sb.toString();
    }

    protected static class NumToken extends Token {
        private int value;

        protected NumToken(int line, int v) {
            super(line);
            value = v;
        }
        public boolean isNumber() { return true; }
        public String getText() { return Integer.toString(value); }
        public int getNumber() { return value; }
    }

    protected static class IdToken extends Token {
        private String text;
        protected IdToken(int line, String id) {
            super(line);
            text = id;
        }
        public boolean isIdentifier() { return true; }
```

```
        public String getText() { return text; }
    }

    protected static class StrToken extends Token {
        private String literal;
        StrToken(int line, String str) {
            super(line);
            literal = str;
        }
        public boolean isString() { return true; }
        public String getText() { return literal; }
    }
}
```

代码清单3.4 异常 ParseException.java

```
package stone;

import java.io.IOException;

public class ParseException extends Exception {
    public ParseException(Token t) {
        this("", t);
    }
    public ParseException(String msg, Token t) {
        super("syntax error around " + location(t) + ". " + msg);
    }
    private static String location(Token t) {
        if (t == Token.EOF)
            return "the last line";
        else
            return "\"" + t.getText() + "\" at line " + t.getLineNumber();
    }
    public ParseException(IOException e) {
        super(e);
    }
    public ParseException(String msg) {
        super(msg);
    }
}
```

3.4 词法分析器试运行

本章的最后将尝试运行由代码清单 3.3 的 Lexer 类实现的词法分析器。相应的 main 方法如代码清单 3.5 所示。它将对输入的字符串做词法分析，并逐行显示分析得到的每一个单词（图 3.1）。

代码清单 3.6 中的 CodeDialog 对象是 Lexer 类的构造函数中的参数。CodeDialog 是 java. io.Reader 的子类。Lexer 在调用 read 方法从该对象中读取字符时，界面上将显示一个对话框，用户输入的文本将成为 read 方法的返回值。如果上一次显示对话框时输入的文本没有被删除，这些文本将首先被返回。用户点击对话框的取消按钮后，输入结束。

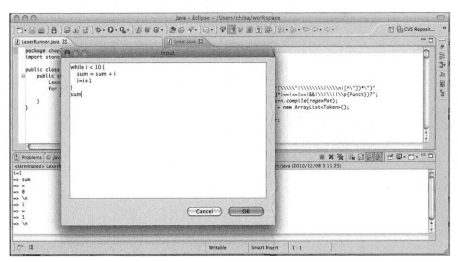

图3.1 执行 LexerRunner

代码清单3.5 LexerRunner.java

```java
package chap3;
import stone.*;

public class LexerRunner {
    public static void main(String[] args) throws ParseException {
        Lexer l = new Lexer(new CodeDialog());
        for (Token t; (t = l.read()) != Token.EOF; )
            System.out.println("=> " + t.getText());
    }
}
```

代码清单3.6 CodeDialog.java

```java
package stone;
import java.io.FileReader;
import java.io.BufferedReader;
import java.io.FileNotFoundException;
import java.io.IOException;
import java.io.Reader;
import javax.swing.JFileChooser;
import javax.swing.JOptionPane;
import javax.swing.JScrollPane;
import javax.swing.JTextArea;

public class CodeDialog extends Reader {
    private String buffer = null;
    private int pos = 0;

    public int read(char[] cbuf, int off, int len) throws IOException {
        if (buffer == null) {
```

```
            String in = showDialog();
            if (in == null)
                return -1;
            else {
                print(in);
                buffer = in + "\n";
                pos = 0;
            }
        }

        int size = 0;
        int length = buffer.length();
        while (pos < length && size < len)
            cbuf[off + size++] = buffer.charAt(pos++);

        if (pos == length)
            buffer = null;

        return size;
    }
    protected void print(String s) { System.out.println(s); }
    public void close() throws IOException {}
    protected String showDialog() {
        JTextArea area = new JTextArea(20, 40);
        JScrollPane pane = new JScrollPane(area);
        int result = JOptionPane.showOptionDialog(null, pane, "Input",
                                            JOptionPane.OK_CANCEL_OPTION,
                                            JOptionPane.PLAIN_MESSAGE,
                                            null, null, null);
        if (result == JOptionPane.OK_OPTION)
            return area.getText();
        else
            return null;
    }
    public static Reader file() throws FileNotFoundException {
        JFileChooser chooser = new JFileChooser();
        if (chooser.showOpenDialog(null) == JFileChooser.APPROVE_OPTION)
            return new BufferedReader(new FileReader(chooser.getSelectedFile()));
        else
            throw new FileNotFoundException("no file specified");
    }
}
```

第

4

天

用于表示程序的对象

第 4 天　用于表示程序的对象

语言处理器在词法分析阶段将程序分割为单词后，将开始构造抽象语法树。抽象语法树（AST，Abstract Syntax Tree）是一种用于表示程序结构的树形结构。构造抽象语法树的过程称为语法分析，依然属于语言处理器的前半阶段。经过词法分析后，程序已经被分解为一个个单词。语法分析的主要任务是分析单词之间的关系，如判断哪些单词属于同一个表达式或语句，以及处理左右括号（单词）的配对等问题。语法分析的结果能够通过抽象语法树来表示。这一阶段还会检查程序中是否含有语法错误。

4.1　抽象语法树的定义

> **A** 树形结构！
>
> **F** 这是算法与数据结构课程必讲的内容呢。
>
> **A** 我当时差点因为这个留级……

用树形结构来表现语法分析的结果可能有些难以理解，不过从面向对象的角度来看，这句话的含义即通过对象来表示程序中的语句与表达式，还是比较简单明了的。

接下来我们试着用抽象语法树来表示下面的 Stone 语言程序。

```
13 + x * 2
```

只要将这个程序理解为算式 13 + x * 2，即 13 与 (x * 2) 的和即可。图 4.1 是它的对象形式表示，是一棵抽象语法树。

图 4.1 上方的单词（Token 对象）序列是词法分析阶段得到的结果。通过语法分析，就能得到如图所示的由对象形式表现的树形结构。图中的矩形表示对象。矩形上半部分显示的是类名。箭头表示的是字段，箭头旁边显示的文字是字段名。矩形下半部分列出的也是字段。

BinaryExpr 对象用于表示双目运算表达式。双目运算指的是四则运算等一些通过左值和右值计算新值的运算。

图中含有两个 BinaryExpr 对象，其中一个用于表示乘法运算 x * 2，另一个用于表示加法运算 13 加 x * 2。加法运算的左侧是整型字面量 13，它是一个 NumberLiteral 对象。右侧是 x * 2，它是另一个 BinaryExpr 对象。这样通过对象来表示运算符的左值与右值的方式能一目了然地显示各自表示的内容。

表达式 x * 2 左侧的 x 是一个变量名，因此能用 Name 对象来表示。右侧的 2 是一个整型字面量，因此以 NumberLiteral 对象表示。

> **C** 拿这个例子来讲，语法分析阶段将会检查加法的右侧是 x 还是 x * 2 对吧。因此，图 4.1 准确地表现了语法分析的结果。
>
> **A** 不过，把这个称为树形结构，是不是有些把问题搞复杂了？树根在上树叶在下什么的，很奇怪不是吗？

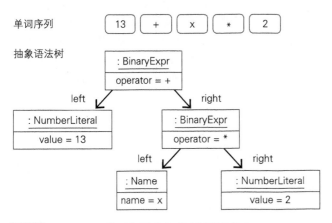

图4.1　13 + x * 2 的对象形式表现（树形结构）

　　图 4.1 形如一棵上下颠倒的树，因此这种数据结构通常被称为树形结构。图中的矩形（对象）称为节点（node），箭头称为树枝或边。图的上方的 BinaryExpr 对象称为根节点。NumberLiteral 对象及 Name 对象这类不含树枝的节点被称为叶节点。如果一个节点含有若干树枝，树枝连接的节点就是该节点的子节点，它们与该节点组成的整体称为子树。

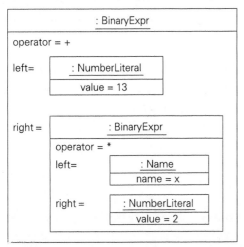

图4.2　用于表现 13 + x * 2 的对象（本图着重表现了对象之间的包含关系）

不过，像图 4.1 这样，有的字段通过箭头表示，有的字段通过对象矩形中的属性表示，有时可能会难以理解。字段是一种属性，因此可以像图 4.2 那样改写图 4.1，将所有的字段都写在矩形中。这样一来，各个对象与字段的关系将更加清晰，用于表示 x * 2 的 BinaryExpr 对象，明显包含于用于表示加法的 BinaryExpr 对象中，是其 right 字段的值。这两种方式仅仅是书写上有区别，表达的含义并无不同。

至此，我们已经以

```
13 + x * 2
```

为例，讨论了如何通过树形结构来表现代码结构。

本书使用 Java 语言来实现语言处理器，因此选择通过对象与树形结构来表示程序结构。如果用于实现的不是面向对象语言，表示树形结构的方法也会有所不同。如果是 C 语言，则会使用结构体；如果是 Scheme 语言，则会使用列表。

因此，在很多教材中，抽象语法树会用更加简洁的形式表示，如图 4.3 所示，树形结构通过箭头呈现。这种表示树形结构的方式没有限定具体的实现方式。事实上，虽然本书使用了对象来构造抽象语法树，但具体如何设计相关的类，也有多种不同的做法。

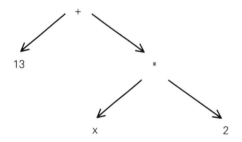

图4.3 13 + x * 2 的抽象语法树

抽象语法树仅用于表示语法分析的结果，因此通过词法分析得到的单词并不一定要与抽象语法树的节点一一对应。抽象语法树是一种去除了多余信息的抽象树形结构。例如，拿

```
(13 + x) * 2
```

这样一个表达式来说，它与之前的例子不同，包含了括号。乘法运算的左值不再是 x 而是 13 + x。一般来讲，这段程序的抽象语法树如图 4.4 所示。叶节点和中间的节点都不含括号。

13 + x 是乘法的左值，必须在做乘法计算之前算好。即使图 4.4 的抽象语法树中不含括号，这一信息也得到了明确的表达。因此，程序中的括号等信息不必出现在抽象语法树中。除了括号，句尾的分号等无关紧要的单词通常也不会出现在抽象语法树中。

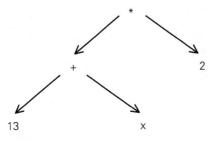

图4.4　(13 + x) * 2 的抽象语法树（抽象语法树中不含括号）

<kbd>C</kbd>　抽象化原本指的就是去除多余的内容，抽取出事物的本质。

4.2　设计节点类

图 4.5 是本书使用的抽象语法树的节点类。为保持程序简洁，抽象语法树所有的节点类都是 ASTree 的子类。该点之后还会进一步详述。ASTLeaf 类和 ASTList 类是 ASTree 的直接子类。ASTLeaf 是叶节点（不含树枝的节点）的父类，ASTList 是含有树枝的节点对象的父类，其他的类都是 ASTList 或 ASTLeaf 类的子类。

NumberLiteral 与 Name 类用于表示叶节点，BinaryExpr 类用于表示含有树枝的节点，它们分别是上述两个类的子类。

<kbd>H</kbd>　把 ASTree 改名为 ASTNode 应该更合适一些吧？

<kbd>F</kbd>　你之所以这么说，是因为它是节点对象的类而不是树这种对象的类对吧？

<kbd>C</kbd>　嗯……ASTree 更加简短不是吗，而且也不是说不能用 ASTree 对象来表示树……

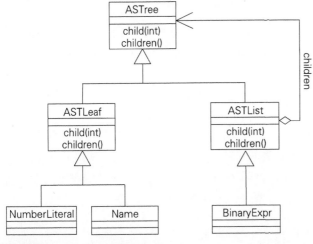

图4.5　抽象语法树的节点类

表4.1 ASTree 类的主要方法

`ASTLeaf child(int i)`	返回第 i 个子节点
`int numChildren()`	返回子节点的个数（如果没有子节点则返回 0）
`Iterator<ASTree> children()`	返回一个用于遍历子节点的 iterator

> **F** 比起命名问题，ASTree 应该抽象为接口，这不是常识嘛!
>
> **H** F君，这话有点夸张了，这哪算什么常识呀。
>
> **C** 如果深究起抽象语法树的类的设计，那可就没有止境了，不过这的确也是个人水平高下立见之处。

只要抽象语法树的节点不是叶节点，它就含有若干个树枝，并与其他节点相连。这些与树枝另一端相连的节点称为子节点（child）。如表 4.1 所示，ASTree 类含有多个用于访问这些子节点对象的方法。

表 4.1 列出了几个与子节点相关的方法。child 方法用于返回第 i 个子节点。numChildren 方法用于返回子节点的个数，children 方法则会返回一个 Iterator 对象，用于依次遍历所有子节点。代码清单 4.1、代码清单 4.2 与代码清单 4.3 是它们的具体定义。

此外，ASTree 类还含有 location 方法与 iterator 方法。location 方法将返回一个用于表示抽象语法树节点在程序内所处位置的字符串。iterator 方法与 children 方法功能相同，它是一个适配器，在将 ASTree 类转为 Iterable 类型时将会用到该方法。

> **A** 子节点可以不止两个吧?
>
> **F** 子节点至多只能有两个的树被称为二叉树（binary tree）。
>
> **H** 嗯，A君，怎么说呢，二叉树也能作为抽象语法树，不过这次老师没做这样的限定。

表 4.1 的方法其实是一些抽象方法。子类 ASTLeaf 与 ASTList 将分别覆盖这些方法，进行具体的实现。

ASTLeaf 是叶节点对象的类，叶节点对象没有子节点，因此 numChildren 方法将始终返回 0，children 方法将返回一个与空集合关联的 Iterator 对象。

ASTList 是非叶节点对象的类，可能含有多个子节点（即 ASTree 对象）。ASTList 类含有一个 children 字段，它是一种 ArrayList 对象，用于保存子节点的集合。图 4.5 中从 ASTList 指向 ASTree 的名为 children 的箭头就代表这个 children 字段。

> **C** ArrayList 对象的元素类型是 ASTree 而不是 ASTList 哦。
>
> **H** 因为不知道子节点是 ASTLeaf 对象还是 ASTList 对象是吧?
>
> **C** 正是如此。ASTree 类型的话，就无所谓是哪种了。
>
> **F** 总之这里用了 composite 模式。这样说没问题吧?

　　抽象语法树的叶节点不含子节点，因此 ASTLeaf 类没有 children 字段。不过它含有 token 字段。本书规定抽象语法树的叶节点必须与对应的单词关联。token 字段保存了对应的 Token 对象。

　　在图 4.1 与图 4.2 中，NumberLiteral 和 Name 类具有名为 value 及 name 的字段。然而如图 4.4 与图 4.5 所示，在实际实现时，这些字段并非由各个类直接定义，而是通过 ASTLeaf 类的 token 字段完成这一工作。例如，NumberLiteral 含有一个表示与之对应的整型字面量的单词，这个 Token 对象实际由 ASTLeaf 类的 token 字段保存。NumberLiteral 类的 value 方法将从这个 token 字段中取得该整型字面量并返回。Name 类的实现方式也类似。

　　根据图 4.1 与图 4.2，BinaryExpr 类同样也有 left 和 right 这两个字段，不过在实际实现时，这两个字段并不直接在 BinaryExpr 类中定义，而是通过其父类 ASTList 类的 children 字段定义。如代码清单 4.6 所示，BinaryExpr 类不含 left 及 right 字段，而是提供了 left 与 right 方法。这些方法能够分别从 children 字段保存的 ASTree 对象中选取，并返回对应的左子节点与右子节点。

　　BinaryExpr 类也没有图 4.1 与图 4.2 中出现的用于保存运算符的 operator 字段。运算符本身是独立的节点（ASTLeaf 对象），作为 BinaryExpr 对象的子节点存在。也就是说，BinaryExpr 对象含有左值、右值及运算符这三种子节点。虽然 BinaryExpr 类没有 operator 字段，却提供了 operator 方法。该方法将从与运算符对应的 ASTLeaf 对象中获取单词，并返回其中的字符串。

代码清单4.1　ASTree.java

```java
package stone.ast;
import java.util.Iterator;

public abstract class ASTree implements Iterable<ASTree> {
    public abstract ASTree child(int i);
    public abstract int numChildren();
    public abstract Iterator<ASTree> children();
    public abstract String location();
    public Iterator<ASTree> iterator() { return children(); }
}
```

代码清单4.2　ASTLeaf.java

```java
package stone.ast;
import java.util.Iterator;
import java.util.ArrayList;
import stone.Token;

public class ASTLeaf extends ASTree {
    private static ArrayList<ASTree> empty = new ArrayList<ASTree>();
    protected Token token;
    public ASTLeaf(Token t) { token = t; }
    public ASTree child(int i) { throw new IndexOutOfBoundsException(); }
    public int numChildren() { return 0; }
```

```java
    public Iterator<ASTree> children() { return empty.iterator(); }
    public String toString() { return token.getText(); }
    public String location() { return "at line " + token.getLineNumber(); }
    public Token token() { return token; }
}
```

代码清单4.3 ASTList.java

```java
package stone.ast;
import java.util.List;
import java.util.Iterator;

public class ASTList extends ASTree {
    protected List<ASTree> children;
    public ASTList(List<ASTree> list) { children = list; }
    public ASTree child(int i) { return children.get(i); }
    public int numChildren() { return children.size(); }
    public Iterator<ASTree> children() { return children.iterator(); }
    public String toString() {
        StringBuilder builder = new StringBuilder();
        builder.append('(');
        String sep = "";
        for (ASTree t: children) {
            builder.append(sep);
            sep = " ";
            builder.append(t.toString());
        }
        return builder.append(')').toString();
    }
    public String location() {
        for (ASTree t: children) {
            String s = t.location();
            if (s != null)
                return s;
        }
        return null;
    }
}
```

代码清单4.4 NumberLiteral.java

```java
package stone.ast;
import stone.Token;

public class NumberLiteral extends ASTLeaf {
    public NumberLiteral(Token t) { super(t); }
    public int value() { return token().getNumber(); }
}
```

代码清单4.5 Name.java

```java
package stone.ast;
import stone.Token;
```

```
public class Name extends ASTLeaf {
    public Name(Token t) { super(t); }
    public String name() { return token().getText(); }
}
```

代码清单4.6　BinaryExpr.java

```
package stone.ast;
import java.util.List;

public class BinaryExpr extends ASTList {
    public BinaryExpr(List<ASTree> c) { super(c); }
    public ASTree left() { return child(0); }
    public String operator() {
        return ((ASTLeaf)child(1)).token().getText();
    }
    public ASTree right() { return child(2); }
}
```

4.3　BNF

代码清单4.7　通过 BNF 来表示语法的例子

```
factor:     NUMBER | "(" expression ")"
term:       factor { ("*" | "/") factor }
expression: term { ("+" | "-") term }
```

　　要构造抽象语法树，语言处理器首先要知道将会接收哪些单词序列（即需要处理怎样的程序），并确定希望构造出怎样的抽象语法树。通常，这些设定由程序设计语言的语法决定。

　　语法规定了单词的组合规则，例如，双目运算表达式应该由哪些单词组成，或是 if 语句应该具有怎样的结构等。而程序设计语言的语法通常会包含诸如 if 语句的执行方式，或通过 extends 继承类时将执行哪些处理等规则。不过，这里讨论的语法不含那些程序设计语言范畴的内容，仅考虑如何处理词法分析器传来的单词排列。本章讨论的语法仅会判断语句从哪个单词开始，中途能够出现哪些单词，又是由哪个单词结束。

　　举例来讲，我们来看一下一条仅包含整型字面量与四则运算的表达式。代码清单 4.7 采用了一种名为 BNF（Backus-Naur Form，巴科斯范式）的书写方式。准确来讲，这里使用的书写方式更接近 BNF 的扩展版本 EBNF（Extended BNF，扩展巴科斯范式）。

> **C** BNF 是 John Backus 为表达 Algol 语言的语法而设计的，不过最后大家发现它能用于表达语言学领域中的 Noam Chomsky 上下文无关文法。
>
> **H** 这算是自然语言与计算机语言的际会呢。
>
> **F** 提到 Backus，就是他在 IBM 开发了 Fortran。
>
> **C** 没错，是这样……不过，这已经和主题无关了，就此打住。重要的是要知道 BNF 与上下文无关文法等价。

表4.2　BNF中用到的元符号

{ pat }	模式 pat 至少重复 0 次
[pat]	与重复出现 0 次或 1 次的模式 pat 匹配
pat1 ｜ pat2	与 pat1 或 pat2 匹配
()	将括号内视为一个完整的模式

乍一看，BNF 与正则表达式区别很大，但两者的思维方式类似。BNF 与正则表达式都用于表述某种模式，以检查序列的内容。

在 BNF 的表达规则中，: 左侧所写的内容能够用于表示与在 : 右侧所写的模式相匹配的单词序列。例如，代码清单 4.7 第 1 行的规则中，factor（因子）意指与右侧模式匹配的单词序列。: 左侧出现的诸如 factor 这样的符号称为非终结符或元变量。

与非终结符相对的是终结符，它们是一些事先规定好的符号，表示各种单词。在代码清单 4.7 中，NUMBER 这种由大写字母组成的名称，以及由双引号 " 括起的诸如 "(" 的符号就是终结符。NUMBER 表示任意一个整型字面量单词，"(" 表示一个内容为左括号的单词。

: 右侧的模式中也包含了若干个终结符或非终结符。与正则表达式一样，模式中也能使用表4.2 列出的那些特殊符号。

例如，在代码清单 4.7 第 1 行的规则中，factor 能表示 NUMBER（1 个整型字面量单词），或由左括号、expression（表达式）及右括号依次排列而成的单词序列。expression 是一个非终结符，第 3 行对其下了定义。因此，由左括号、与 expression 匹配的单词序列，及右括号这些单词组成的单词序列能与 factor 模式匹配。

如果 : 右侧的模式中仅含有终结符，BNF 与正则表达式没有什么区别。此时，两者唯一的不同仅在于具体是以单词为单位检查匹配还是以字符为单位检查。

> **C** 严格来讲，正则表达式中字符的含义由具体的定义而定，因此此时两者几乎是相同的。

另一方面，如果右侧含有类似于 expression 这样的非终结符，与该部分匹配的单词序列必须与另外定义的 expression 模式匹配。非终结符可以理解为常用模式的别称，在定义其他模式时能够引用这些非终结符。模式中包含非终结符是 BNF 的特征之一。

代码清单 4.7 第 2 行中的 term（项）表示一种由 factor 与运算符 * 或 / 构成的序列，其中 factor 至少出现一次，运算符则必须夹在两个 factor 之间。由于 {} 括起来的模式将至少重复出现 0 次，因此，第 2 行的规则直译过来就是：与模式 term 匹配的内容，或是一个与 factor 相匹配的单词序列，或是在一个与 factor 相匹配的单词序列之后，由运算符 * 或 / 以及 factor 构成的组合再重复若干次得到的序列。

第 3 行的规则也是类似。expression 表示一种由 term（对 term 对应的单词序列）与运算符 + 或 - 构成的序列，其中 term 至少出现一次，运算符则必须夹在两个 term 之间。结合所有这些规则，可以发现与模式 expression 匹配的就是通常的四则运算表达式，只不过单词的排列顺序做了修改。也就是说，与该模式匹配的单词序列就是一个 expression。反之，如果单词序列与模式 expression 不匹配，则会发生语法错误（syntax error）。

　　一旦规则中包含诸如 { } 这样的特殊符号，规则就会变得难以理解。因此，人们有时会用图 4.6 那种铁路图而不是 BNF 来表示语法规则。这种图表形似铁道线路图，因而得名。图 4.6 与代码清单 4.7 表示的是相同的语法。图中的圆圈表示终结符，矩形表示非终结符。箭头的分支与合并表示模式的循环出现或 "or" 的含义。

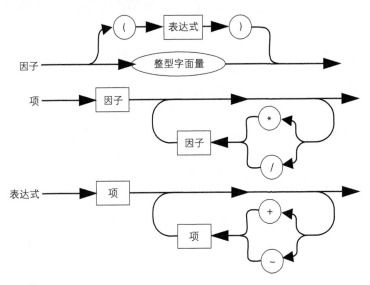

图4.6　铁路图

- **F** 不过，似乎 BNF 中的：本应写成 ::= 呢。
- **A** 老师，最好还是别使用自创的写法吧。
- **F** 非终结符似乎也本该写成 <term> 这样。
- **C** 哎呀，其实也不算什么自创啦。
- **H** A 君，BNF 有很多变种，其中就有用：代替 ::= 使用的风格。

　　那么，接下来让我们来看一个具体的例子。表达式

```
13 + 4 * 2
```

　　在经过词法分析后将得到如下的单词序列。

```
NUMBER "+" NUMBER "*" NUMBER
```

　　整个单词序列与代码清单 4.7 中的模式 expression 匹配。如图 4.7 所示，该单词序列的局部与非终结符 factor 及 term 的模式匹配，整个序列则明显与模式 expression 匹配。整

型字面量 13 与 factor 匹配的同时也与 term 匹配。根据语法规则，单独的整型字面量单词能
与 factor 匹配，单个 factor 又能与 term 匹配。

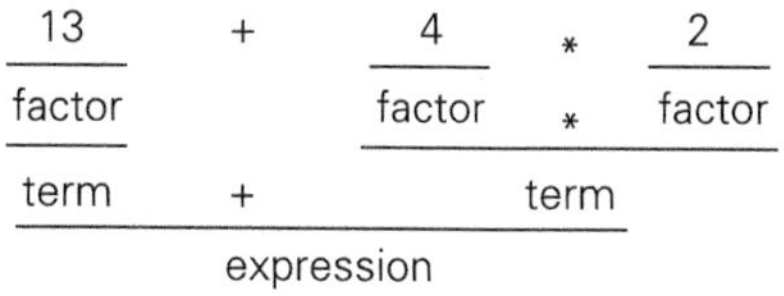

```
 13        +     4    *    2
factor          factor  *  factor
term      +        term
         expression
```

图4.7 表达式与模式 expression 匹配

下面这个包含括号的表达式也能与模式 expression 匹配。

```
(13 + 4) * 2
```

根据语法规则，括号中的 13 + 4 与模式 expression 匹配，括号括起的 (13 + 4) 与模
式 factor 匹配。因此，整个乘法表达式与模式 term 匹配。一个 term 又与模式 expression
匹配。

代码清单 4.7 中，expression、term 与 factor 是范围逐层缩小的组成单位，不过需要注
意的是，factor 能够重新回到（由括号括起的）expression。这种具有循环结构的递归定义
也是 BNF 的一个特征。

> **C** 也就是说 BNF 允许出现括号无限嵌套的模式，而正则表达式里是不支持这种情况的。
>
> **H** 如果要设计一种能在表达式中使用括号的程序设计语言，就只能通过 BNF 来定义语法了。
>
> **C** 递归定义非常强大，无需 {…} 也能表达循环的含义。
>
> **A** 那是怎样做到的？
>
> **F** 例如，expression 的规则也能写成这样。
>
> ```
> expression : term | expression ("+" | "-") term
> ```
>
> 这种定义与代码清单 4.7 的本质是相同的，但没有用到 {…}。
>
> **A** 也就是说，expression 仅由 term 构成，或由 expression、运算符 + 或 -，以及 term 顺
> 次组成是吗？
>
> **C** 反过来考虑会更好。首先，单独的 term 就能成为一个 expression。这样一来，根据规
> 则，term + term 也是一个 expression，之后再接上多少个 + term 依然是 expression。
> 即 term + term + term 也是一个 expression。该过程能够无限循环下去，于是实现了
> 递归循环。
>
> **A** 嗯，大概听明白了。
>
> **F** 递归的确非常有用。因此最初的 BNF 其实并不支持 {…} 的表述，只能使用 "|（或）"。

4.4　语法分析与抽象语法树

在使用 BNF 或铁路图来表示语法之后，就能借助它们进行语法分析，并构造抽象语法树。语法分析用于查找与模式匹配的单词序列。查找得到的单词序列是一个具有特定含义的单词组。分组后的单词能继续与其他单词组一起做模式匹配，组成更大的分组。

通常，抽象语法树用于表示语法分析的结果，因此需要表现出这些分组之间的包含关系。图 4.8 是根据代码清单 4.7 中的四则运算规则，对 13 + 4 * 2 进行语法分析后得到的结果（与图 4.7 相同），以及根据该结果构造的抽象语法树。图的左上方是语法分析的结果，右下方是构造的抽象语法树，正好上下颠倒。抽象语法树中的 13 或 + 等节点表示与相应单词对应的叶节点。可以看到，语法规则中出现的终结符都是抽象语法树的叶节点。非终结符 term 与 factor 也是抽象语法树的节点。

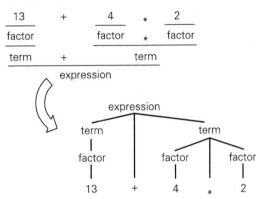

图4.8　根据语法分析的结果构造抽象语法树

抽象语法树的子树表示的是语法分析中得到的单词组。子树是更大的树中的一部分。例如，与非终结符 term 模式匹配的分组能够构成一棵子树，它的根节点是表示非终结符 term，与相应单词匹配的叶节点都是其子节点。右侧的 term 与 4、* 及 2 匹配，它们是以 term 为根节点的子树的叶节点。4 与 2 同时也与模式 factor 匹配，因此 term 与 4、2 之间插入了一个表示 factor 的节点。至于 13，它和 term、factor 通过一条直线相连，也是一棵以 term 为根节点、13 为叶节点的符合语法规则的子树。

C 语法规则中已经隐含了运算符 + 与 * 之间的优先级了呢。因此构造出的抽象语法树也准确反映了这一优先级。

F 乘法运算符 * 是 term 的一部分，+ 用于将 term 相加，于是 * 的优先级自然要高于 + 了。

S 这个先不管，请先看下图 4.8。

A S 君，你发现什么了？

S 13 的上面是 factor，再上面是 term，这一般不会省略的吗？

C 这个问题啊……并不是所有的非终结符都必须通过节点表示。不过这些细枝末节就先不管了。

专栏1 程序以简为美

第

5

天

设计语法分析器

专栏1 程序以简为美

第

5

天

设计语法分析器

第5天 设计语法分析器

本章我们将利用上一章的内容来设计语法分析器（parser）。程序已经通过词法分析器分解为了单词序列。语法分析器的任务是将这些单词序列与语法规则定义的模式进行匹配，并构造抽象语法树。

5.1 Stone 语言的语法

首先，我们借助 BNF 来试写一下 Stone 语言的语法规则。具体内容请参见代码清单 5.1。非终结符 program 与 1 行 Stone 语言程序匹配。规则中出现的 NUMBER、IDENTIFIER、STRING、OP 与 EOL 都是终结符，分别表示整型字面量、标识符、字符串字面量、双目运算符与换行符类型。

非终结符 expr（expression 的缩写）用于表示表达式。需要注意的是，代码清单 5.1 的规则没有考虑运算符 OP 之间的优先级。通常，语法规则应该像上一章中的代码清单 4.1（四则运算语法规则）那样，通过各条规则区分优先级不同的运算符，体现出他们之间优先级的差异。然而，Stone 语言将采用其他方式来处理运算优先级，因此优先关系不会体现在语法规则中。

下面我们来看一下代码清单 5.1 中各条规则的含义。首先，非终结符 primary（基本构成元素）用于表示括号括起的表达式、整型字面量、标识符（即变量名）或字符串字面量。这些是最基本的表达式构成元素。非终结符 factor（因子）或表示一个 primary，或表示 primary 之前再添加一个 - 号的组合。expr（表达式）用于表示两个 factor 之间夹有一个双目运算符的组合。block（代码块）指的是由 {} 括起来的 statement（语句）序列，statement 之间需要用分号或换行符（EOL）分隔。由于 Stone 语言支持空语句，因此规则中的 statement 两侧写有中括号 []。可以看到，它的结构大致与 expr 类似。它们都由其他的非终结符（statement 或 factor）与一些用于分隔的符号组合而成。

statement 可以是 if 语句、while 语句或仅仅是简单表达式语句（simple）。简单表达式语句是仅由表达式（expr）构成的语句。最后的 program 是一个非终结符，它可以包含分号或换行符，用于表示一句完整的语句。其中，statement 可以省略，因此 program 还能用来表示空行。代码块中最后一句能够省略句尾分号与换行符，为此，代码清单 5.1 的规则中分别设计了 statement 与 program 两种类型。program 既可以是处于代码块之外的一条语句，也可以是一行完整的程序。

代码清单5.1 Stone 语言的语法定义

```
primary   : "(" expr ")" | NUMBER | IDENTIFIER | STRING
factor    : "-" primary | primary
```

```
expr      : factor { OP factor }
block     : "{" [ statement ] {(";" | EOL) [ statement ]} "}"
simple    : expr
statement : "if" expr block [ "else" block ]
          | "while" expr block
          | simple
program   : [ statement ] (";" | EOL)
```

5.2 使用解析器与组合子

　　接下来，我们根据代码清单 5.1 中的语法来设计语法分析器。如果语法规则复杂，语法分析也会变得困难，甚至需要进行专门的理论研究。不过，代码清单 5.1 中列出的 Stone 语言的语法执行的语法分析较简单。这里的语法规则由 BNF 写成，如果使用语法分析器自动生成工具来处理，语法分析器的设计就更加简单了。本书专门设计了一种名为 Parser 库的简单的库来设计语法分析器，它是一种解析器组合子类型的库。本章将介绍如何通过该库来设计 Stone 语言的语法分析器。库的内部结构及源代码则会在第 17 章解说。

> **F** 需要使用 yacc 等分析器生成器吗？
>
> **H** 是的，一般都会用 yacc 这类工具来生成基于 BNF 的语法分析器。
>
> **C** 话虽如此，不过难得用 Java 语言这样的面向对象语言来设计语法分析器，不如尝试下其他方式吧。

　　Parser 库的工作仅是将 BNF 写成的语法规则改写为 Java 语言程序。代码清单 5.2 是由代码清单 5.1 中列出的 Stone 语言语法转换而成的语法分析程序。Parser 类与 Operators 类都是由库提供的类。rule 方法是 Parser 类中的一个 static 方法。

　　BasicParser 类首先定义了大量 Parser 类型的字段，它们是将代码清单 5.1 中列出的 BNF 语法规则转换为 Java 语言后得到的结果。例如，primary 字段的定义基于非终结符 primary 的语法规则。factor 与 block 同理，都是相应的 Java 语言形式的语法规则。

　　据此定义的 Parser 对象能够根据各种类型的非终结符模式来执行语法分析。例如，将词法分析器作为参数，调用 program 字段的 parse 方法，就能从词法分析器获取一行程序中包含的单词，并对其做语法分析，返回一棵抽象语法树。请注意一下 BasicParser 类的 parse 方法，这是一个 public 方法，仅用于调用 program 字段的 parse 方法。

> **A** 虽说是从 BNF 形式的语法转换而来，但这 Java 代码还真是混乱啊。
>
> **C** 尽管 Parser 库提供了内部 DSL，不过要在 Java 内也实现内部 DSL 果然还是不太容易。
>
> **A** 内部 DSL？
>
> **F** DSL 指的是领域专用语言（Domain-Specific languages），也就是具有特定用途的专用语言。
>
> **H** 例如，在用 Ruby 设计并实现库时，即使本质上只是一段使用了库的普通的 Ruby 程序，也能

够通过一些方式让它看起来像是用 DSL 写成的程序。或是让它具有和使用 DSL 写成的程序同样的可读性与书写复杂度。这种表面上的 DSL 被称为内部 DSL 或嵌入式 DSL。

F 为便于区分，除此以外的 DSL 称为外部 DSL。

C 说到底，内部 DSL 只是不同的库而已，因此与外部 DSL 相比更容易开发。通过内部 DSL 写成的程序也能与没有使用 DSL 书写的程序混合使用。

H 另一方面，用外部 DSL 写成的程序必须与普通的程序明确区分使用才行。

F 内部 DSL 必须通过 Ruby、Scala 或是 Scheme 之类的语言才能实现。

H 不过，就算是 Scala，解析器组合子的内部 DSL 结构依然会相当混乱。

S 唉，Parser 库可不是内部 DSL。它应该属于具有流畅界面（fluent interface）的库才对。

代码清单5.2 Stone 语言的语法分析器 BasicParser.java

```java
package stone;
import static stone.Parser.rule;
import java.util.HashSet;
import stone.Parser.Operators;
import stone.ast.*;

public class BasicParser {
    HashSet<String> reserved = new HashSet<String>();
    Operators operators = new Operators();
    Parser expr0 = rule();
    Parser primary = rule(PrimaryExpr.class)
        .or(rule().sep("(").ast(expr0).sep(")"),
            rule().number(NumberLiteral.class),
            rule().identifier(Name.class, reserved),
            rule().string(StringLiteral.class));
    Parser factor = rule().or(rule(NegativeExpr.class).sep("-").ast(primary),
                              primary);
    Parser expr = expr0.expression(BinaryExpr.class, factor, operators);

    Parser statement0 = rule();
    Parser block = rule(BlockStmnt.class)
        .sep("{").option(statement0)
        .repeat(rule().sep(";", Token.EOL).option(statement0))
        .sep("}");
    Parser simple = rule(PrimaryExpr.class).ast(expr);
    Parser statement = statement0.or(
            rule(IfStmnt.class).sep("if").ast(expr).ast(block)
                               .option(rule().sep("else").ast(block)),
            rule(WhileStmnt.class).sep("while").ast(expr).ast(block),
            simple);

    Parser program = rule().or(statement, rule(NullStmnt.class))
                           .sep(";", Token.EOL);

    public BasicParser() {
        reserved.add(";");
```

```
        reserved.add("}");
        reserved.add(Token.EOL);

        operators.add("=", 1, Operators.RIGHT);
        operators.add("==", 2, Operators.LEFT);
        operators.add(">", 2, Operators.LEFT);
        operators.add("<", 2, Operators.LEFT);
        operators.add("+", 3, Operators.LEFT);
        operators.add("-", 3, Operators.LEFT);
        operators.add("*", 4, Operators.LEFT);
        operators.add("/", 4, Operators.LEFT);
        operators.add("%", 4, Operators.LEFT);
    }
    public ASTree parse(Lexer lexer) throws ParseException {
        return program.parse(lexer);
    }
}
```

表5.1 Parser 类的方法

rule()	创建 Parser 对象
rule(Class c)	创建 Parser 对象
parse(Lexer l)	执行语法分析
number()	向语法规则中添加终结符(整型字面量)
number(Class c)	向语法规则中添加终结符(整型字面量)
identifier(HashSet<String> r)	向语法规则中添加终结符(除保留字 r 外的标识符)
identifier(Class c, HashSet<String> r)	向语法规则中添加终结符(除保留字 r 外的标识符)
string()	向语法规则中添加终结符(字符串字面量)
string(Class c)	向语法规则中添加终结符(字符串字面量)
token(String… pat)	向语法规则中添加终结符(与 pat 匹配的标识符)
sep(String… pat)	向语法规则中添加未包含于抽象语法树的终结符(与 pat 匹配的标识符)
ast(Parser p)	向语法规则中添加非终结符 p
option(Parser p)	向语法规则中添加可省略的非终结符 p
maybe(Parser p)	向语法规则中添加可省略的非终结符 p(如果省略,则作为一棵仅有根节点的抽象语法树处理)
or(Parser… p)	向语法规则中添加若干个由 or 关系连接的非终结符 p
repeat(Parser p)	向语法规则中添加至少重复出现 0 次的非终结符 p
expression(Parser p, Operators op)	向语法规则中添加双目运算表达式(p 是因子,op 是运算符表)
expression(Class c, Parser p, Operators op)	向语法规则中添加双目运算表达式(p 是因子,op 是运算符表)
reset()	清空语法规则
reset(Class c)	清空语法规则,将节点类赋值为 c
insertChoice(Parser p)	为语法规则起始处的 or 添加新的分支选项

※ c 是语法分析树的节点类

表 5.1 列出了 Parser 类的方法。接下来，我们来看一下如何具体通过这些方法将 BNF 形式的语法规则转换为 Java 语言。

首先，假设我们要处理这样一条语法规则。

```
paren : "(" expr ")"
```

非终结符 paren 表示的是由括号括起的表达式。这条规则的右半部分是从代码清单 5.1 的非终结符 primary 的模式中抽取的。

将它转换为 Java 语言后将得到下面的代码。

```
Parser paren = rule().sep("(").ast(expr).sep(")");
```

paren 的值是一个 Parser 对象，它表示非终结符 paren 的模式（即语法规则的右半部分）。rule 方法是用于创建 Parser 对象的 factory 方法。由它创建的 Parser 对象的模式为空，需要依出现顺序向模式中添加终结符或非终结符。根据语法规则，非终结符 paren 的模式包含左括号、非终结符 expr 以及右括号。这些模式需要依次添加至新创建的模式之中。

左右括号不仅是终结符，也是分隔字符（seperator），因此需要通过 sep 方法添加。非终结符则由 ast 方法添加，其参数是一个与需要添加的非终结符对应的 Parser 对象。

这样一来，Parser 对象就能够表示某一特定的语法规则模式。该对象不仅能完整表示语法规则右半部的模式，也能表示模式的一部分。or 方法与 repeat 方法能够表示 BNF 中由"|（或）"与"{}"构成的循环，而 Parser 对象能够接收用于表示这些分支选项或循环部分的模式的参数。

例如，代码清单 5.1 中非终结符 factor 的语法规则如下所示。

```
factor : "-" primary | primary
```

在代码清单 5.2 中，与该规则对应的 factor 字段的定义如下所示。为方便阅读，此处省略了 rule 方法的参数。

```
Parser factor = rule().or(rule().sep("-").ast(primary), primary);
```

factor 规则右侧的模式将匹配 primary 或是 - 号后接 primary 的组合。这里的代码调用了通过 rule 方法创建的 Parser 对象的 or 方法，并添加了两种分支模式。对该模式来说，factor 对应的 Parser 对象只要与两者中的一种匹配即可。

or 方法的两个参数接收的都是 Parser 对象，作为将被添加的分支选项。第 2 个参数接收的 Parser 对象用于表示非终结符 primary 的模式，第 1 个参数则将接收如下所示的 Parser 对象。

```
rule().sep("-").ast(primary)
```

该对象能够表示语法规则中 | 左侧的模式：

```
"-" primary
```

这样一来，Parser 对象就能仅表示语法规则右侧所写模式的一部分。

F 如果不写 rule 方法，Java 语言的版本和 BNF 版本就很相似了，看着很顺眼。

```
Parser factor = or(sep("-").ast(primary), primary);
```

上面这行和 BNF 很相似不是吗？

S 嗯，其实写成

```
Parser factor = sep("-").ast(primary) or primary;
```

这样是最好的。

C 不过 Java 语言没办法这么写啊，我没想出不用 rule 实现的方法。

H 这样一来就会出现很多 rule 了。

C or 或 option 方法的参数将接收 Parser 对象，它们其实是一些子模式。在子模式对应的表达式之前要写上 rule().。

S 嗯，如果不在前面加上 rule()., 根本就无法通过编译，会发生编译错误。

C 所以说只要记住，or 与 option 方法的参数对应的或是一个 Parser 对象，或是一个由 rule() 开头的表达式。

A 对了，BasicParser 类一开始的这句是什么？

```
Parser expr0 = rule();
```

之后还有一句

```
Parser statement0 = rule();
```

C 之所以有这两句，是因为语法规则的定义是递归的。

在代码清单 5.2 中，BasicParser 类首先通过 rule 方法创建了一个 Parser 对象，且没有调用其他任何方法，直接将该对象赋值给 expr0 字段。

```
Parser expr0 = rule();
```

这里预先创建的 Parser 对象 expr0 之后将会被赋值给 expr。语言处理器可以通过该对象依次创建与 primary 及 factor 对应的 Parser 对象，最后再使用 factor 将正确的模式添加至 expr0,完成一系列的处理。最终获得的对象(实际上即为 expr0)将被赋值给 expr。在代码清单 5.2 中, statement 字段也做了相同的处理。

F 为什么不从一开始就把它赋值给 expr 呢？

H 是啊，先赋值给 expr0 看起来没什么用。

F 进一步说，为什么非要有 expr0 和 expr 这些字段呢？

C 因为写成这种形式更像 DSL。

F 如果在 BasicParser 的构造函数里创建 Parser 对象，效果也一样吗？那里的 expr 不是一个字段而是局部变量。比如：

```
public BasicParser() {
    Parser expr0 = rule();
    Parser primary = rule(PrimaryExpr.class)...
        :
}
```

C 是一样的。

F 哪一种方式更好呢？

A 我觉得都差不多。

H 这要看是不是采用内部 DSL 风格了，前一种像是 DSL，后一种则没这种感觉。

C 就是这样。这也是内部 DSL 的局限性。

F 这样啊，其实我只是想了解下老师您个人的喜好而已啦。

代码清单 5.1 中，非终结符 expr 的语法规则如下：

```
expr : factor { OP factor }
```

代码清单 5.2 中只有一句调用 expression 方法的代码：

```
Parser expr = expr0.expression(BinaryExpr.class, factor, operators);
```

由于前文所述的语法的循环定义，右半部分没有以 rule() 开始，而是使用了 expr0。从这个角度来看，不用 expr0 而改用 rule() 也没问题。

Parser 类的 expression 方法能够简单地创建 expr 形式的双目运算表达式语法。该方法的参数是因子的语法规则以及运算符表。此外，节点类也能作为方法的参数。利用这些参数调用 expression 方法，就能将双目运算符的语法规则自动添加至 Parser 对象。因子（factor）指的是用于表示（优先级最高的）运算符左右两侧成分的非终结符。参数将被传递至与这一因子的语法规则对应的 Parser 对象。

运算符表以 Operators 对象的形式保存，它是 expression 方法的第 3 个参数。运算符能通过 add 方法逐一添加。例如，语言处理器可以在代码清单 5.2 中 BasicParser 的构造函数内通过下面的方式添加新的运算符。

```
operators.add("=", 1, Operators.RIGHT);
```

add 方法的参数分别是用于表示运算符的字符串、它的优先级以及左右结合顺序。用于表示优先级的数字是一个从 1 开始的 int 类型数值，该值越大，优先级越高。

add 方法的第 3 个参数如果是 Operators.LEFT，则表示左结合；如果是 Operators. RIGHT，则表示右结合。左结合指的是两个相同运算符接连出现时左侧的那个优先级较高。例如，+ 号是一种左结合的运算符，因此，在计算

```
1 + 2 + 3
```

时，将会像下面这样首先计算左侧的加法运算。

```
((1 + 2) + 3)
```

如果是右结合，就会先计算右侧的运算。通常，赋值运算符 = 右结合的运算符，如果它是左结合的，那么表达式

```
x = y = 3
```

将等同于

```
((x = y) = 3)
```

x 将首先被赋值为 y，之后又被赋值为 3。这恐怕不是期望的结果。如果是右结合，这句表达式将等同于

```
(x = (y = 3))
```

x 与 y 都将被赋值为 3。这是通常期望的结果。除了赋值运算符，幂乘运算一般也是右结合的。

> **A** 老师，BasicParser 类中的 reserved 字段有什么用？

代码清单 5.1 中，非终结符 primary 的语法规则右半部分含有 NUMBER 与 IDENTIFIER 两个成分。它们分别与代码清单 5.2 中 Parser 类的 number 方法与 identifier 方法对应。

identifier 方法能够将表示标识符的终结符 IDENTIFIER 添加至模式中。该终结符能够与除一部分特定标识符之外的任意单词匹配。identifier 方法将接收一个 HashSet 对象作为参数，IDENTIFIER 不与该对象中包含的字符串匹配。也就是说，HashSet 中包含的标识符无法作为变量名使用。

BasicParser 类的 reserved 字段是 identifier 方法的参数。Stone 语法的词法分析器将把所有的符号识别为标识符。因此，如果不明确指定不可作为变量名使用的标识符，右括号或分号等符号也都将被识别为变量名参与语法分析。为避免这种情况，identifier 方法需要接收一个 HashSet 对象作为参数。不过，根据语法分析算法，左括号无需专门添加至该 HashSet 对象。HashSet 对象只需包含有可能被识别为变量名的符号即可。

5.3 由语法分析器生成的抽象语法树

Parser 对象的 parse 方法将在成功执行语法分析后以抽象语法树的形式返回分析结果。实际上，代码清单 5.2 中，为了返回期望的抽象语法树，Parser 库已经做了细微的调整。接下来，让我们来看一下这些调整的具体内容。

上一章中，代码清单 4.1 ~ 代码清单 4.6 已经对代码清单 5.2 使用的抽象语法树的节点类作了介绍。其他一些尚未涉及的部分，代码清单 5.3 ~ 代码清单 5.9 将做具体讲解。代码清单 5.3 ~ 代码清单 5.9 中的类都是 ASTList 的子类，它们大多定义了若干个访问器方法，并覆盖了相关的 toString 方法。

> **A** 这些类也被用于代码清单 5.2 中 rule 方法的参数呢。rule 的参数都有什么用呀？

Parser 库将在找到与语法规则中的模式匹配的单词序列后用它们来创建抽象语法树。如果没有指定抽象语法树的根节点，则会默认使用一个 ASTList 对象。用于表示单词匹配的对象将构成语法树的叶节点。如果没有特别说明，叶节点都是 ASTLeaf 对象。

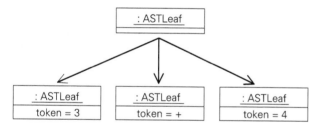

图5.1 3 + 4 经过语法分析后生成的抽象语法树

假设有下面这样的语法规则：

```
adder: NUMBER "+" NUMBER
```

将它改写为 Java 语言后，将得到：

```
Parser adder = rule().number().token("+").number();
```

Parser 库查找到与该模式匹配的单词序列后将创建如图 5.1 所示的抽象语法树的子树。其中，叶节点是用于表示与该模式匹配的单词（即终结符）的 ASTLeaf 对象，它们的直接父节点是一个 ASTList 对象，构成了这棵子树的根节点。其他的类也能作为该子树根节点与叶节点的对象类型。如果 rule 方法的参数为 java.lang.Class 对象，抽象语法树的根节点就是一个该类的对象。此外，number 与 identifier 等方法除了能够向模式添加终结符，还可以接收 java.lang.Class 对象作为参数，生成这种类型的叶节点对象。

```
Parser adder = rule(BinaryExpr.class).number(NumberLiteral.class)
```

```
                        .token("+")
                        .number(NumberLiteral.class);
```

以以上方式改写代码，叶节点将改为 NumberLiteral 对象，根节点则将是一个 BinaryExpr 对象。

上例中，+ 号由 token 方法添加。如果希望向模式添加分隔符，就需要使用 sep 方法。通过 sep 方法添加的符号不会被包含在生成的抽象语法树中。例如：

```
Parser adder = rule().number().sep("+").number();
```

生成的抽象语法树与图 5.1 所示的语法树的区别在于，它不含中间的 ASTLeaf 对象。为保持抽象语法树结构简洁，程序执行过程中无需使用的终结符应尽可能去除。

> **S** 不过通常 + 号都会被包含在抽象语法中，这个例子举得不太好啊。需要用 sep 添加的符号主要是括号、逗号之类的吧。

如果语法规则的模式中含有非终结符，与该非终结符匹配的单词序列将暂时原样保留在子树中。让我们来看一个例子，下面的模式使用了上面提到的 adder。

```
Parser eq = rule().ast(adder).token("==").ast(adder);
```

ast 方法用于向模式添加非终结符。它的参数是一个 Parser 对象。上面的例子中传递给 ast 方法的参数是 adder，不过由 rule() 起始的表达式也能直接作为参数使用。无论哪一种方式，与 ast 方法接收的 Parser 对象所表示的模式相匹配的部分都会首先作为一棵子树呈现，该子树能够表示 Parser 对象中的结构关系。这棵子树的根节点将成为某些由上一层模式生成的节点的直接子节点。如图 5.2 所示，根据 adder 生成的子树的根节点是根据 eq 生成的抽象语法树的根节点（最上层的 ASTList 对象）的一个子节点。

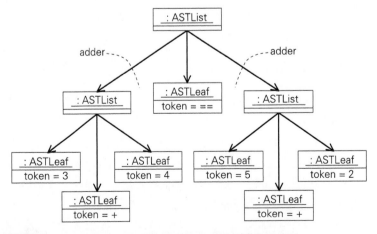

图5.2 3 + 4 == 5 + 2 经过语法分析后生成的抽象语法树

> **C** 这里的关键在于，一个由 rule(). 开始的模式能够创建一个上一层节点的对象。如果模式之间存在嵌套关系，嵌套层数就是抽象语法树的高度。
>
> **A** 树的高度？
>
> **F** 就是根节点与叶节点之间树枝的条数。

以上是 Parser 库构造抽象语法树的基本规则，不过由这种规则生成语法树通常会很大，包含很多无用的信息。请参见代码清单 5.2 中 factor 的定义。

```
Parser factor = rule().or(rule(NegativeExpr.class).sep("-").ast(primary),
                           primary);
```

根据已经介绍的基本规则，表达式 x + -y 经过语法分析后将得到图 5.3 左侧的抽象语法树。图中的 ASTList 对象不含任何信息，显然没有存在的必要。

BinaryExpr 对象的左右子节点由 factor 创建。factor 的模式将使用一个 or 方法，or 方法有两个参数，只有其中一个参数将接收抽象语法树，并以此创建与 factor 对应的抽象语法树。根据基本的创建规则，接收的语法树将成为新创建的 ASTList 对象唯一的子节点，一同构成整棵用于表示 factor 的抽象语法树。

接下来，我们添加一条特殊的规定，即，如果子节点只有一个，Parser 库将不会另外创建一个额外的节点。本应是子节点的子树将直接作为与该模式对应的抽象语法树使用。以 x + -y 为例，生成的抽象语法树如图 5.3 的右侧所示。根据这条规定，Parser 库不会创建无用的 ASTList 对象。以 Name 对象及 NegativeExpr 对象为根节点的子树将直接成为与 factor 对应的抽象语法树。

> **C** 可以通过调用 toString 方法来查看创建的抽象语法树，之后我还会详细说明。
>
> **F** 是要使用 Parser 类的 parse 方法返回的 ASTree 对象提供的 toString 方法对吧。

这条特殊规则不适用于 rule 方法的参数接收了一个类的情况。因此，图 5.3 的右侧仅含 1 个子节点的 NegativeExpr 对象不能省略。创建以 NegativeExpr 对象为根的子树的代码如下所示：

```
rule(NegativeExpr.class).sep("-").ast(primary)
```

由于 rule 方法接收了一个参数，因此不能套用上面的特殊规则。

> **C** 图 5.3 中没用的就只有 ASTList 对象而已哦。
>
> **H** NegativeExpr 对象虽然也只有一个子节点，但不能省略。
>
> **C** 没错。不然就不知道带不带负号了。

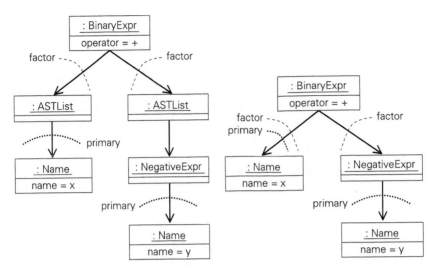

图5.3 表示 x + −y 的抽象语法树（左：凭直觉画出的抽象语法树，右：由 Parser 库生成的抽象语法树）

如果希望在 rule 方法接收参数时也应用这条特殊规则，就需要像下面这样为作为参数的类定义签名方法。例如，代码清单 5.3 中 PrimaryExpr 类的签名方法如下所示。

```
public static ASTree create(java.util.List<ASTree> c)
```

在 Parser 库为抽象语法树创建新的节点对象时，如果该对象的类含有上面这样的 create 方法，Parser 库将不会直接创建该类的对象，而是会调用 create 方法，并将返回的值作为节点对象。

create 方法的参数是一个 ASTree 对象，它是即将创建的节点的子节点。对于 PrimaryExpr 类的 create 方法，如果参数仅接收一个子节点，Parser 库将不会创建新的 PrimaryExpr 对象，而是直接返回作为参数传递的子节点，否则将通过 new 运算符创建一个新的 PrimaryExpr 对象并返回。create 方法的具体内容如下所示。

```
return c.size() == 1 ? c.get(0) : new PrimaryExpr(c);
```

这样一来，无论 rule 方法有没有接收参数，都会执行上文定义的特殊规则。

> **S** 从代码清单 5.2 来看，primary 始终只有一个子节点。还有必要特地定义 PrimaryExpr 类吗？
>
> **F** 的确，没有创建过 PrimaryExpr 对象呢。
>
> **C** 不要在意这些。PrimaryExpr 其实只是为了之后的功能扩展准备的。现在的确用不到，没必要将 PrimaryExpr 类作为 rule 的参数传递。

最后，我们来看一下如何将非终结符 program 的语法规则改写为 Java 语言。代码清单 5.1 中，program 的语法规则如下所示。

```
program : [ statement ] (";" | EOL)
```

  program 由可省略的非终结符 statement 以及一个必需的分号或换行符组成。代码清单 5.2 没有像下面这样，直接按照该模式将语法规则改写为 Java 程序代码。

```
Parser program = rule().option(statement)
                       .sep(";", Token.EOL);
```

  这段代码中，or 方法代替了 option 方法，如下所示。

```
Parser program = rule().or(statement, rule(NullStmnt.class))
                       .sep(";", Token.EOL);
```

  两者看起来不一样，表示的语法规则却没有差别。其中，

```
rule(NullStmnt.class)
```

  没有像平时那样，在调用 rule 方法后接着调用 sep 方法。因此，它表示的是一个空模式。也就是说，program 的前半部分可以是非终结符 statement，也可以为空，之后再接分号或换行符。这与原来的语法规则相同。

  如果硬要用 BNF 形式表示，则是像下面这样的写法。

```
program : ( statement | 空) (";" | EOL)
```

  之所以特地用 or 方法代替 option 方法，是为了能在模式仅含分号或换行符时，创建一个特殊的对象来反映这种情况。如果使用 or 方法而语句内容为空，Parser 库将创建一棵仅含一个节点的树，作为与非终结符 program 对应的抽象语法树。此时，节点对象是一个 NullStmnt 对象，且不含子节点。根据之前设计的特殊规则，不必要的节点将被省略，program 或是通过与非终结符 statement 对应的抽象语法树表现，或是直接通过一个 NullStmnt 对象表现。

> **F** 总而言之，这是一个 null 对象模式对吧？
> **C** 嗯，是的。

  代码清单 5.8 是 NullStmnt 类的结构。有了这个类之后，只要检查生成的抽象语法树的类，就能轻松判断是否省略了 statement。

> **A** 不过看着还是很混乱呢。
> **C** 这是因为我们希望能自动生成抽象语法树啊。库或 yacc 这类的工具在自动生成方面有很大的局限性。
> **A** 如果不自动生成，该怎么办呢？

F 那就只能根据一条条语法规则，完全手写创建抽象语法树了。

A 这也够麻烦的。

代码清单 5.3 PrimaryExpr.java

```java
package stone.ast;
import java.util.List;

public class PrimaryExpr extends ASTList {
    public PrimaryExpr(List<ASTree> c) { super(c); }
    public static ASTree create(List<ASTree> c) {
        return c.size() == 1 ? c.get(0) : new PrimaryExpr(c);
    }
}
```

代码清单 5.4 NegativeExpr.java

```java
package stone.ast;
import java.util.List;

public class NegativeExpr extends ASTList {
    public NegativeExpr(List<ASTree> c) { super(c); }
    public ASTree operand() { return child(0); }
    public String toString() {
        return "-" + operand();
    }
}
```

代码清单 5.5 BlockStmnt.java

```java
package stone.ast;
import java.util.List;

public class BlockStmnt extends ASTList {
    public BlockStmnt(List<ASTree> c) { super(c); }
}
```

代码清单 5.6 IfStmnt.java

```java
package stone.ast;
import java.util.List;

public class IfStmnt extends ASTList {
    public IfStmnt(List<ASTree> c) { super(c); }
    public ASTree condition() { return child(0); }
    public ASTree thenBlock() { return child(1); }
    public ASTree elseBlock() {
        return numChildren() > 2 ? child(2) : null;
    }
    public String toString() {
        return "(if " + condition() + " " + thenBlock()
                + " else " + elseBlock() + ")";
    }
}
```

代码清单5.7　WhileStmnt.java

```java
package stone.ast;
import java.util.List;

public class WhileStmnt extends ASTList {
    public WhileStmnt(List<ASTree> c) { super(c); }
    public ASTree condition() { return child(0); }
    public ASTree body() { return child(1); }
    public String toString() {
        return "(while " + condition() + " " + body() + ")";
    }
}
```

代码清单5.8　NullStmnt.java

```java
package stone.ast;
import java.util.List;

public class NullStmnt extends ASTList {
    public NullStmnt(List<ASTree> c) { super(c); }
}
```

代码清单5.9　StringLiteral.java

```java
package stone.ast;
import stone.Token;

public class StringLiteral extends ASTLeaf {
    public StringLiteral(Token t) { super(t); }
    public String value() { return token().getText(); }
}
```

5.4　测试语法分析器

代码清单 5.2 中的语法分析器需要通过调用 BasicParser 类的 parse 方法来执行。该方法将从词法分析器逐一读取非终结符 program。即，以语句为单位读取单词，并进行语法分析。parse 方法的返回值是一棵抽象语法树。

代码清单 5.10 是 parse 方法的使用范例。该类的 main 方法在执行后将显示一个对话框，并对输入的程序执行语法分析。程序将调用经过分析得到的 ASTree 对象（抽象语法树）的 toString 方法来显示结果。该过程将循环多次。

从这段代码可以看出，本章设计的这个语法分析器能够通过调用 toString 方法来获取一段字符串，并以此了解构造的抽象语法树的结构。例如，ASTList 类的 toString 方法将调用所有子节点的 ASTree 对象的 toString 方法，并用空白符连接所有字符串，最后在两侧添加括号后返回。

F 就好比 Lisp 的 S 表达式吧。

C 但 `IfStmnt` 等一些类的设计还是有些不同的,要想了解具体内容,就去看 `toString` 是如何实现的吧。

接下来,我们看一个例子。下面是一段示例程序,以及执行语法分析后得到的抽象语法树。

```
even = 0
odd = 0
i = 1
while i < 10 {
    if i % 2 == 0 {            // even number?
        even = even + i
    } else {
        odd = odd + i
    }
    i = i + 1
}
even + odd
```

这段代码的语法分析结果如下所示。

```
(even = 0)
(odd = 0)
(i = 1)
(while (i < 10) ((if ((i % 2) == 0) ((even = (even + i)))
                else ((odd = (odd + i)))) (i = (i + 1))))
(even + odd)
```

需要注意的是,`while` 语句只是由于过长而不得不中途换行,其实只有一行。

代码清单5.10 ParserRunner.java

```java
package chap5;
import stone.ast.ASTree;
import stone.*;

public class ParserRunner {
    public static void main(String[] args) throws ParseException {
        Lexer l = new Lexer(new CodeDialog());
        BasicParser bp = new BasicParser();
        while (l.peek(0) != Token.EOF) {
            ASTree ast = bp.parse(l);
            System.out.println("=> " + ast.toString());
        }
    }
}
```

专栏2 **三月成书**?!

第
6
天

通过解释器执行程序

通过解释器执行程序

只要能通过语法分析得到抽象语法树，程序的执行就简单了。解释器只需从抽象语法树的根节点开始遍历该树直至叶节点，并计算各节点的内容即可。这就是解释器的基本实现原理。

6.1　eval 方法与环境对象

要根据得到的抽象语法树来执行程序，各个语法树节点对象的类都需要具备 eval 方法。eval 是 evaluate（求值）的缩写。eval 方法将计算与以该节点为根的子树对应的语句、表达式及子表达式，并返回执行结果。因此，只要调用抽象语法树的根节点对象的 eval 方法，就能完整执行该语法树对应的程序。

eval 方法将递归调用该节点的子节点的 eval 方法，并根据它们的返回值计算自身的返回值，最后将结果返回给调用者。不同节点对返回值的计算方式不同，因此，各个节点的类需要覆盖各自的 eval 方法。也就是说，不同类型的节点的类，对 eval 方法有着不同的定义。

例如，图 6.1 显示了调用 + 运算符对应节点对象的 eval 方法后的计算流程。下面是 eval 方法的简化版本（实际的方法会更复杂一些）。

```java
public Object eval(Environment env) {
    Object left = left().eval(env);
    Object right = right().eval(env);
    return (Integer)left + (Integer)right;
}
```

该节点含有两个子节点，对应节点对象的 eval 方法将被依次调用。该图中，与左侧 left() 对应的子节点的 eval 方法将返回 13，与右侧 right() 对应的子节点的 eval 方法将返回 x * 2 的计算结果。将两侧 eval 方法的返回值相加，就能得到 + 运算符的计算结果。该结果将成为 + 节点的 eval 方法的返回值。

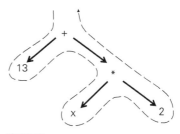

图6.1　遍历抽象语法树的节点

> **C** 先不必在意节点对象的类型，只要调用它提供的 eval 方法即可。
>
> **H** 因为程序会自动选择与该类相符的 eval 方法执行对吧。

左侧的叶节点用于表示整型字面量 13,因此它的 eval 方法将返回 13。该对象的 eval 方法如下所示。

```
public Object eval(Environment env) { return value(); }
```

value() 将返回该对象表示的整型字面量 13。

与右侧对应的是一个 * 运算符。其 eval 方法与 + 运算符类似，不过最后进行的是乘法运算。通常，如果一个子节点含有子节点，它的 eval 方法将递归调用其子节点的 eval 方法。因此，只要沿着 eval 方法的调用顺序，就能实现从抽象语法树根节点至叶节点的遍历。eval 方法的这种调用方式类似于深度优先树节点搜索算法。

Stone 语言这类支持变量的程序设计语言会将环境对象（environment）传递给 eval 方法的参数。简单来讲，环境对象指的是一种用于记录变量名称与值的对应关系的数据结构，它常以哈希表的形式实现。当程序中出现新变量时，由该变量的名称与初始值构成的名值对将被添加至哈希表，之后再次遇到这一变量时，程序将搜索哈希表并取得其值。如果要赋新值给该变量，程序将会把原有变量的名值对更新为新的数据。

代码清单6.1　环境对象的接口 Environment.java

```
package chap6;

public interface Environment {
    void put(String name, Object value);
    Object get(String name);
}
```

代码清单6.2　环境对象的类 BasicEnv.java

```
package chap6;
import java.util.HashMap;

public class BasicEnv implements Environment {
    protected HashMap<String,Object> values;
    public BasicEnv() { values = new HashMap<String,Object>(); }
    public void put(String name, Object value) { values.put(name, value); }
    public Object get(String name) { return values.get(name); }
}
```

C 这里有一点一定要记住，哈希表的键并不是变量本身，而是变量的名称。

A 变量与变量的名称这两者没多大区别呀。

C 如果变量是一种键，变量的定义就会有些问题了。因此我们把程序中出现的名称（标识符）作为哈希表的键。这些名称显然是一些单词，因此我们不用担心术语的定义会产生偏差。

代码清单 6.1 与代码清单 6.2 是环境对象的实现。实现思路非常直接，环境对象通过哈希表为变量的名称与值建立了对应关系。put 方法用于添加新的名值对，get 方法则能够以名称为键搜索哈希表。

6.2　各种类型的 eval 方法

　　代码清单 6.3 总结了抽象语法树的节点类中新添加的 eval 方法。所有的类共用一个父类 ASTree，首先需要为这个类添加抽象方法 eval，之后各个子类再分别覆盖这一方法。eval 方法的参数是环境对象，即 Environment 对象。方法的返回值是一个 Object 类型的计算结果。

　　代码清单 6.3 看似有些古怪。代码清单 6.3 将 eval 方法定义为了需要添加该方法的类的子类方法。例如，本应属于 ASTree 类的 eval 方法的定义出现于 ASTree 的子类 ASTreeEx 类中。

　　之所以这样做，是为了使用名为 GluonJ 的系统来实现解释器。eval 方法看似定义于 ASTreeEx 类中，其实该类的定义将被替换，eval 方法实际上将由 ASTree 类定义。其他类的 eval 方法同样如此。GluonJ 将自动完成替换工作，于是代码清单 6.3 所写的程序能够直接编译执行。本章之后将对此作详细说明。

　　首先，我们来看一下 eval 方法的内容。

> **A** 代码清单 6.3 看起来有点怪啊。上一章里的 Parser 库也好，现在的 GluonJ 也好，使用的新奇的东西还真多呀。
>
> **F** GluonJ 可是我们研究室自己开发的哦，也算是一种宣传吧。

代码清单6.3　新增的 eval 方法（BasicEvaluator.java）

```java
package chap6;
import javassist.gluonj.*;
import stone.Token;
import stone.StoneException;
import stone.ast.*;
import java.util.List;

@Reviser public class BasicEvaluator {
    public static final int TRUE = 1;
    public static final int FALSE = 0;
    @Reviser public static abstract class ASTreeEx extends ASTree {
        public abstract Object eval(Environment env);
    }
    @Reviser public static class ASTListEx extends ASTList {
        public ASTListEx(List<ASTree> c) { super(c); }
        public Object eval(Environment env) {
            throw new StoneException("cannot eval: " + toString(), this);
        }
    }
    @Reviser public static class ASTLeafEx extends ASTLeaf {
        public ASTLeafEx(Token t) { super(t); }
        public Object eval(Environment env) {
            throw new StoneException("cannot eval: " + toString(), this);
        }
    }
    @Reviser public static class NumberEx extends NumberLiteral {
```

```
        public NumberEx(Token t) { super(t); }
        public Object eval(Environment e) { return value(); }
}
@Reviser public static class StringEx extends StringLiteral {
        public StringEx(Token t) { super(t); }
        public Object eval(Environment e) { return value(); }
}
@Reviser public static class NameEx extends Name {
        public NameEx(Token t) { super(t); }
        public Object eval(Environment env) {
            Object value = env.get(name());
            if (value == null)
                throw new StoneException("undefined name: " + name(), this);
            else
                return value;
        }
}
@Reviser public static class NegativeEx extends NegativeExpr {
        public NegativeEx(List<ASTree> c) { super(c); }
        public Object eval(Environment env) {
            Object v = ((ASTreeEx)operand()).eval(env);
            if (v instanceof Integer)
                return new Integer(-((Integer)v).intValue());
            else
                throw new StoneException("bad type for -", this);
        }
}
@Reviser public static class BinaryEx extends BinaryExpr {
        public BinaryEx(List<ASTree> c) { super(c); }
        public Object eval(Environment env) {
            String op = operator();
            if ("=".equals(op)) {
                Object right = ((ASTreeEx)right()).eval(env);
                return computeAssign(env, right);
            }
            else {
                Object left = ((ASTreeEx)left()).eval(env);
                Object right = ((ASTreeEx)right()).eval(env);
                return computeOp(left, op, right);
            }
        }
        protected Object computeAssign(Environment env, Object rvalue) {
            ASTree l = left();
            if (l instanceof Name) {
                env.put(((Name)l).name(), rvalue);
                return rvalue;
            }
            else
                throw new StoneException("bad assignment", this);
        }
        protected Object computeOp(Object left, String op, Object right) {
            if (left instanceof Integer && right instanceof Integer) {
                return computeNumber((Integer)left, op, (Integer)right);
            }
            else
```

```
                if (op.equals("+"))
                    return String.valueOf(left) + String.valueOf(right);
                else if (op.equals("==")) {
                    if (left == null)
                        return right == null ? TRUE : FALSE;
                    else
                        return left.equals(right) ? TRUE : FALSE;
                }
                else
                    throw new StoneException("bad type", this);
        }
        protected Object computeNumber(Integer left, String op, Integer right) {
            int a = left.intValue();
            int b = right.intValue();
            if (op.equals("+"))
                return a + b;
            else if (op.equals("-"))
                return a - b;
            else if (op.equals("*"))
                return a * b;
            else if (op.equals("/"))
                return a / b;
            else if (op.equals("%"))
                return a % b;
            else if (op.equals("=="))
                return a == b ? TRUE : FALSE;
            else if (op.equals(">"))
                return a > b ? TRUE : FALSE;
            else if (op.equals("<"))
                return a < b ? TRUE : FALSE;
            else
                throw new StoneException("bad operator", this);
        }
    }
    @Reviser public static class BlockEx extends BlockStmnt {
        public BlockEx(List<ASTree> c) { super(c); }
        public Object eval(Environment env) {
            Object result = 0;
            for (ASTree t: this) {
                if (!(t instanceof NullStmnt))
                    result = ((ASTreeEx)t).eval(env);
            }
            return result;
        }
    }
    @Reviser public static class IfEx extends IfStmnt {
        public IfEx(List<ASTree> c) { super(c); }
        public Object eval(Environment env) {
            Object c = ((ASTreeEx)condition()).eval(env);
            if (c instanceof Integer && ((Integer)c).intValue() != FALSE)
                return ((ASTreeEx)thenBlock()).eval(env);
            else {
                ASTree b = elseBlock();
                if (b == null)
                    return 0;
```

```
                else
                    return ((ASTreeEx)b).eval(env);
            }
        }
    }
    @Reviser public static class WhileEx extends WhileStmnt {
        public WhileEx(List<ASTree> c) { super(c); }
        public Object eval(Environment env) {
            Object result = 0;
            for (;;) {
                Object c = ((ASTreeEx)condition()).eval(env);
                if (c instanceof Integer && ((Integer)c).intValue() == FALSE)
                    return result;
                else
                    result = ((ASTreeEx)body()).eval(env);
            }
        }
    }
}
```

抽象语法树各节点类的 eval 方法将计算与该节点对应的表达式或语句的值并返回。例如，抽象语法树中表示整型字面量的叶节点是一个 Number 对象，它的 eval 方法将返回与之对应的整型字面量。用于表示表达式中出现的变量名的叶节点是 Name 类的对象。这类对象的 eval 方法将查找通过参数传递的环境，并返回该变量的值。环境则是一个 Environment 对象，它将调用自身的 get 方法来查找变量。如果变量名不存在，就表示程序尚未定义该变量，此时系统将抛出一个异常。

大部分 eval 方法都会在节点包含子节点时递归调用子节点的 eval 方法。例如，单目减法运算表达式的节点对象是一个 Negative 类的对象。该节点含有一个子节点，用于表示减号右侧的子表达式。该对象的 operand 方法能够获得这一子节点。Negative 类的 eval 方法将会递归调用子节点的 eval 方法，改变返回值的正负号之后，再将该值作为自身的返回值返回。

含有 = 运算符的赋值表达式是一个例外，它不会递归调用子节点的 eval 方法。双目运算符的节点对象是一个 BinaryExpr 类的对象。BinaryExpr 类的 eval 方法在遇到 = 运算符时将做特殊处理。

赋值表达式的右侧的值能够由 eval 方法计算得到，左侧则不行。左侧的值需要由一种名为左值（L-value）的特殊表达式计算。左值是右侧的值的赋值对象，无法通过 eval 方法算得。例如，赋值表达式 a=7 中，对左侧表达式调用 eval 方法的结果是变量 a 的当前值。该结果不同于左值，并不是表达式新赋给 a 的值。

> **C** 赋值表达式的左侧并不是一个表达式。
>
> **H** 不过从语法规则上来看，左侧的也算是一种表达式（expr）呢。
>
> **C** 这是因为如果它在语法上也不是一种表达式的话，语法分析就会变得相当麻烦。为了方便实现，我们放宽了语法规则的限制，只在 eval 方法中判断运算符左侧的是否是一种表达式。

在赋值表达式左侧不是一个变量时，Stone 语言将报运行错误，反之则会通过特殊的方式计算左值。计算得到的左值将更新环境中的数据。不过，并不是说表达式中包含变量时解释器就一定会以左值形式计算该变量。在普通的表达式（例如赋值表达式右侧的子表达式）中出现变量时，解释器将调用 eval 方法计算该变量的值。此时调用的是 Name 类的 eval 方法。解释器将查找环境，返回与变量名对应的值。

> **H** eval 方法计算的是右值（R-value）对吧。
>
> **C** 没错，必须明确区分左值和右值。
>
> **A** 右值是？
>
> **F** 简单地说，右值就是表达式的计算结果。如果它是一个变量，右值就是变量的值。
>
> **H** 话说回来，if 语句、while 语句的 eval 方法会返回怎样的值呢？

抽象语法树的节点不但可以表示表达式，也能表示 if 语句或 while 语句之类的语句。这类节点的 eval 方法将返回最后执行的代码块的计算结果，即最后调用的代码块的 eval 方法的返回值。我们来看一下 IfStmnt 类与 WhileStmnt 类的 eval 方法。可以看到，代码块的计算结果就是最后执行的语句（或表达式）的计算结果。在 Stone 语言中，程序无论执行哪种类型的语句，都能得到对应的计算结果。

具体来讲，以 IfStmnt 类的 eval 方法为例，它将首先调用 condition 方法，对返回的子节点递归调用 eval 方法。最终得到的返回值即是 if 语句中条件表达式的结算结果。根据该结果，程序将选择执行对应的代码块，并调用所执行代码块的 eval 方法。该 eval 方法的返回值是代码块中最后一条语句的计算结果，它也是 IfStmnt 类的 eval 方法的返回值。

> **F** 关于 if 语句和 while 语句的条件表达式，我看了 IfStmnt 类的 eval 方法后觉得有点……
>
> **A** 哦，我知道你要问什么了。只要条件表达式的计算结果是一个字符串，就将始终返回真。这么回答能理解吗？
>
> **C** 我现在是将除了 0 之外的整数都判为真。如果你们想改就改吧。

6.3 关于 GluonJ

如代码清单 6.3 所示，本书没有通过直接改写抽象语法树节点类的源文件来添加 eval 方法，而是专门在另一个源文件中定义了所有的 eval 方法（及相关的辅助方法），之后再一起添加至抽象语法树的各个类中。这样一来，就算需要扩展类的定义，也不必修改原有的类。为了实现这种设计，本书使用了由笔者及合作者共同开发的 GluonJ 系统。为了使用 GluonJ 提供的功能，代码清单 6.3 使用了 Java 语言来标注 @Reviser。

Ruby 语言和 AspectJ 语言分别通过名为开放类（open class）与类型间（intertype）声明的方

式，来实现类似 `eval` 方法那样的定义分离，方法将在其他源文件中定义。不过可惜的是，Java 语言没有提供这样的功能。因此，本书使用了 GluonJ。

> **F** 前面也提到，GluonJ 是我们研究室开发的，把它写进书里没问题吗？
>
> **H** 仅利用 Java 语言的设计模式来设计程序也挺好的不是吗？
>
> **C** 不过，使用 GluonJ 的话，只需写出添加的方法与程序中有改动的部分即可，读起来更加容易。而且这本书将不断修改并扩展程序，这种方式的好处尤其明显。
>
> **F** 而且设计模式本身也有局限性呢。
>
> **C** 的确。对这个问题感兴趣的读者可以在第 19 章（第 19 天）中读到更深入的说明。

　　在 GluonJ 中，标有 `@Reviser` 的类称为修改器（reviser）。修改器看起来和子类很相似，实则不然，它将直接修改（revise）所继承的类的定义。

　　代码清单 6.3 中，`BasicEvaluator` 类是一个标有 `@Reviser` 的修改器。不过由于它没有继承其他类，因此没有修改任何的类。该类内部嵌套定义多个子类，这些修改器将直接修改其他的类的定义。`BasicEvaluator` 修改器用于将内部的多个修改器打包为一个整体。

　　`BasicEvaluator` 类中嵌套的子类也都是标有 `@Reviser` 的修改器。这些修改器继承了其他的类，并能直接修改那些类的定义。嵌套的子类修改器必须以 `static` 方式定义。如果需要修改的类包含构造函数，修改器必须提供具有相同签名的构造函数。如果需要修改的类含有多个签名不同的构造函数，修改器必须提供同样多个构造函数。

　　修改器中的方法与字段将被直接添加至需要修改的类的定义中。如果该类中已经存在同名方法，它将被替换为修改器提供的版本（也能通过 `super` 调用原有方法）。因此，如果读者不希望通过 GluonJ 来执行本书中的程序，只需要直接将修改器中的方法复制粘贴到需要修改的类的源代码中即可。

> **C** 如果要修改的类与修改器中含有同名的方法，在复制粘贴时就不得不小心才行。
>
> **H** 嗯，是指将修改器的方法覆盖原来的类的方法的时候对吧。
>
> **C** 这种情况下，必须先修改原来的类中的方法名，以使名称不重复，之后再复制粘贴修改器中的方法。`super` 调用也需要据此修改。
>
> **F** 如果用传统的 open class 的话，是不是能直接覆盖同名方法的？
>
> **S** 嗯，没什么问题。
>
> **C** 不过那是 Ruby 语言了呀。要说传统的方法，应该用 MultiJava 来实现。不过 MultiJava 中的 open class 是不能覆盖的，只能新增。

　　代码清单 6.3 中出现的第一个修改器 `ASTreeEx` 向 `ASTree` 类添加了一个 Abstract 方法 `eval`。`ASTreeEx` 中的 Ex 指的是 extend。当然，修改器的名称不一定必须以 Ex 结尾。

　　其他的修改器分别向 `ASTree` 类的各个子类添加了 `eval` 方法。例如，`ASTListEx` 类是一个 ASTList 类的修改器。ASTListEx 向 ASTList 类添加了一个 eval 方法。因此，尽管代码清单 4.2 中原本的 ASTList 类没有定义 eval 方法，解释器也能够对 ASTList 对象调用 eval 方法。

> **A** 老师，子类与修改器有什么区别？
>
> **F** 所以说修改器就相当于 Ruby 语言的 open class 啦。
>
> **C** 如果是 ASTListEx 类是 ASTList 类的子类，ASTList 对象就无法使用 eval 方法了呢。只有 ASTListEx 对象才可以。
>
> **F** 比如说，
>
> ```
> ASTList n = new ASTList();
> int result = n.eval();
> ```
>
> 这段程序会在调用 eval 方法时报错。因为 eval 方法只存在于子类 ASTListEx 中。
>
> **C** 就是这样。
>
> **F** 如果 ASTListEx 是一个修改器，就不会报错了对吧。
>
> **C** 嗯，只是如果希望代码能正确运行，还需要进行类型转换。

不过，程序在调用通过修改器添加的方法时，必须执行数据类型转换。例如，必须以下面的方式调用 ASTList 类中由 ASTListEx 修改器添加的 eval 方法。

```
ASTList n = new ASTList();
int result = ((ASTListEx)n).eval();
```

需要注意的是，变量 n 的数据类型为 ASTList。像这样调用由 ASTListEx 修改器添加的 eval 方法时，必须显式地执行数据类型转换。

> **H** n 是一个 ASTList 对象，通常的 Java 语言类型转换是无法实现的吧。修改器和子类确实不太一样。
>
> **C** 其实从实现的角度来看，修改器也是子类的一种。只不过修改器（修改得到的类）中的 new 表达式由原有的类的 new 表达式衍生，它自动改写了这段代码，使它能够生成所需的修改器。在上面的例子中，new ASTList() 隐式地调用了 new ASTListEx()。
>
> **F** 在实际使用中，同一个类可能存在多个不同的修改器，情况会更加复杂些。

修改器在调用由修改器添加的方法时，必须进行数据类型转换。例如，代码清单 6.3 中 NegativeEx 修改器的 eval 方法为了获取操作数的值，将像下面这样调用操作数的 eval 方法。

```
Object v = ((ASTreeEx)operand()).eval(env);
```

这里，operand 方法的返回值为 ASTree 类型。由于 ASTree 类的 eval 方法

由 `ASTreeEx` 修改器添加，因此必须像上面这样将其转换为 `ASTreeEx` 类型之后才能调用 `eval` 方法。

> **C** 如果使用专门的 GluonJ 编译器，就不需要加上这些类型转换了。详细信息请见第 18 章（第 18 天）。
>
> **H** 这有点像是 Java 语言在引入泛型（generics）之前的 `List` 类型，每次都不得不转换类型才能使用。
>
> **F** 不过，如果不使用 GluonJ，仅复制粘贴本书的代码运行，就不需要使用这些类型转换了。
>
> **H** 的确如此。只要向 `ASTree` 类添加了 `eval` 方法，就能像下面这样直接调用。
>
> ```
> Object v = operand().eval(env);
> ```

此外，如果修改器覆盖了原有的类中的方法，之后就无需执行类型转换。例如，假设 `ASTree` 类已经定义了 `eval` 方法，之后 `ASTreeEx` 修改器又覆盖了该方法，在调用 `ASTree` 对象的 `eval` 方法时不需要事先转换对象的类型。即使没有类型转换，程序也会调用由 `ASTreeEx` 修改器重新定义的 `eval` 方法。

6.4　执行程序

`eval` 方法是 Stone 语言解释器的核心。完成了 `eval` 方法的实现之后，解释器只要读取程序并调用 `eval` 方法，就能执行 Stone 语言程序。

代码清单 6.4 是解释器的主体程序。解释器通过对话框读取程序后，词法分析器与语法分析器将构造抽象语法树，调用 `eval` 方法来获取计算结果并显示。直到用户按下返回键，该操作将不断重复。

由于 Stone 语言的解释器使用了 GluonJ，因此必须在启动时执行代码清单 6.5 中的程序。该程序将用修改器修改相关的类，最后执行解释器。代码清单 6.5 中 `Loader` 类的 `run` 方法将调用它的第 1 个参数接收的类的 `main` 方法，执行程序。`run` 方法的第 2 个参数是一个运行参数，将直接传递给第 1 个参数收到的 `main` 方法。第 3 个参数是执行程序所需的修改器，它是一个可变长参数，能指定任意多个修改器。所有指定的修改器都完成修改后，`main` 方法将被调用。

> **C** 在执行代码清单 6.5 时，必须在类路径中包含 `gluonj.jar` 才行。
>
> **H** 老师，这类细节问题也详细讲讲吧？
>
> **C** 那我在第 18 章（第 18 天）中总结一下好了。

代码清单 6.4　Stone 语言的解释器 BasicInterpreter.java

```java
package chap6;
import stone.*;
```

```
import stone.ast.ASTree;
import stone.ast.NullStmnt;

public class BasicInterpreter {
    public static void main(String[] args) throws ParseException {
        run(new BasicParser(), new BasicEnv());
    }
    public static void run(BasicParser bp, Environment env)
        throws ParseException
    {
        Lexer lexer = new Lexer(new CodeDialog());
        while (lexer.peek(0) != Token.EOF) {
            ASTree t = bp.parse(lexer);
            if (!(t instanceof NullStmnt)) {
                Object r = ((BasicEvaluator.ASTreeEx)t).eval(env);
                System.out.println("=> " + r);
            }
        }
    }
}
```

接下来，让我们试着执行一些 Stone 语言写成的程序吧。执行代码清单 6.5 中的程序后，将显示一个对话框，用于输入程序语句。在输入代码清单 6.6 中的 Stone 语言程序后点击 Ok 键即可执行。

代码清单6.5 解释器启动程序 Runner.java

```
package chap6;
import javassist.gluonj.util.Loader;

public class Runner {
    public static void main(String[] args) throws Throwable {
        Loader.run(BasicInterpreter.class, args, BasicEvaluator.class);
    }
}
```

代码清单6.6 Stone 语言示例程序

```
sum = 0
i = 1
while i < 10 {
    sum = sum + i
    i = i + 1
}
sum
```

程序执行结果如图 6.2 所示，在程序代码之后将显示多行计算结果。之所以会这样，是因为每一条语句都会在执行后输出结果。第 3 行显示的是整个 while 语句的计算结果。最后一行是 sum 的值，即 1 至 9 相加的和。

> H　终于完成啦！
>
> C　不算 Parser 库的话，整个解释器只有七八百行代码，够简单吧？
>
> F　不过现在还不支持函数呢。
>
> C　不急，下一章就会加上这个功能。

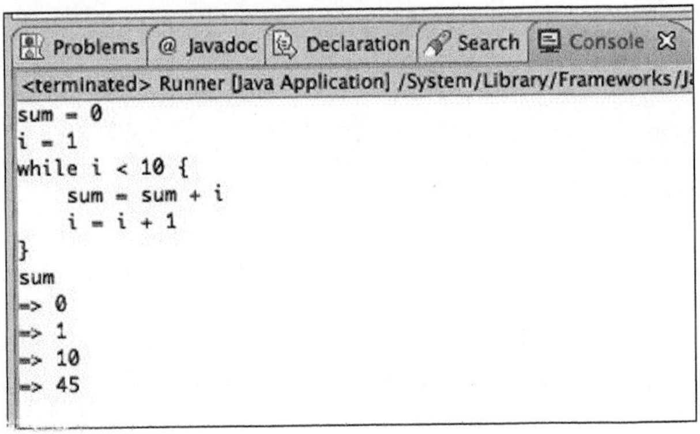

```
Problems  @ Javadoc  Declaration  Search  Console ✕
<terminated> Runner [Java Application] /System/Library/Frameworks/J
sum = 0
i = 1
while i < 10 {
    sum = sum + i
    i = i + 1
}
sum
=> 0
=> 1
=> 10
=> 45
```

图6.2　执行结果

第

7

天

添加函数功能

第 7 天
添加函数功能

前 6 章设计的 Stone 语言虽然支持 if 或 while 等控制语句，但不能使用函数或子程序（procedure）等语法功能。本章将为 Stone 语言添加函数功能。此外，除了基本的函数定义与调用执行，本章还会引入名为闭包（closure）的语法功能，使 Stone 语言可以将变量赋值为函数，或将函数作为参数传递给其他函数。

> **S** 与其说是添加函数功能，不如说是添加子程序功能吧？
>
> **H** 按照 C 语言的习惯，这些就是函数。
>
> **F** 不过有些语言会将有返回值的归为函数，没有返回值的归为子程序呢。
>
> **C** 本书暂且规定 Stone 语言的函数必定有返回值。
>
> **S** 用函数这个词也没问题啦，也没什么坏处。

7.1　扩充语法规则

首先，让我们来讨论一下函数定义语句的语法规则。本书将函数定义语句称为 def 语句。def 语句仅能用于最外层代码。也就是说，用户无法在代码块中定义函数。

例如，下面的代码定义了函数 fact。

```
def fact (n) {
    f = 1
    while n > 0 {
        f = f * n
        n = n - 1
    }
    f
}
```

与 Java 语言不同，Stone 语言没有 return 语句。代码块中最后执行的语句（表达式）的计算结果将作为函数的返回值返回。该函数可以按以下方式调用。该例在调用函数 fact 时传入了一个参数 9。

```
fact(9)
```

如果希望以 9 为参数调用函数 fact 并将返回值赋值给 n，则可以按下面这样书写代码。

```
n = fact(9)
```

其中，括号内写有的是函数的实参（如果需要多个实参，则用逗号分隔）。

如果语句只调用了一个函数，即该函数不是其他更复杂的表达式的组成部分且不会产生歧义，实参两侧的括号就能省略。也就是说，仅含函数调用的语句无需用括号标识实参。

例如，函数 fact 能够以以下方式调用。

```
fact 9
```

如果存在多个实参，则应像下面这样用逗号分隔。

F 能不能扩大括号省略的范围呢？现在这种设定下，

```
n = fact 9
```

是会报错的吧。这里的括号不能省略。

A 嗯，这还真是不方便。

C 不，这里不会报错，解释器会作如下的理解：

```
(n = fact)(9)
```

H 也就是说，首先 fact 将被赋值给 n，然后以 9 为实参调用是吗？

F 原来不是将 fact(9) 的返回值赋值给 n 啊。

C 我虽然也想那么做，但这样一来，语法就会产生歧义，不利于语法分析。比如，下面这样的表达式语句不会调用函数 fact，而是会计算 fact 减去 9 的值。

```
fact -9
```

S 这样啊，在 Ruby 语言里 fact -9 的调用方式也没问题呢。

C 错是没错，但要注意，写成 fact - 9 的话就会报错了。- 与 9 之间不能有空格。

代码清单7.1 **与函数相关的语法规则**

```
param      : IDENTIFIER
params     : param { "," param }
param_list : "(" [ params ] ")"
def        : "def" IDENTIFIER param_list block
args       : expr { "," expr }
postfix    : "(" [ args ] ")"
primary    : ( "(" expr ")" | NUMBER | IDENTIFIER | STRING ) { postfix }
simple     : expr [ args ]
program    : [ def | statement ] (";" | EOL)
```

代码清单 7.1 以 BNF 形式定义了上述语法规则。这里只显示了与代码清单 5.1 不同的部分。本章新增了大量的非终结符，代码清单 5.1 已有的 primary、simple 及 program 的定义也得到了更新。

形参 param 是一种标识符（变量名）。形参序列 params 至少包含一个 param，各个参数之间通过逗号分隔。param_list 可以是以括号括起的 params，也可以是空括号对 ()。函数定义语句 def 由 def、标识符（函数名）、param_list 及 block 组成。实参 args 由若干个通过逗号分隔的 expr 组成。postfix 可以是以括号括起的 args，也可以是省略了 args 的空括号对。

非终结符 primary 需要在原有基础上增加对表达式中含有的函数调用的支持。因此，本章修改了代码清单 5.1 中 primary 的定义。在原先的 primary 之后增加若干个（可以为 0）postfix（后缀）得到的依然是一个 primary。这里的 postfix 是用括号括起的实参序列。

此外，表达式语句 simple 也需要支持函数调用语句。因此，本章修改了之前的定义，使 simple 不仅能由 expr 组成，expr 后接 args 的组合也是一种 simple 语句。

与 primary 不同，simple 不支持由括号括起的实参 args。也就是说，

```
simple : expr [ "(" [ args ] ")" ]
```

是不正确的。应该使用下面的形式。

```
simple : expr [ args ]
```

现在的语法分析规则还支持下面这样的表达式语句。

```
fact(9);
```

在这句表达式语句中，函数的参数由括号括起。由于 fact(9) 与 primary 的模式匹配，因此这条语句能顺利通过语法分析。primary 既可以是 factor，也能是 expr。因此，这条语句能被识别为仅由 expr 构成的，省略了 args 的 simple 模式。根据 simple 的语法规则，即使 expr 之后没有连接由括号括起的实参也不会有问题。

> **H** 具体该怎样实现语法分析器呢？

代码清单 7.2 是根据代码清单 7.1 的语法规则设计的语法分析程序。其中 FuncParser 类继承于第 5 章代码清单 5.2 中的 BasicParser 类。也就是说，语法分析器的基本部分利用了 BasicParser 类中已有的代码，FuncParser 类仅定义了新增的功能。和之前一样，新定义的非终结符也通过 Parser 库实现。代码清单 7.3、代码清单 7.4 与代码清单 7.5 是更新后的抽象语法树的节点类。

代码清单 7.2 中，paramList 字段与 postfix 字段的初始化表达式使用了 maybe 方法。例如，paramList 字段的定义如下所示。

```
Parser paramList = rule().sep("(").maybe(params).sep(")");
```

与 option 方法一样，maybe 方法也用于向模式中添加可省略的非终结符。paramList 字段对应的非终结符 param_list 实际的语法规则如下所示。

```
param_list : "(" [ params ] ")"
```

括号内的 params 可以省略。

A maybe？为什么起这样一个方法名呀？

C 提到添加可省略成分的方法，一般就是指 option 或 maybe 了吧。

F option 这个方法名来源于 Scala，maybe 则来自 Haskell 对吧？

C 嗯，不过这里说的 maybe 和 Haskell 里的并不是同一个概念。

上面的代码中没有使用 option 方法，而使用了 maybe 方法，因此即使非终结符被省略，抽象语法树中也会包含相应的子树来表示省略的部分。该子树仅由一个根节点构成。根节点对象的类型由 maybe 方法的参数对应的 Parser 对象决定。根节点对象与创建该对象的 rule 方法的参数的类型相同。

在上例中，因省略 params 而创建的子树是一棵以 ParameterList 对象为根节点的树。根节点是该子树唯一的节点，这棵子树除根节点外没有其他子节点。ParameterList（参数列表）对象的子节点原本用于表示参数，params 被省略时，根节点的子节点数为 0，恰巧能够很好地表示没有参数。

即使 params 被省略，抽象语法树仍将包含一个 params 的子树来表示这个实际不存在的成分。根据第 5 章介绍的特殊规定，为了避免创建不必要的节点，与 params 对应的子树将直接作为与非终结符 param_list 对应的子树使用。

F 使用 maybe 之类的方法的话，很难判断最后到底将生成怎样一棵抽象语法树对吧？

S 嗯，要是能再改进一下 Parser 库就好了。

非终结符定义的修改由构造函数完成。构造函数首先需要为 reserved 添加右括号)，以免将它识别为标识符。之后，primary 与 simple 模式的末尾也要添加非终结符，为此需要根据相应的字段调用合适的方法。例如，simple 字段应调用 option 方法。

```
simple.option(args);
```

通过这种方式，option 方法将在由 BasicParser 类初始化的 simple 模式末尾添加一段新的模式。也就是说，BasicParser 在进行初始化时，将不再执行下面的语句。

```
Parser simple = rule(PrimaryExpr.class).ast(expr);
```

而执行如下代码。

```
Parser simple = rule(PrimaryExpr.class).ast(expr).option(args);
```

构造函数的最后一行调用了 program 字段的 insertChoice 方法，将用于表示 def 语句的非终结符 def 添加到了 program 中。该方法将把 def 作为 or 的分支选项，添加到与 program 对应的模式之前。program 字段继承于 BasicParser 类，原本的定义如下所示。

```
Parser program = rule().or(statement, rule(NullStmnt.class))
                      .sep(";", Token.EOL);
```

通过 insertChoice 方法添加 def 之后，program 表示的模式将与下面定义等价。

```
Parser program = rule().or(def, statement, rule(NullStmnt.class))
                      .sep(";", Token.EOL);
```

算上 def，表达式中 or 的分支选项增加到了 3 个。新增的选项和原有的两个一样，都是 or 方法的直接分支，语法分析器在执行语句时必须首先判断究竟选择哪个分支。

代码清单7.2 支持函数功能的语法分析器FuncParser.java

```
package stone;
import static stone.Parser.rule;
import stone.ast.ParameterList;
import stone.ast.Arguments;
import stone.ast.DefStmnt;

public class FuncParser extends BasicParser {
    Parser param = rule().identifier(reserved);
    Parser params = rule(ParameterList.class)
                        .ast(param).repeat(rule().sep(",").ast(param));
    Parser paramList = rule().sep("(").maybe(params).sep(")");
    Parser def = rule(DefStmnt.class)
                     .sep("def").identifier(reserved).ast(paramList).ast(block);
    Parser args = rule(Arguments.class)
                     .ast(expr).repeat(rule().sep(",").ast(expr));
    Parser postfix = rule().sep("(").maybe(args).sep(")");

    public FuncParser() {
        reserved.add(")");
        primary.repeat(postfix);
        simple.option(args);
        program.insertChoice(def);
    }
}
```

代码清单7.3 ParameterList.java

```
package stone.ast;
import java.util.List;

public class ParameterList extends ASTList {
    public ParameterList(List<ASTree> c) { super(c); }
    public String name(int i) { return ((ASTLeaf)child(i)).token().getText(); }
    public int size() { return numChildren(); }
}
```

代码清单7.4 DefStmnt.java

```
package stone.ast;
import java.util.List;
```

```
public class DefStmnt extends ASTList {
    public DefStmnt(List<ASTree> c) { super(c); }
    public String name() { return ((ASTLeaf)child(0)).token().getText(); }
    public ParameterList parameters() { return (ParameterList)child(1); }
    public BlockStmnt body() { return (BlockStmnt)child(2); }
    public String toString() {
        return "(def " + name() + " " + parameters() + " " + body() + ")";
    }
}
```

代码清单7.5 Arguments.java

```
package stone.ast;
import java.util.List;

public class Arguments extends Postfix {
    public Arguments(List<ASTree> c) { super(c); }
    public int size() { return numChildren(); }
}
```

7.2 作用域与生存周期

为了能执行包含函数的程序，环境的设计与实现也必须做一些相应的修改。环境是变量名与变量的值的对应关系表。大部分程序设计语言都支持仅在函数内部有效的局部变量。为了让 Stone 语言也支持局部变量，我们必须重新设计环境。

在设计环境时，必须考虑两个重要的概念，即作用域（scope）与生存周期（extent）。变量的作用域是指该变量能在程序中有效访问的范围。例如，Java 语言中方法的参数只能在方法内部引用。也就是说，一个方法的参数的作用域限定于该方法内部。而变量的生存周期则是该变量存在的时间期限。例如，Java 语言中某个方法的参数 p 的生存周期就是该方法的执行期。换言之，参数 p 在方法执行过程中将始终有效。如果该方法中途调用了其他方法，就会离开原方法的作用域，新调用的方法无法引用原方法中的参数 p。不过，虽然参数 p 此时无法引用，它仍会继续存在，保存当前值。当程序返回原来的方法后，又回到了参数 p 的作用域，将能够再次引用参数 p。引用参数 p 得到的自然是它原来的值。方法执行结束后，参数 p 的生存周期也将一同结束，参数 p 不再有效，环境中保存的相应名值对也不复存在。事实上，环境也没有必要继续保持该名值对。之后如果程序再次调用该方法，参数 p 将与新的值（实参）关联。

> **H** 作用域的概念已经耳熟能详，不过生存周期就有些陌生了呢。
>
> **F** 生存周期的概念可以以 C 语言中 static 的局部变量为例说明。它的作用域是函数内部，生存周期则是整个程序的执行期。
>
> **C** 重要的是，要意识到变量的有效范围可以分为空间范围与时间范围两种。如果不能理清这些，在实现函数功能时可能会陷入混乱。

本章之后的主要关注点是如何修改环境以支持变量作用域。通常，变量的作用域由嵌套结构实现。Stone 语言也支持在整个程序中都有效的全局变量作用域及仅在函数内部有效的局部变量与函数参数作用域，后者包含于前者之中。

为表现嵌套结构，我们需要为每一种作用域准备一个单独的环境，并根据需要嵌套环境。在查找变量时，程序将首先查找与最内层作用域对应的环境，如果没有找到，再接着向外逐层查找。目前的 Stone 语言尚不支持在函数内定义函数，因此仅有两种作用域，即全局变量作用域及局部变量作用域。而在支持函数内定义函数的语言中，可能存在多层环境嵌套。

Java 等一些语言中，大括号 {} 括起的代码块也具有独立的作用域。代码块中声明的变量只能在该代码块内部引用。Stone 语言目前没有为代码块设计专门的作用域，之后也不会为每个代码块提供单独的作用域。因此，Stone 语言将始终仅有两个作用域。

C 为 if 语句与 while 语句的代码块增加独立的作用域的任务，可以作为读者的课后习题。

H 老师，这样会不会出现下面这样的代码呀？

```
def foo (x) {
    if x > 0 { y = x }
    x + y
}
```

如果 foo 的参数为负，程序就会因为没有定义 y 而报错。

F 这种情况下，要么让程序在参数为正时也报错，要么让它无论正负都能正常执行就好啦。

A 现在不必考虑这些，把这个也留作课后习题就好啦。

代码清单7.6　NestedEnv.java

```java
package chap7;
import java.util.HashMap;
import chap6.Environment;
import chap7.FuncEvaluator.EnvEx;

public class NestedEnv implements Environment {
    protected HashMap<String,Object> values;
    protected Environment outer;
    public NestedEnv() { this(null); }
    public NestedEnv(Environment e) {
        values = new HashMap<String,Object>();
        outer = e;
    }
    public void setOuter(Environment e) { outer = e; }
    public Object get(String name) {
        Object v = values.get(name);
        if (v == null && outer != null)
            return outer.get(name);
        else
            return v;
    }
    public void putNew(String name, Object value) { values.put(name, value); }
```

```java
    public void put(String name, Object value) {
        Environment e = where(name);
        if (e == null)
            e = this;
        ((EnvEx)e).putNew(name, value);
    }
    public Environment where(String name) {
        if (values.get(name) != null)
            return this;
        else if (outer == null)
            return null;
        else
            return ((EnvEx)outer).where(name);
    }
}
```

为了使环境支持嵌套结构，我们重新定义了 Environment 接口的类实现。代码清单 7.6 是今后需要使用的 NestedEnv 类的定义。

与 BasicEnv 类不同，NestedEnv 类除了 value 字段，还有一个 outer 字段。该字段引用的是与外侧一层作用域对应的环境。此外，get 方法也需要做相应的修改，以便查找与外层作用域对应的环境。为确保 put 方法能够正确更新变量的值，我们也需要对它做修改。如果当前环境中不存在参数指定的变量名称，而外层作用域中含有该名称，put 方法应当将值赋给外层作用域中的变量。为此，我们需要使用辅助方法 where。该方法将查找包含指定变量名的环境并返回。如果所有环境中都不含该变量名，where 方法将返回 null。

NestedEnv 类提供了一个 putNew 方法。该方法的作用与 BasicEnv 类的 put 方法相同。也就是说，它在赋值时不会考虑 outer 字段引用的外层作用域环境。无论外层作用域对应的环境中是否存在指定的变量名，只要当前环境中没有该变量，putNew 方法就会新增一个变量。

此外，为了能让 NestedEnv 类的方法经由 Environment 接口访问，我们需要向 Environment 接口中添加一些新的方法。在下一节中，代码清单 7.7 定义的 FuncEvaluator 修改器定义了一个 EnvEx 修改器，它添加了这些新的方法。

> **H** 作用域可以通过环境的嵌套来实现，生存周期该怎么处理才好呢？
>
> **C** 生存周期可以通过 NestedEnv 对象的创建及清除（如垃圾回收）时机来控制，不过现在先不用考虑。

7.3 执行函数

为了让解释器能够执行函数，我们必须为抽象语法树的节点类添加 eval 方法。这由代码清单 7.7 的 FuncEvaluator 修改器实现。

> **A** FuncEvaluator 修改器标有一个 @Require，这是什么意思？

c 哦，它用于指定该修改器需要用到的其他修改器。这意味着程序在使用它之前，需要首先应用 BasicEvaluator 修改器。如果需要用到多个修改器，可以写成 @Require({A. class, B.class}) 的形式。

函数的执行分为定义与调用两部分。程序在通过 def 语句定义函数时，将创建用于表示该函数的对象，向环境添加该函数的名称并与该对象关联。也就是说，程序会向环境添加一个变量，它以该对象为变量值，以函数名为变量名。函数由 Function 对象表示。代码清单 7.8 定义了 Function 类。

在调用函数时，程序将先从环境中获取表示函数的 Function 对象。之后，程序将为参数及局部变量创建新的环境，计算参数的值并添加到新的环境中。新创建的环境的外层环境由 outer 字段表示，它记录了全局变量。最后，语法分析器将通过 Function 对象构造函数本身的抽象语法树，并在刚才创建的环境中执行。

c 这些处理将分别由各类新增的 eval 方法执行。

代码清单 7.7 的 FuncEvaluator 修改器包含多个子修改器。其中，DefStmntEX 修改器用于向 DefStmnt 类添加 eval 方法。

DefStmnt 对象表示 def 语句的抽象语法树。eval 方法将根据形参序列与函数体创建表示该函数的 Function 对象，并向环境添加由函数名与 Function 对象组成的值组。函数名称同时也是方法的返回值。

PrimaryEx 修改器将向 PrimaryExpr 类添加方法。函数调用表达式的抽象语法树与非终结符 primary 对应。非终结符 primary 原本只表示字面量与变量名等最基本的表达式成分，现在，我们将修改它的定义，使函数调用表达式也能被判断为一种 primary。即 primary 将涵盖由 primary 后接括号括起的实参序列构成的表达式，图 7.1 是一个例子，它是由函数调用语句 fact(9) 构成的抽象语法树。为了支持这一修改，我们需要为 PrimaryExpr 类添加若干新方法。

operand 方法将返回非终结符 primary 原先表示的字面量与函数名等内容，或返回函数名称。postfix 方法返回的是实参序列（若存在）。eval 方法将首先调用 operand 方法返回的对象的 eval 方法。如果函数存在实参序列，eval 方法将把他们作为参数，进一步调用 postfix 方法（在图 7.1 中

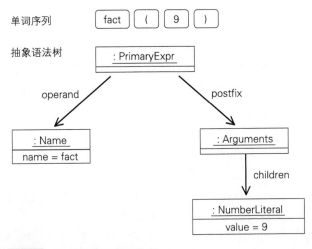

图7.1 fact(9)的抽象语法树

即 Arguments 对象）返回的对象的 eval 方法。

> **C** 其实，如果表达式末尾没有实参序列，PrimaryExpr 对象对应的节点将被省略（参见第 5.3 节）。因此，无论如何 PrimaryExpr 的 eval 方法都会调用 postfix 方法返回的对象的 eval。
>
> **A** 好绕呀。
>
> **C** 要说绕，后面我们马上还要实现闭包功能呢。这样解释器就能支持形如 foo(3)(4) 这样的表达式了。要注意的是，现在 PrimaryExpr 类的 eval 已经支持这种写法了。
>
> **H** postfix 方法也许会返回多个对象呢。
>
> **C** 如果返回了多个对象，解释器必须依次计算其中包含的函数调用。这可以通过递归调用 evalSubExpr 方法来实现。
>
> **F** evalSubExpr 的参数是……环境 env 与嵌套层数 nest 啊。nest 表示的是现在是从外层数起的第几次函数调用对吧？
>
> **A** 非要特地用递归吗？循环不就好了？
>
> **C** 循环当然也是可以的。希望通过循环实现时，像下面这样改写 PrimaryExpr 类的 eval 方法即可。

```
public Object eval(Environment env) {
    Object res = ((ASTreeEx)operand()).eval(env);
    int n = numChildren();
    for (int i = 1; i < n; i++)
        res = ((PostfixEx)postfix(i)).eval(env, res);
    return res;
}
```

这里专门设计成递归形式，是为了今后的扩展做准备。

PrimaryExpr 类新增的 postfix 方法的返回值为 Postfix 类型。Postfix 是一个抽象类（代码清单 7.9），它的子类 Arguments 类是一个用于表示实参序列的具体类。ArgumentsEx 修改器为 Arguments 类添加的 eval 方法将实现函数的执行功能。

> **H** 老师，为什么 postfix 方法的返回值类型不是 Arguments 而是抽象类 Postfix 呢？
>
> **C** 该怎么解释这样的设计呢……嗯，比方说，如果今后我们希望让 Stone 语言支持数组，就只需要为 Postfix 实现一个类似于 ArrayRef 的子类就好啦。
>
> **F** 哦，原来是为了将来的扩展未雨绸缪呀。

Arguments 类新增的 eval 方法是函数调用功能的核心。它的第 2 个参数 value 是与函数名对应的抽象语法树的 eval 方法的调用结果。希望调用的函数的 Function 对象将作为 value 参数传递给 eval 方法。Function 对象由 def 语句创建。函数名与变量名的处理方式相同，因此解释器仅需调用 eval 方法就能从环境中获取 Function 对象。

之后，解释器将以环境 callerEnv 为实参计算函数的执行结果。首先，Function 对象的 parameters 方法将获得形参序列，实参序列则由自身提供 iterator 方法获取。然后解释器将根据实参的排列顺序依次调用 eval 并计算求值，将计算结果与相应的形参名成对添加至环境中。ParameterList 类新增的 eval 方法将执行实际的处理。

> **F** Stone 语言和 Java 语言一样，都是值传递（call-by-value）呢。
>
> **C** 嗯。即使是像 fact(i) 这样只有 1 个实参的情况，解释器也一定会计算表达式 i 的值，并将计算结果（变量 i 的值）与形参的名值对添加到环境中。

实参的值将被添加到新创建的用于执行函数调用的 newEnv 环境，而非 callerEnv 环境（表 7.1）。newEnv 环境表示的作用域为函数内部。如果函数使用了局部变量，它们将被添加到该环境。

表7.1 函数调用过程中涉及的环境

newEnv	调用函数时新创建的环境。用于记录函数的参数及函数内部使用的局部变量
newEnv.outer	newEnv 的 outer 字段引用的环境，能够表示函数外层作用域。该环境通常用于记录全局变量
callerEnv	函数调用语句所处的环境。用于计算实参

最后，Arguments 类的 eval 方法将在新创建的环境中执行函数体。函数体可以通过调用 Function 对象的 body 方法获得。函数体是 def 语句中由大括号 {} 括起的部分，body 方法将返回与之对应的抽象语法树。调用返回的对象的 eval 方法即可执行该函数。

用于调用函数的环境 newEnv 将在函数被调用时创建，在函数执行结束后舍弃。这与函数的参数及局部变量的生存周期相符。若解释器多次递归调用同一个函数，它将在每次调用时创建新的环境。只有这样才能正确执行函数的递归调用。

在调用函数时，newEnv 最终将由 Function 对象的 makeEnv 方法创建。创建得到的环境是一个 NestedEnv 对象，它的 outer 字段将引用与外层作用域对应的环境。这一外层环境将在创建 Function 对象时由 DefStmnt 类的 eval 方法传递给 Function 类的构造函数。它是 def 语句的执行环境，也是全局变量的保存环境。

> **C** 现在全局变量必然保存在这个环境中，不过添加了闭包功能后就不一定了。

有时，用于计算实参的环境 callerEnv 与执行 def 语句的是同一个环境，但也并非总是如此。callerEnv 是用于计算调用了函数的表达式的环境。如果在最外层代码中调用函数，callerEnv 环境将同时用于保存全局变量。然而，如果函数由其他函数调用，callerEnv 环境则将保存调用该函数的外层函数的局部变量。环境虽然支持嵌套结构，但该结构仅反映了函数定义时的作用域嵌套情况。在函数调用其他函数时，新创建的环境不会出现在这样的嵌套结构中。

> **C** 有些人习惯将新创建的环境的 outer 字段始终指向 callerEnv 环境。
>
> **H** 这种做法被称为动态作用域对吧?
>
> **C** 没错。如果 outer 字段指向的是 def 语句的执行环境,则称为静态作用域。Stone 语言也好,Java 语言也好,大部分语言都采用了静态作用域。
>
> **A** 嗯,这两者有什么区别呢?
>
> **H** A 君,要自己多思考才行啊。
>
> **F** 只要在 Arguments 的 eval 方法末尾的 return 语句前插入

```
((EnvEx)newEnv).setOuter(callerEnv);
```

这样一条语句,就能测试动态作用域的效果了。

> **C** 让我们来试试从函数 bar 中调用另一个函数 foo 吧。当要在 foo 中使用变量 x 时,如果该语言采用的是动态作用域,且 bar 中也存在变量 x,则 foo 中的 x 引用的不再是 foo 中的局部变量,而是 bar 中的局部变量 x。

```
x = 1
def foo (y) { x }
def bar (x) { foo(x + 1) }
bar(3)
```

对于上述代码,如果是动态作用域,bar(3) 的返回值将为 3。如果是静态作用域,foo 中的 x 将引用全局变量 x,并返回结果 1。

代码清单7.7 FuncEvaluator.java

```java
package chap7;
import java.util.List;
import javassist.gluonj.*;
import stone.StoneException;
import stone.ast.*;
import chap6.BasicEvaluator;
import chap6.Environment;
import chap6.BasicEvaluator.ASTreeEx;
import chap6.BasicEvaluator.BlockEx;

@Require(BasicEvaluator.class)
@Reviser public class FuncEvaluator {
    @Reviser public static interface EnvEx extends Environment {
        void putNew(String name, Object value);
        Environment where(String name);
        void setOuter(Environment e);
    }
    @Reviser public static class DefStmntEx extends DefStmnt {
        public DefStmntEx(List<ASTree> c) { super(c); }
        public Object eval(Environment env) {
```

```
                ((EnvEx)env).putNew(name(), new Function(parameters(), body(), env));
                return name();
            }
    }
    @Reviser public static class PrimaryEx extends PrimaryExpr {
        public PrimaryEx(List<ASTree> c) { super(c); }
        public ASTree operand() { return child(0); }
        public Postfix postfix(int nest) {
            return (Postfix)child(numChildren() - nest - 1);
        }
        public boolean hasPostfix(int nest) { return numChildren() - nest > 1; }
        public Object eval(Environment env) {
            return evalSubExpr(env, 0);
        }
        public Object evalSubExpr(Environment env, int nest) {
            if (hasPostfix(nest)) {
                Object target = evalSubExpr(env, nest + 1);
                return ((PostfixEx)postfix(nest)).eval(env, target);
            }
            else
                return ((ASTreeEx)operand()).eval(env);
        }
    }
    @Reviser public static abstract class PostfixEx extends Postfix {
        public PostfixEx(List<ASTree> c) { super(c); }
        public abstract Object eval(Environment env, Object value);
    }
    @Reviser public static class ArgumentsEx extends Arguments {
        public ArgumentsEx(List<ASTree> c) { super(c); }
        public Object eval(Environment callerEnv, Object value) {
            if (!(value instanceof Function))
                throw new StoneException("bad function", this);
            Function func = (Function)value;
            ParameterList params = func.parameters();
            if (size() != params.size())
                throw new StoneException("bad number of arguments", this);
            Environment newEnv = func.makeEnv();
            int num = 0;
            for (ASTree a: this)
                ((ParamsEx)params).eval(newEnv, num++,
                                        ((ASTreeEx)a).eval(callerEnv));
            return ((BlockEx)func.body()).eval(newEnv);
        }
    }
    @Reviser public static class ParamsEx extends ParameterList {
        public ParamsEx(List<ASTree> c) { super(c); }
        public void eval(Environment env, int index, Object value) {
            ((EnvEx)env).putNew(name(index), value);
        }
    }
}
```

代码清单7.8 Function.java

```
package chap7;
import stone.ast.BlockStmnt;
import stone.ast.ParameterList;
import chap6.Environment;

public class Function {
    protected ParameterList parameters;
    protected BlockStmnt body;
    protected Environment env;
    public Function(ParameterList parameters, BlockStmnt body, Environment env) {
        this.parameters = parameters;
        this.body = body;
        this.env = env;
    }
    public ParameterList parameters() { return parameters; }
    public BlockStmnt body() { return body; }
    public Environment makeEnv() { return new NestedEnv(env); }
    @Override public String toString() { return "<fun:" + hashCode() + ">"; }
}
```

代码清单7.9 Postfix.java

```
package stone.ast;
import java.util.List;

public abstract class Postfix extends ASTList {
    public Postfix(List<ASTree> c) { super(c); }
}
```

7.4 计算斐波那契数

至此，Stone 语言已支持函数调用功能。代码清单 7.10 是解释器的程序代码，代码清单 7.11 是解释器的启动程序。解释器所处的环境并不是一个 BasicEnv 对象，而是一个由启动程序创建的 NestedEnv 对象。

下面我们以计算斐波那契数为例测试一下函数调用功能。代码清单 7.12 是由 Stone 语言写成的斐波那契数计算程序。程序执行过程中，将首先定义 fib 函数，并计算 fib(10) 的值。最后输出如下结果。

```
=> fib
=> 55
```

代码清单7.10 FuncInterpreter.java

```
package chap7;
import stone.FuncParser;
import stone.ParseException;
import chap6.BasicInterpreter;
```

```
public class FuncInterpreter extends BasicInterpreter {
    public static void main(String[] args) throws ParseException {
        run(new FuncParser(), new NestedEnv());
    }
}
```

7.5　为闭包提供支持

代码清单7.11　FuncRunner.java

```
package chap7;
import javassist.gluonj.util.Loader;

public class FuncRunner {
    public static void main(String[] args) throws Throwable {
        Loader.run(FuncInterpreter.class, args, FuncEvaluator.class);
    }
}
```

在为 Stone 语言添加函数功能之后，接下来我们将为它提供对闭包（closure）的支持。Scheme、Smalltalk 及 Ruby 等多种语言都支持闭包。简单来讲，闭包是一种特殊的函数，它能被赋值给一个变量，作为参数传递至其他函数。闭包既能在最外层代码中定义，也能在其他函数中定义。通常，闭包没有名称。

如果 Stone 语言支持闭包，下面的程序将能正确运行。

```
inc = fun (x) { x + 1 }
inc(3)
```

表达式中的 fun 及之后的部分都是闭包的定义。fun 之后的括号中写有由逗号分隔的参数序列，大括号 {} 括起的是函数体。代码清单 7.13 是闭包的语法规则。该规则修改了 primary，向其中添加了闭包的定义。

代码清单7.12　用于计算斐波那契数的Stone语言程序

```
def fib (n) {
    if n < 2 {
        n
    } else {
        fib(n - 1) + fib(n - 2)
    }
}
fib(10)
```

代码清单7.13　闭包的语法规则

```
primary    :" fun " param_list block
           | 原本的 primary 定义
```

这段代码将创建一个新的函数，它的作用是返回一个比接收的参数大 1 的值。该参数将被赋值给变量 inc。赋值给变量的就是一个闭包。inc 并非函数的名称，事实上，这种函数没有名称。不过，程序能够通过 inc(3) 的形式，以 3 为参数调用该函数。读者可以将其理解为，程序从名为 inc 的变量中获得了一个闭包，并以 3 为参数调用了这个闭包。

> **A** 我不太清楚变量名与函数名之间有什么区别。其实两者没什么不一样吧？
>
> **C** 是的。在 Stone 语言中，它们没有实质差别。

闭包能写于表达式中，因此程序能在函数中定义新的函数。这个功能其实并没有想象的那么简单。请看下面的例子。

```
def counter (c) {
    fun () { c = c + 1 }
}
```

函数 counter 将返回一个闭包。调用这一返回的闭包将得到一个比参数 c 大 1 的返回值。

```
c1 = counter(0)
c2 = counter(0);
c1()
c1()
c2()
```

执行上面的代码时，解释器将重复调用 c1() 两次，分别返回 1 和 2。之后调用的 c2 将返回 1。要理解得到这种结果的原因，必须了解闭包如何处理 counter 函数的参数 c。

函数中出现的变量，如果既不是函数的参数，也不是一个局部变量，我们通常将它称为自由变量（free variable）。反之，参数与局部变量被称为约束变量（bounded variable）。上例中，闭包中出现的 c 是一个自由变量。

自由变量的初始值从函数（或闭包）之外获得。因此如果函数转移至其他环境中执行，自由变量的值也将相应改变。而闭包将根据函数定义时的环境设定自由变量的初始值，并在之后以约束变量的方式处理自由变量。由于它消除了自由变量，使函数闭合，故而得名闭包。

如果程序设计语言不支持赋值，以上就是闭包的完整说明。对于 Stone 语言这类支持赋值的语言，我们必须考虑将（原）自由变量 c 赋以新值时的情况。

目前存在多种处理方式，Stone 语言将采用被应用于 Scheme 等一些语言的最为常见的一种方式。在定义闭包时，如果自由变量引用的是全局变量，则应将其定义为全局变量的引用。解释器在执行闭包时，将引用这些全局变量。如果需要进行赋值操作，解释器将把值赋给相应的全局变量。

如果自由变量引用的是局部变量，则应将其定义为局部变量的引用。然而，局部变量的生存周期（有效期）仅为函数的执行期间，但闭包却可以在函数调用结束后继续存在。以 counter 函数为例，参数 c 的生存周期将在函数调用结束后终止，但它返回的闭包显然将在之后才被执行。

为了避免这个问题，闭包中引用的变量的生存周期将延长至闭包被（垃圾回收机制）清除为止。从实现的角度来看，含有该变量的环境（Environment 对象）将随闭包一同存在。

> F　Java 虚拟机没有提供保存环境的功能，要实现闭包可不太容易啊。
>
> C　嗯，不过这在 Stone 语言里很容易做到。

通过以上说明，就不难理解为什么

```
c1 = counter(0)
c2 = counter(0);
c1()
c1()
c2()
```

最后三行会依次返回 1、2、1 了。赋值给变量 c1 的闭包将始终保持对参数 c 的引用，执行时 c 的值自然会不断增加。

最后一行代码执行了赋值给变量 c2 的闭包，有的读者可能会有些疑惑，为什么这里返回的是 1 而不是 3。之所以返回 1 是因为在解释器创建这两个闭包时，counter 函数并没有使用同一个参数 c。函数的参数及局部变量都将在函数被调用时重新创建。请读者回忆一下此前介绍的内容，这些变量的生存周期就是函数的执行期间。在函数执行结束后，这些变量将会被丢弃，即使再次调用同一函数，系统也会重新创建所有的相关变量。

7.6　实现闭包

为 Stone 语言实现闭包不是一件难事。代码清单 7.14 是支持闭包功能的语法分析器程序。它修改了非终结符 primary 的定义，使语法分析器能够解析由 fun 起始的闭包。代码清单 7.15 的 Fun 类是用于表示闭包的抽象语法树的节点类。

Fun 类的 eval 方法通过代码清单 7.16 的 ClosureEvaluator 修改器增加。与 def 语句的 eval 方法一样，它也会创建一个 Function 对象。Function 对象的构造函数需要接收一个 env 参数，它是定义了该闭包的表达式所处的执行环境。

> F　我简单写了一下，发现实现闭包的关键在于向构造函数传递的 env 环境。
>
> C　其实，在实现 def 语句时已经为闭包的实现做了准备。只看代码清单 7.16 自然会觉得非常简单。

def 语句在创建 Function 对象后会向环境添加由该对象与函数名组成的名值对，而在创建闭包时，eval 方法将直接返回该对象。这样一来，Stone 语言就能将函数赋值给某个变量，或将它作为参数传递给另一个函数，实现闭包的语法功能。这时，实际赋值给变量或传递给函数的就是新创建的 Function 对象。

代码清单7.14 支持闭包的语法分析器 ClosureParser.java

```
package stone;
import static stone.Parser.rule;
import stone.ast.Fun;

public class ClosureParser extends FuncParser {
    public ClosureParser() {
        primary.insertChoice(rule(Fun.class)
                            .sep("fun").ast(paramList).ast(block));
    }
}
```

代码清单7.15 Fun.java

```
package stone.ast;
import java.util.List;

public class Fun extends ASTList {
    public Fun(List<ASTree> c) { super(c); }
    public ParameterList parameters() { return (ParameterList)child(0); }
    public BlockStmnt body() { return (BlockStmnt)child(1); }
    public String toString() {
        return "(fun " + parameters() + " " + body() + ")";
    }
}
```

代码清单7.16 ClosureEvaluator.java

```
package chap7;
import java.util.List;
import javassist.gluonj.*;
import stone.ast.ASTree;
import stone.ast.Fun;
import chap6.Environment;

@Require(FuncEvaluator.class)
@Reviser public class ClosureEvaluator {
    @Reviser public static class FunEx extends Fun {
        public FunEx(List<ASTree> c) { super(c); }
        public Object eval(Environment env) {
            return new Function(parameters(), body(), env);
        }
    }
}
```

代码清单7.17 ClosureInterpreter.java

```
package chap7;
import stone.ClosureParser;
import stone.ParseException;
import chap6.BasicInterpreter;

public class ClosureInterpreter extends BasicInterpreter{
    public static void main(String[] args) throws ParseException {
```

```
        run(new ClosureParser(), new NestedEnv());
    }
}
```

Stone 语言程序原本仅能处理整数值与字符串，通过本章的扩展，它现在已经支持对函数的操作。从具体实现的角度来看，整数值由 Java 语言的 Integer 对象表现，字符串由 String 对象表现，而新添加的函数则由 Function 对象表现。

代码清单 7.17 是支持闭包功能的 Stone 语言解释器。代码清单 7.18 是相应的启动程序。

代码清单7.18 ClosureRunner.java

```
package chap7;
import javassist.gluonj.util.Loader;

public class ClosureRunner {
    public static void main(String[] args) throws Throwable {
        Loader.run(ClosureInterpreter.class, args, ClosureEvaluator.class);
    }
}
```

启动程序仅显式地指定了 ClosureEvaluator 这一个修改器。不过根据该修改器标有的 @Require 标识，它依赖于 FuncEvaluator 修改器，因此系统将自动同时应用 FuncEvaluator 的修改。又由于 FuncEvaluator 修改器也包含依赖关系，因此也将一同应用第 6 天（第 6 章）代码清单 6.3 中的 BasicEvaluator 修改器。

> **C** 虽然现在程序已经支持函数和闭包了，但我还是在考虑一个问题。
>
> **A** 在想什么呢？
>
> **C** Stone 语言和其他很多变量无需声明即可使用的语言一样，如果已经存在某个全局变量，就无法再创建同名的局部变量。
>
> **S** 哦，你在考虑这个啊。也就是说，对于下面的代码，
>
> ```
> x = 1
> def foo (i) { x = i; x + 1 }
> ```
>
> 函数 foo 无法创建名为 x 的局部变量。函数中的 x 将引用第一行的全局变量 x。
>
> **C** 没错。如果调用 foo(3)，全局变量 x 的值就会是 3。不过对于参数就不会有这个问题。
>
> **H** 这可就麻烦了。想用的是局部变量，实际使用的是全局变量，这里似乎存在大量错误隐患。
>
> **S** 也不至于啦。如果非要区分两者，只要更改定义，让全局变量的变量名必须以 $ 开始就行了。
>
> **H** 那闭包该怎么处理呢？闭包内外同名的局部变量可是会被识别为同一个变量哦。
>
> **C** 果然还是像 JavaScript 的 var 声明语句那样，显式地声明局部变量会比较好吧。
>
> **F** 那添加 var 声明语句的工作正好留作读者的课后习题吧。

第

8

天

关联 Java 语言

第 **8** 天　关联 Java 语言

至此，Stone 语言终于能使用函数了。不过我们还没有为 Stone 语言实现类似于 Java 语言中 System.out.println 的函数，因此程序还无法输出字符串显示。本章将继续扩展 Stone 语言，使它能够在程序中调用 Java 语言中的 static 方法。

8.1　原生函数

Java 语言提供了名为原生方法的功能，用于调用 C 语言等其他一些语言写成的函数。我们将为 Stone 语言添加类似的功能，让它能够调用由 Java 语言写成的函数。本书参照 Java 语言的命名习惯，将这类函数称为原生函数。

原生函数将由 Arguments 类的 eval 方法调用。我们将对它作些修改，使该方法能对原生函数进行正确的处理。

代码清单 8.1 是用于改写 Arguments 类的 eval 方法的修改器。这个名为 NativeArgEx 的修改器标有 extends ArgumentsEx 一句，可能让人误以为它会修改 ArgumentsEx，但其实它修改的是 Arguments 类。ArgumentsEx 是第 7 章 (第 7 天) 代码清单 7.7 中定义的另一个修改器。NativeArgEx 修改器与 ArgumentsEx 修改器都用于修改 Arguments 类，它将在后者的基础上对该类作进一步修改。

> **F**　这里的修改器继承了另一个修改器。

通过这次修改，Arguments 类 eval 方法将首先判断参数 value 是否为 NativeFunction 对象。参数 value 是一个由函数调用表达式的函数名得到的对象。eval 方法之前返回的总是 Function 对象。如果参数是一个 NativeFunction 对象，eval 方法将在计算实参序列并保存至数组 args 之后，调用 NativeFunction 对象的 invoke 来执行目标函数。如果参数不是 NativeFunction 对象，解释器将执行通常的函数调用。具体来说，它将通过 super 来调用原先由 ArgumentsEx 修改器添加的 eval 方法。

代码清单8.1　NativeEvaluator.java

```
package chap8;
import java.util.List;
import stone.StoneException;
import stone.ast.ASTree;
import javassist.gluonj.*;
import chap6.Environment;
import chap6.BasicEvaluator.ASTreeEx;
```

```
import chap7.FuncEvaluator;

@Require(FuncEvaluator.class)
@Reviser public class NativeEvaluator {
    @Reviser public static class NativeArgEx extends FuncEvaluator.ArgumentsEx {
        public NativeArgEx(List<ASTree> c) { super(c); }
        @Override public Object eval(Environment callerEnv, Object value) {
            if (!(value instanceof NativeFunction))
                return super.eval(callerEnv, value);

            NativeFunction func = (NativeFunction)value;
            int nparams = func.numOfParameters();
            if (size() != nparams)
                throw new StoneException("bad number of arguments", this);
            Object[] args = new Object[nparams];
            int num = 0;
            for (ASTree a: this) {
                ASTreeEx ae = (ASTreeEx)a;
                args[num++] = ae.eval(callerEnv);
            }
            return func.invoke(args, this);
        }
    }
}
```

代码清单 8.2 是 NativeFunction 类。如果函数是一个原生函数，程序将在开始执行前创建 NativeFunction 类的对象，将由函数名与相应对象组成的名值对添加至环境中。该类的 invoke 方法将以参数 args 为参数调用 Java 语言的 static 方法。需要执行的方法将事先传递给构造函数，通过 Method 对象表示。Method 是 java.lang.reflect 包的一个类，用于提供反射功能。

Method 对象的 invoke 方法用于执行它表示的 Java 语言方法。invoke 的第 1 个参数是执行该方法的对象。如果被执行的是一个 static 方法，该参数则为 null。invoke 的第 2 个参数用于保存传递给方法的实参序列。

代码清单8.2 NativeFunction.java

```
package chap8;
import java.lang.reflect.Method;
import stone.StoneException;
import stone.ast.ASTree;

public class NativeFunction {
    protected Method method;
    protected String name;
    protected int numParams;
    public NativeFunction(String n, Method m) {
        name = n;
        method = m;
        numParams = m.getParameterTypes().length;
    }
    @Override public String toString() { return "<native:" + hashCode() + ">"; }
```

```
    public int numOfParameters() { return numParams; }
    public Object invoke(Object[] args, ASTree tree) {
        try {
            return method.invoke(null, args);
        } catch (Exception e) {
            throw new StoneException("bad native function call: " + name, tree);
        }
    }
}
```

> **A** 又是用于表示方法的方法，又是作为参数传递的参数，都给搞糊涂了。
>
> **F** 这里的反射是一种元编程，确实很绕。
>
> **C** 这里的元是指程序会编写或操纵自己。这个概念本身就很难理解。
>
> **F** 也就是说，类也好方法也好，都属于一种对象是吧。

代码清单 8.3 中的程序会在执行前创建 NativeFunction 对象，并添加至环境中。其中，Natives 类的 environment 方法将在调用后返回一个含有原生函数的环境。

append 方法能够向环境添加一个由参数指定的 static 方法作为原生函数。它的第 3 个参数是需要添加的 static 方法的类，第 4 个参数是该方法的名称，从第 5 个参数开始是该方法的参数类型。如果新增的方法不含参数，则仅需向 append 方法传入前 4 个参数。

代码清单 8.3 向环境添加了 print 函数、read 函数、length 函数、toInt 函数以及 currentTime 函数。关于这些原生函数的用途，请参见 Natives 类中的同名 static 方法。

代码清单 8.4 与代码清单 8.5 分别是解释器程序及其启动程序。代码清单 8.4 中的解释器将首先调用 Natives 类的 environment 方法，创建一个包含原生函数的环境。代码清单 8.5 中的启动程序需要同时传入 NativeEvaluator 修改器与 ClosureEvaluator 修改器。由于 NativeEvaluator 仅对 FuncEvaluator 标记了 @Require，因此，如果传递给 run 方法的参数仅有 NativeEvaluator，程序就将因没有应用 ClosureEvaluator 的修改而无法使用闭包功能。

这种设计看似麻烦，但它通过分割修改器，可以使用户根据需要为 Stone 语言配置合适的功能。这正是所谓的产品线开发方法。将来扩展 Stone 语言时，可能需要添加一些与闭包无法兼容的功能。这时，只要去除那些用于实现闭包的修改器，并换用提供所需功能的修改器即可，非常容易。

8.2 编写使用原生函数的程序

在支持使用原生函数之后，Stone 语言终于能够写出更加像样的程序了。例如，代码清单 8.6 能够计算 15 的斐波那契数，并显示计算所花的时间。

笔者自己平时使用的计算机（Intel Core2 2.53GHz，Java 1.6）在定义了 fib 函数后执行了若干遍 fib 15。一开始计算该值需要大约 70 毫秒，之后变为 40 毫秒，然后是 5 毫秒，不断缩短，直至 3 毫秒。可见，Java 虚拟机的动态编译能够提高程序的执行效率。

代码清单8.3　Natives.java

```java
package chap8;
import java.lang.reflect.Method;
import javax.swing.JOptionPane;
import stone.StoneException;
import chap6.Environment;

public class Natives {
    public Environment environment(Environment env) {
        appendNatives(env);
        return env;
    }
    protected void appendNatives(Environment env) {
        append(env, "print", Natives.class, "print", Object.class);
        append(env, "read", Natives.class, "read");
        append(env, "length", Natives.class, "length", String.class);
        append(env, "toInt", Natives.class, "toInt", Object.class);
        append(env, "currentTime", Natives.class, "currentTime");
    }
    protected void append(Environment env, String name, Class<?> clazz,
                          String methodName, Class<?> ... params) {
        Method m;
        try {
            m = clazz.getMethod(methodName, params);
        } catch (Exception e) {
            throw new StoneException("cannot find a native function: "
                                     + methodName);
        }
        env.put(name, new NativeFunction(methodName, m));
    }

    // native methods
    public static int print(Object obj) {
        System.out.println(obj.toString());
        return 0;
    }
    public static String read() {
        return JOptionPane.showInputDialog(null);
    }
    public static int length(String s) { return s.length(); }
    public static int toInt(Object value) {
        if (value instanceof String)
            return Integer.parseInt((String)value);
        else if (value instanceof Integer)
            return ((Integer)value).intValue();
        else
            throw new NumberFormatException(value.toString());
    }
    private static long startTime = System.currentTimeMillis();
    public static int currentTime() {
        return (int)(System.currentTimeMillis() - startTime);
    }
}
```

代码清单 8.4 NativeInterpreter.java

```
package chap8;
import stone.ClosureParser;
import stone.ParseException;
import chap6.BasicInterpreter;
import chap7.NestedEnv;

public class NativeInterpreter extends BasicInterpreter {
    public static void main(String[] args) throws ParseException {
        run(new ClosureParser(),
            new Natives().environment(new NestedEnv()));
    }
}
```

代码清单 8.5 NativeRunner.java

```
package chap8;
import javassist.gluonj.util.Loader;
import chap7.ClosureEvaluator;

public class NativeRunner {
    public static void main(String[] args) throws Throwable {
        Loader.run(NativeInterpreter.class, args, NativeEvaluator.class,
                    ClosureEvaluator.class);
    }
}
```

代码清单 8.6 测量计算斐波那契数所需的时间

```
def fib (n) {
    if n < 2 {
        n
    } else {
        fib(n - 1) + fib(n - 2)
    }
}
t = currentTime()
fib 15
print currentTime() - t + " msec"
```

> **F** 关于最后的 print 语句
>
> ```
> print (currentTime() - t) + " msec"
> ```
>
> 写成这样的话，就只显示数字，不显示 msec 部分了。看起来有些奇怪。
>
> **S** 这是因为括号加得不好，解释器把程序解释成了下面这样。
>
> ```
> (print(currentTime() - t)) + " msec"
> ```
>
> **A** 太难理解了，也就是说，参数序列一定要用括号括起是吗？
>
> **S** 也不是啦。只是如果会产生歧义，就一定要添加括号。
>
> **A** 所以说，我还是不明白什么时候该加什么时候不加啊。

第

9

天

设计面向对象语言

第9天

设计面向对象语言

本章将为 Stone 语言添加类与对象的支持。实现类与对象的方式多种多样，不同的程序设计语言采用了不同的设计方案。例如，JavaScript 语言采用了基于原型的面向对象设计，没有使用类的概念。即使是基于类的面向对象语言，其中既有 C++ 这样支持多重继承的语言，也有 Smalltalk 或 Squeak 这类仅支持单一继承的语言。Java 语言虽然只能单一继承，但引入了接口的概念来弥补这一不足。

本章仅实现了最基本的面向对象机制。这里采用了通常的基于类的设计方式，且仅支持单一继承。此外，由于 Stone 语言不含静态类型，因此无法使用接口的概念。

9.1　设计用于操作类与对象的语法

在添加了类与对象的处理功能后，下面的 Stone 语言程序也能被正确执行。

```
class Position {
    x = y = 0
    def move (nx, ny) {
        x = nx; y = ny
    }
}
p = Position.new
p.move(3, 4)
p.x = 10
print p.x + p.y
```

显然，这段程序将首先会定义一个 Position 类。其中的方法由 def 语句定义。类中的字段通过变量表示，并赋了初始值。上面的例子定义了 move 方法以及字段 x 与 y。

由类名后接 .new 组成的代码能够创建一个对象。为简化实现，本章规定 Stone 语言无法定义带参数的构造函数。如以上代码所示，如果要调用方法或访问字段，只需在句点 . 后接上方法名，或写上需要访问的字段名即可。这与 Java 语言相同。

Stone 语言无法显式地定义构造函数。对象一旦创建，就会从上往下依次执行大括号中的类定义语句。这可称之为 Stone 语言的构造函数。{} 之间能够出现 def 语句或赋值表达式。这时，如果赋值表达式的赋值对象不是已有的全局变量，解释器就会将它识别为新添加的字段。

> **H** 老师，怎样才能实现继承呢？

在对类作定义时，如果希望继承其他的类，只需在类名之后接着写上 extends 即可。例如，下面的代码能够定义一个继承于 Position 类的子类 Pos3D。

```
class Pos3D extends Position {
    z = 0
    def set (nx, ny, nz) {
        x = nx; y = ny; z = nz
    }
}
p = Pos3D.new
p.move(3, 4)
print p.x
p.set(5, 6, 7)
print p.z
```

本书规定 Stone 语言不支持方法重载。也就是说，同一个类中无法定义参数个数或类型不同的同名方法。

9.2　实现类所需的语法规则

接下来，我们为 Stone 语言解释器添加对类与对象功能的支持。与实现函数功能时一样，在扩展语法分析器之前，我们首先需要考虑类与对象功能的语法规则。代码清单 9.1 是与类相关的语法规则修改。这里只显示了与代码清单 7.1 和代码清单 7.13 的不同之处。其中，非终结符 postfix 与 program 的定义发生了变化，同时语法规则中新增了一些其他的非终结符。

非终结符 class_body 的定义较为复杂，不过其实它与 block 大同小异。class_body 表示由大括号 {} 括起的由分号或换行符分隔组成的若干个 member。非终结符 postfix 经过修改，现在不仅能够表示实参序列，还能支持基于句点 . 的方法调用与字段访问。

代码清单 9.2 是根据代码清单 9.1 的语法规则更新的语法分析器程序。代码清单 9.3、代码清单 9.4 与代码清单 9.5 是其中用到的类定义。与之前一样，它们直接根据 BNF 定义的语法规则对程序作了修改。postfix 与 program 通过 insertChoice 方法添加了新的 or 分支选项。

代码清单9.1　与类相关的语法规则

```
member    : def | simple
class_body : "{" [ member ] {(";" | EOL) [ member ]} "}"
defclass  : "class" IDENTIFIER [ "extends" IDENTIFIER ] class_body
postfix   : "." IDENTIFIER | "(" [ args ] ")"
program   : [ defclass | def | statement ] (";" | EOL)
```

代码清单9.2　支持类的语法分析器ClassParser.java

```
package stone;
import static stone.Parser.rule;
import stone.ast.ClassBody;
import stone.ast.ClassStmnt;
```

```
import stone.ast.Dot;

public class ClassParser extends ClosureParser {
    Parser member = rule().or(def, simple);
    Parser class_body = rule(ClassBody.class).sep("{").option(member)
                            .repeat(rule().sep(";", Token.EOL).option(member))
                            .sep("}");
    Parser defclass = rule(ClassStmnt.class).sep("class").identifier(reserved)
                            .option(rule().sep("extends").identifier(reserved))
                            .ast(class_body);
    public ClassParser() {
        postfix.insertChoice(rule(Dot.class).sep(".").identifier(reserved));
        program.insertChoice(defclass);
    }
}
```

9.3　实现 eval 方法

下一步，我们需要为新增的抽象语法树的类添加 eval 方法。代码清单 9.6 是所需的修改器。

首先，修改器为用于类定义的 class 语句添加了 eval 方法。class 语句以 class 一词起始，它对应的非终结符是 defclass，在抽象语法树中以 ClassStmnt（代码清单 9.4）类的形式表现。ClassStmnt 类新增的 eval 方法将创建一个 ClassInfo 对象，向环境添加由类名与该对象组成的名值对。这里所说的类名是指由该 class 语句定义的类的名称。之后，解释器能够通过 .new 从环境中获取类的信息。例如，

```
class Position { 省略 }
```

这条语句能够创建一个 ClassInfo 对象，该对象保存了 Stone 语言中 Position 类的定义信息。对象在创建后，将与类名 Position 一起添加至环境中。

如代码清单 9.7 所示，ClassInfo 对象保存了 class 语句的抽象语法树。它与保存函数定义的抽象语法树的 Function 类有些相似（第 7 章的代码清单 7.8）。包括本章新增的 ClassInfo 对象，现在的环境已经能够记录各种类型的名值对。表 9.1 总结了至今为止介绍过的所有的值。

代码清单 9.3　ClassBody.java

```
package stone.ast;
import java.util.List;

public class ClassBody extends ASTList {
    public ClassBody(List<ASTree> c) { super(c); }
}
```

代码清单 9.4　ClassStmnt.java

```
package stone.ast;
import java.util.List;
```

```java
public class ClassStmnt extends ASTList {
    public ClassStmnt(List<ASTree> c) { super(c); }
    public String name() { return ((ASTLeaf)child(0)).token().getText(); }
    public String superClass() {
        if (numChildren() < 3)
            return null;
        else
            return ((ASTLeaf)child(1)).token().getText();
    }
    public ClassBody body() { return (ClassBody)child(numChildren() - 1); }
    public String toString() {
        String parent = superClass();
        if (parent == null)
            parent = "*";
        return "(class " + name() + " " + parent + " " + body() + ")";
    }
}
```

代码清单9.5 Dot.java

```java
package stone.ast;
import java.util.List;

public class Dot extends Postfix {
    public Dot(List<ASTree> c) { super(c); }
    public String name() { return ((ASTLeaf)child(0)).token().getText(); }
    public String toString() { return "." + name(); }
}
```

表9.1 环境中记录的名值对

整数值	Integer 对象
字符串	String 对象
函数	Function 对象
原生函数	NativeFunction 对象
类定义	ClassInfo 对象
Stone 语言的对象	StoneObject 对象

A 不知怎么的，总觉得用面向对象语言来实现另一种面向对象语言有点奇怪。比如说，用于实现类的对象是什么意思啊？

C 因为 Java 本身是面向对象语言，所以我们在实现中用到了对象的概念，其实从实现面向对象语言的原理来看，这并不是必需的。如果觉得奇怪，只要把 ClassInfo 看作 C 语言中的结构体即可。

F ClassInfo 对象的方法都是些 getter，并没有怎么体现对象的特性。

接下来，我们需要添加一个新的 eval 方法，使程序能够通过句点.进行实现方法调用与字段访问。相应的抽象语法树是一个 Dot 类（代码清单9.5）。与用于表示函数调用时的实参序列的 Arguments 类一样，Dot 类也是 Postfix 的一个子类。Dot 类的 eval 方法由 PrimaryExpr 类的 evalSubExpr 方法直接调用，PrimaryExpr 类的 eval 方法会通过 evalSubExpr 方法来获取调用结果。详细内容请回顾第7章（第7天）的代码清单7.7。

修改器向 Dot 类添加的 eval 方法需要两个参数。其中一个是环境，另一个是句点左侧的计算结果。如果句点右侧是 new，句点表达式将用于创建一个对象。其中句点左侧是需要创建的类，它的计算结果是一个 ClassInfo 对象。eval 方法将根据该 ClassInfo 对象提供的信息创建对象并返回。从实现上来看，Stone 语言的对象由 Java 对象 StoneObject（代码清单9.8）表现。

如果句点的右侧不是 new，该句点表达式将用于方法调用或字段访问。句点左侧是需要访问的对象，它的计算结果是一个 StoneObject 对象。如果这是一个字段，解释器将调用它的 read 方法获取字段的值并返回。

> **C** 我试着在图9.1中画了一下 Stone 语言的类与对象和 Java 语言的 ClassInfo 对象及 StoneObject 对象的关系。
>
> **H** 在这个例子中，Stone 语言的 Position 类与 Shape 类分别有与之对应的对象。
>
> **C** 没错，但实现它们的 Java 语言代码却全部都是对象。
>
> **F** 这是因为这里的 Stone 是被实现的语言，Java 是用于实现的语言。

代码清单9.6中的 AssignEx 修改器实现了字段赋值功能。该修改器继承于 BinaryEx，同时，BinaryEx 本身也是一个修改器（第6章代码清单6.3）。与 BinaryEx 一样，这里的 AssignEx 修改器也将修改 BinaryExpr 类。AssignEx 修改器覆盖了由 BinaryEx 修改器添加的 computeAssign 方法，使字段的赋值功能得以实现。

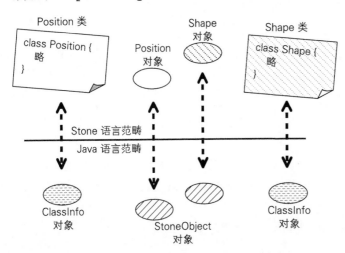

图9.1 通过Java语言对象来表现Stone语言的类与对象

经过 `AssignEx` 修改器修改的 `computeAssign` 方法将在赋值运算的左侧为一个字段时调用 `StoneObject` 的 `write` 方法，执行赋值操作。如果不是，它将通过 `super` 调用原先的 `computeAssign` 方法。

在为字段赋值时必须注意的是，赋值运算的左侧并不一定总是单纯的字段名称。例如，字段可以通过下面的方式表现。

```
table.get().next.x = 3
```

解释器将首先调用变量 `table` 所指对象的 `get` 方法，再将返回的对象中 `next` 字段指向的对象包含的字段 `x` 赋值为 3。其中，仅有 `.x` 将计算运算符的左值并赋值，`table.get().next` 仍以通常方式计算最右侧的值。`computeAssign` 方法通过内部的 `evalSubExpr` 方法执行这一计算。赋值给变量 `t` 的返回值同时也是上面例子中 `table.get().next` 的右值计算结果。

> **A** 咦，这一段都在讨论字段，没有提到方法呢。

Stone 语言通过 `def` 语句定义函数后，就会将由函数名与 `Function` 对象组成的名值对添加至环境中。与方法定义一样，`def` 语句如果出现在用于对类下定义的大括号 `{}` 中，由方法名与 `Function` 对象组成的名值对将被写入 `StoneObject` 对象中。具体内容将在之后详述。

Stone 语言的字段与方法之间没有明确的区别，方法是一种以 `Function` 对象为值的字段。

> **F** 这倒是和 JavaScript 一样。

因此，我们无需做特别的处理来实现方法调用功能。例如，下面的代码将调用一个方法。

```
p.move(3, 4)
```

它的抽象语法树如图 9.2 所示。解释器在调用该图中 `PrimaryExpr` 对象的 `eval` 方法时，`Name` 对象的 `eval` 将被首先调用，从环境中获取与名称为 `p` 的对象。之后 `Dot` 对象的 `eval` 方法将被调用，从该对象中读取名为 `move` 的 `Function` 对象。最后程序将调用 `Arguments` 对象的 `eval` 方法，执行该 `Function` 对象表示的方法。`Arguments` 的 `eval` 方法已经在为 Stone 语言添加函数支持时实现，直接使用即可。

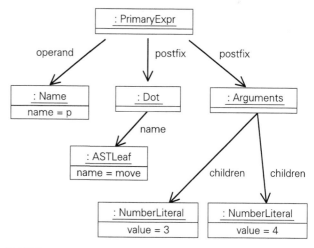

图 9.2 p.move(3,4) 的抽象语法树

代码清单9.6　ClassEvaluator.java

```java
package chap9;
import java.util.List;
import stone.StoneException;
import javassist.gluonj.*;
import stone.ast.*;
import chap6.Environment;
import chap6.BasicEvaluator.ASTreeEx;
import chap6.BasicEvaluator;
import chap7.FuncEvaluator;
import chap7.NestedEnv;
import chap7.FuncEvaluator.EnvEx;
import chap7.FuncEvaluator.PrimaryEx;
import chap9.StoneObject.AccessException;

@Require(FuncEvaluator.class)
@Reviser public class ClassEvaluator {
    @Reviser public static class ClassStmntEx extends ClassStmnt {
        public ClassStmntEx(List<ASTree> c) { super(c); }
        public Object eval(Environment env) {
            ClassInfo ci = new ClassInfo(this, env);
            ((EnvEx)env).put(name(), ci);
            return name();
        }
    }
    @Reviser public static class ClassBodyEx extends ClassBody {
        public ClassBodyEx(List<ASTree> c) { super(c); }
        public Object eval(Environment env) {
            for (ASTree t: this)
                ((ASTreeEx)t).eval(env);
            return null;
        }
    }
    @Reviser public static class DotEx extends Dot {
        public DotEx(List<ASTree> c) { super(c); }
        public Object eval(Environment env, Object value) {
            String member = name();
            if (value instanceof ClassInfo) {
                if ("new".equals(member)) {
                    ClassInfo ci = (ClassInfo)value;
                    NestedEnv e = new NestedEnv(ci.environment());
                    StoneObject so = new StoneObject(e);
                    e.putNew("this", so);
                    initObject(ci, e);
                    return so;
                }
            }
            else if (value instanceof StoneObject) {
                try {
                    return ((StoneObject)value).read(member);
                } catch (AccessException e) {}
            }
            throw new StoneException("bad member access: " + member, this);
        }
        protected void initObject(ClassInfo ci, Environment env) {
```

```
            if (ci.superClass() != null)
                initObject(ci.superClass(), env);
            ((ClassBodyEx)ci.body()).eval(env);
        }
    }
    @Reviser public static class AssignEx extends BasicEvaluator.BinaryEx {
        public AssignEx(List<ASTree> c) { super(c); }
        @Override
        protected Object computeAssign(Environment env, Object rvalue) {
            ASTree le = left();
            if (le instanceof PrimaryExpr) {
                PrimaryEx p = (PrimaryEx)le;
                if (p.hasPostfix(0) && p.postfix(0) instanceof Dot) {
                    Object t = ((PrimaryEx)le).evalSubExpr(env, 1);
                    if (t instanceof StoneObject)
                        return setField((StoneObject)t, (Dot)p.postfix(0),
                                        rvalue);
                }
            }
            return super.computeAssign(env, rvalue);
        }
        protected Object setField(StoneObject obj, Dot expr, Object rvalue) {
            String name = expr.name();
            try {
                obj.write(name, rvalue);
                return rvalue;
            } catch (AccessException e) {
                throw new StoneException("bad member access " + location()
                                         + ": " + name);
            }
        }
    }
}
```

代码清单9.7 ClassInfo.java

```
package chap9;
import stone.StoneException;
import stone.ast.ClassBody;
import stone.ast.ClassStmnt;
import chap6.Environment;

public class ClassInfo {
    protected ClassStmnt definition;
    protected Environment environment;
    protected ClassInfo superClass;
    public ClassInfo(ClassStmnt cs, Environment env) {
        definition = cs;
        environment = env;
        Object obj = env.get(cs.superClass());
        if (obj == null)
            superClass = null;
        else if (obj instanceof ClassInfo)
            superClass = (ClassInfo)obj;
        else
```

```
                throw new StoneException("unknown super class: " + cs.superClass(),
                                         cs);
    }
    public String name() { return definition.name(); }
    public ClassInfo superClass() { return superClass; }
    public ClassBody body() { return definition.body(); }
    public Environment environment() { return environment; }
    @Override public String toString() { return "<class " + name() + ">"; }
}
```

代码清单9.8　StoneObject.java

```
package chap9;
import chap6.Environment;
import chap7.FuncEvaluator.EnvEx;

public class StoneObject {
    public static class AccessException extends Exception {}
    protected Environment env;
    public StoneObject(Environment e) { env = e; }
    @Override public String toString() { return "<object:" + hashCode() + ">"; }
    public Object read(String member) throws AccessException {
        return getEnv(member).get(member);
    }
    public void write(String member, Object value) throws AccessException {
        ((EnvEx)getEnv(member)).putNew(member, value);
    }
    protected Environment getEnv(String member) throws AccessException {
        Environment e = ((EnvEx)env).where(member);
        if (e != null && e == env)
            return e;
        else
            throw new AccessException();
    }
}
```

9.4　通过闭包表示对象

　　从实现的角度来看，如何设计 StoneObject 对象的内部结构才是最重要的。也就是说，如何通过 Java 语言的对象来表现 Stone 语言的对象。其实，实现的方式多种多样，本书没有选择使用 Java 语言的数组来实现，而是采用了闭包的表现方式。换言之，我们将利用环境能够保存字段值的特性来表示对象。

> **F** 啊？是要使用闭包吗？
>
> **A** 老师，没必要特地挑比较难懂的方法吧。
>
> **C** 但是闭包可以重复利用已有的实现，很容易就能为 Stone 语言添加对象支持。
>
> **H** 而且使用函数闭包的话，不需要类或对象之类的特殊的语法结构也能实现对象的表示。这一点是很重要的。

C 没错。这样一来，就连 Scheme 语言也能用于面向对象程序设计。

F 不过这么做的话，运行速度会很慢吧。

C 这要看闭包是具体如何实现的了。本书之后还会讨论如何优化执行速度，本章就先将注意力集中在怎样通过闭包来实现对象功能吧。

StoneObject 对象主要应保存 Stone 语言中对象包含的字段值，可以说它是字段名称与字段值的对应关系表。从这个角度来看，环境作为变量名称与变量值的对应关系表，与对象的作用非常类似。沿用环境的设计思路来表现对象并非异想天开。

如果将对象视作一种环境，就很容易实现对该对象自身（也就是 Java 语言中 this 指代的对象）的方法调用与字段访问。方法调用与字段访问可以通过 this.x 实现，其中，指代自身的 this. 能够省略。下面是一个例子。

```
class Position {
    x = y = 0
    def move (nx, ny) {
        x = nx; y = ny
    }
}
```

该例中，出现于 move 方法内的 x 乍看是一个局部变量，其实它是 this.x 的省略形式，表示 x 字段。这类 x 的实现比较麻烦。如果将 move 方法的定义视作函数定义，x 与 y 都属于自由变量。参数 nx 与 ny 则是约束变量。

A 什么是自由变量？

H A君，之前不是提到过嘛。自由变量指的是函数参数及布局变量以外的参数。

S 没错，它们的初始值由外部决定，无法由 def 语句的内部语句判断。

如果方法内部存在 x 这样的自由变量，该变量就必须指向（绑定）在方法外部定义的字段。这与闭包的机制类似。例如，下面的函数 position 将返回一个闭包。

```
def position () {
    x = y = 0
    fun (nx, ny) {
        x = nx; y = ny
    }
}
```

此时，position 函数的局部变量 x 将赋值给返回的闭包中的变量 x（与 x 绑定）。对比两者即可发现，闭包与方法都会将内部的变量名与外部的变量（字段）绑定。

我们将利用这种相似性来实现 Stone 语言的类与对象。

在通过 .new 创建新的 StoneObject 对象时，解释器将首先创建新的环境。StoneObject 对象将保存该环境，并向该环境添加由名称 this 与自身组成的名值对。

之后，解释器将借助该环境执行类定义中由大括号 {} 括起的主体部分。与执行函数体时一样，只需调用表示主体的抽象语法树的 eval 方法即可完成这一操作。这对应于 Java 等语言中的构造函数调用。主体部分执行后，类定义中出现的字段名与方法名以及相应的值都将被环境记录。

在执行过程中，如果需要为首次出现的变量赋值，解释器将向环境添加由该变量的名称与值组成的名值对。它们本质上是一些新定义的字段，因此环境中新增的名称其实都是字段名。此外，由 def 语句实现的方法定义的执行方式与函数定义类似，解释器都会将由函数名与 Function 对象组成的名值对添加至环境中。这些名称其实并非函数名，而是方法名。

尽管方法中含有对自身包含字段及方法的引用，解释器的实现也并不复杂。由于这些字段名与方法名通过外部环境记录，因此与闭包相同的实现方式就能够正确处理这些信息。即使函数中存在对全局变量的引用，情况依然如此。

由 DotEx 修改器向 Dot 类添加的 eval 方法与 initObject 方法将完成以上一系列的处理。抽象语法树中其他的类的 eval 方法无需为本章进行特别修改。我们只需为抽象语法树中新增的 ClassBody 类添加 eval 方法即可。该 eval 方法与第 6 章代码清单 6.3 为 BlockStmnt 类添加的 eval 方法相同，并无不同寻常之处。只要完成这些修改，方法体中出现的 this. 就能省略，仅凭单个 x 就能表示 this.x。解释器将采用与处理闭包类似的方式正确处理这些信息。

> **H** 通过环境来记录字段值的话，字段的读写不就等同于环境的读写了嘛。

由于字段名与字段值的对应关系由环境记录，代码清单 9.8 中 StoneObject 类的 read 与 write 方法将分别从环境中读取或更新字段的值。无论是读取还是更新，它们都会首先通过 getEnv 方法查找记录了字段名值对的环境。如果记录没有保存在任何环境内，或查找到的环境不是 StoneObject 对象的成员（即 e == env 不成立），解释器将认为目标字段不存在并报错。

> **A** 最后的如果 e == env 不成立就报错，我不是很理解。我觉得只要不是 null 的话，e == env 肯定会成立吧。

StoneObject 对象含有的环境的 outer 字段并不是 null。该 outer 字段指向的外层环境用于执行 class 语句，对类进行定义。该环境也会记录全局变量信息。借助该环境，方法将能从内部引用全局变量。

因此，StoneObject 对象的 read 与 write 方法在通过 getEnv 方法找到含有所需字段的环境后，必须确认它并非用于记录全局变量的环境。否则，如果用于保存字段的环境中不存在字段 value，而用于保存全局变量的环境中含有同名的全局变量，即使根据规则 Stone 语言表达式 p.value 本不应该访问全局变量，它仍将引用该全局变量的值。

A 如果 outer 是全局变量的环境，就能在方法内部引用全局变量吗？能不能再跟我解释下？

与函数一样，执行方法的环境也具有嵌套结构（图9.3）。首先，表示最内层作用域的环境用于记录参数及局部变量。该环境的 outer 字段指向的外层环境记录了执行该方法的 Stone 语言对象的字段与方法。也就是说，该环境由一个 StoneObject 对象保存。更外层的环境必须用于记录全局变量。这样一来，方法中出现的变量名无论是参数、局部变量、字段名、方法名还是全局变量名，都能通过已有的 eval 方法正确处理。解释器将从表示最内层作用域的环境起，逐层向外查找变量名。正因如此，我们必须按照前文所述，检查 e == env 是否成立。

F 说起来，类的继承功能有没有实现？包括方法的覆盖之类的？

C Dot 类新增的 initObject 方法支持递归调用，因此父类的实现已经完成了。

H 只要递归调用该方法就能得到需要的父类，之后所有继承的类的字段与方法都会被添加到环境中，对吧？

A 还要用到递归调用，这种做法有点令人讨厌。循环不可以吗？

H A 君，这是为了从最上层父类（相当于 Java 语言中的 java.lang.Object）开始依次添加字段与方法。你没觉得这种情况下递归调用写起来更容易吗？

F 原来如此，而且这样一来，方法的覆盖自然也就实现了。

A 为什么？

F 假设我们要在子类重新定义方法 m 的 def 语句。由于子类的 def 语句将在父类的 def 语句之后执行，子类的方法 m 会较晚被添加到环境中，从而覆盖之前的版本。

S 不过这样的话，被覆盖的原方法就无法调用了呀。在 Java 语言里是能通过 super 来调用者类方法的。该怎么办才好呢？

C 这个功能的设计就留作读者的课后习题吧……

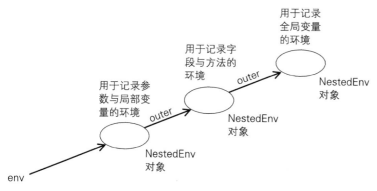

图9.3 执行方法时涉及的环境

9.5 运行包含类的程序

至此，Stone 语言已经可以支持类与对象的使用。与之前一样，最后将要介绍的是解释器主体程序与相应的启动程序。

请参见代码清单 9.9 与代码清单 9.10。

代码清单9.9 ClassInterpreter.java

```java
package chap9;
import stone.ClassParser;
import stone.ParseException;
import chap6.BasicInterpreter;
import chap7.NestedEnv;
import chap8.Natives;

public class ClassInterpreter extends BasicInterpreter {
    public static void main(String[] args) throws ParseException {
        run(new ClassParser(), new Natives().environment(new NestedEnv()));
    }
}
```

代码清单9.10 ClassRunner.java

```java
package chap9;
import javassist.gluonj.util.Loader;
import chap7.ClosureEvaluator;
import chap8.NativeEvaluator;

public class ClassRunner {
    public static void main(String[] args) throws Throwable {
        Loader.run(ClassInterpreter.class, args, ClassEvaluator.class,
                NativeEvaluator.class, ClosureEvaluator.class);
    }
}
```

第

10

天

无法割舍的数组

第 10 天　无法割舍的数组

> **C** 我本想把数组的实现留作读者习题来着。
>
> **H** 恐怕有点难。
>
> **C** 但如果我来讲解，就剥夺了读者自己试错的乐趣了吧。
>
> **H** 这么想的读者也许有很多，但我觉得还是有必要讲解一下数组的实现。

　　数组（array）是几乎所有程序设计语言都会提供的一种基本的语法功能。本章将为 Stone 语言增加对数组的支持。提到增加对数组的支持，虽说直接实现关联数组也是一个不错的想法，不过本章将仅实现简单的数组功能，下标（index）只能使用整数值。与 Java 语言的数组相同，Stone 语言的数组长度无法中途修改。

> **A** 什么是关联数组？
>
> **F** 关联数组指的是下标能够使用字符串或其他任意类型的值的数组。也就是哈希表啦。
>
> **S** 例如，a["apple"] = 100 这样的数组 a 就是一个关联数组。

10.1　扩展语法分析器

　　如果 Stone 语言支持数组功能，就能写出下面这样的程序。

```
a = [2, 3, 4]
print a[1]
a[1] = "three"
print "a[1]: " + a[1]
b = [["one", 1], ["two", 2]]
print b[1][0] + ": " + b[1][1]
```

　　第 1 行的 [2,3,4] 将创建一个长度为 3 的数组并初始化各个元素的值。Java 语言中使用的是大括号 {}，Stone 语言则使用中括号 []。数组的元素可以通过 a[1] 的形式引用。

　　数组中的元素无需保持类型一致。以第 5 行的代码为例，一个数组中能同时以字符串与整数作为元素。数组也能以另一个数组作为元素，数组 b 就是一个例子。与 Java 语言的数组一样，Stone 语言也通过以数组作为元素的数组来表现多维数组。例如，数组 b 的第 1 个元素表示数组 ["two",2]，因此 b[1][0] 将表示数组中第 1 个元素的第 0 个元素，即 "two"。

> **F** 创建数组时用的是 [] 而不是 {}，跟 Ruby 有点像呢。
>
> **S** 嗯，其实 JavaScript 也是用 [] 的。

为了使程序支持数组，我们需要扩展语法规则。代码清单 10.1 是扩展后的语法规则。其中仅摘选了与第 7 章（第 7 天）代码清单 7.1 中不同的非终结符。

代码清单 10.1 与数组相关的语法规则

```
elements: expr { "," expr }
primary : ( "[" [ elements ] "]" | "(" expr ")"
            | NUMBER | IDENTIFIER | STRING ) { postfix }
postfix : "(" [ args ] ")" | "[" expr "]"
```

首先，我们需要为整型字面量及标识符（即变量名）等最基本的表达式构成元素添加数组字面量的支持。请参见非终结符 primary 的语法规则。数组字面量由数组元素的初始值序列及两侧的中括号 [] 组成。数组元素的初始值序列由非终结符 elements 表示。字面量是一种表达式，它的计算或执行结果表示对应字符序列的值或对象。由于 [2, 3, 4] 的计算结果是一个含有元素 2、3、4 的数组，因此它也属于一种字面量。

此外，为了让解释器能够引用数组元素，非终结符 postfix 的语法规则也需要做相应的修改。修改后，标识符（或数组字面量）之后要能够后接由中括号 [] 括起的下标。经过这一修改，postfix 不仅能用于表示实参序列，还会支持数组下标。

代码清单 10.2 ArrayParser.java

```java
package stone;
import static stone.Parser.rule;
import javassist.gluonj.Reviser;
import stone.ast.*;

@Reviser public class ArrayParser extends FuncParser {
    Parser elements = rule(ArrayLiteral.class)
                          .ast(expr).repeat(rule().sep(",").ast(expr));
    public ArrayParser() {
        reserved.add("]");
        primary.insertChoice(rule().sep("[").maybe(elements).sep("]"));
        postfix.insertChoice(rule(ArrayRef.class).sep("[").ast(expr).sep("]"));
    }
}
```

代码清单 10.3 ArrayLiteral.java

```java
package stone.ast;
import java.util.List;

public class ArrayLiteral extends ASTList {
    public ArrayLiteral(List<ASTree> list) { super(list); }
    public int size() { return numChildren(); }
}
```

> **A** 接下来就要扩展语法分析器了，我们需要为代码清单 9.2 中的 ClassParser 定义一个子类对吧？
>
> **C** 不，这次我们不会使用子类，而要使用修改器。

接下来，我们根据新的语法规则来扩展语法分析器。代码清单 10.2 是需要使用的修改器。代码清单 10.3 与代码清单 10.4 是抽象语法树中新增的节点类，该修改器需要借助它们实现。

代码清单 10.2 的修改器将为第 7 章代码清单 7.2 中的 FuncParser 类添加 elements 字段，并在构造函数中更新相应的处理。

修改器首先在构造函数内，通过 add 方法向由 reserved 字段（第 5 章代码清单 5.2 定义）表示的哈希表中添加了右中括号]。于是，] 不会再被识别为标识符。如果忘了添加这个符号，解释器将无法在语法分析阶段把它处理为一种分隔符，也就无法顺利运行。此外，primary 与 postfix 也都分别通过 insertChoice 方法添加了对新语法规则的支持。

代码清单 10.4 ArrayRef.java

```
package stone.ast;
import java.util.List;

public class ArrayRef extends Postfix {
    public ArrayRef(List<ASTree> c) { super(c); }
    public ASTree index() { return child(0); }
    public String toString() { return "[" + index() + "]"; }
}
```

F 为什么这里不用子类，而要用修改器呢？

C 如果 ArrayParser 是 ClassParser 的子类，当我们需要让 Stone 语言支持数组时，就不得不同时加入用于处理数组的 ArrayParser 类以及用于处理类的 ClassParser。

A 这也没什么问题吧，而且这样一来类也能用了。

C 第 11 天将会讨论通过改写 eval 方法的实现来提高运行速度的问题。由于届时采用的新的实现方式很难支持类与对象的功能，我们将设计一种仅支持函数与数组的 Stone 语言。

F 原来如此。

H 其实我希望能够自由选择是否向 Stone 语言添加类或是数组的功能。

C 嗯，如果我们使用修改器来实现，就能够做到这点。

A 能不能把 ArrayParser 作为 FuncParser 的子类？这样一来，ArrayParser 与 ClassParser 就都是父类 FuncParser 的子类了，这被称为兄弟类对吧？

F A 君，可不能这么做啊。

S 嗯，这样的话就无法同时使用 ArrayParser 与 ClassParser 了。

A 啊，说的对，Java 语言具有不支持多重继承的局限性。老师，我说的没错吧？

H 确实，如果能使用多重继承，我们就能定义继承了这两个类的 ArrayAndClassParser，同时使用类与数组了。

S 嗯，能这样的话是不错，不过，多重继承通常很难实现。如果要使用多重继承，我们需要使用 mixin 或 traits 那些更合适的手段。

H S 君，如果我们不使用修改器的话，老师可能就会让我们通过 mixin 或 traits 之类来实现数组了……

10.2 仅通过修改器来实现数组

我们只要为抽象语法树中新增的节点类添加 eval 方法，就能让 Stone 语言支持数组。代码清单 10.5 是用于添加 eval 方法的修改器的具体实现。

该修改器需要使用 FuncEvaluator 与 ArrayParser 这两个修改器。修改器首部的 @Require 标记也反映了这点。因此，应用 ArrayEvaluator 修改器将同时隐式地应用另外两个修改器。

ArrayEvaluator 修改器将首先为抽象语法树的节点类 ArrayLiteral 与 ArrayRef 添加 eval 方法。前者表示数组字面量，后者用于表示数组元素的引用。Stone 语言的数组将通过 Java 语言中 Object 类型的数组表现。ArrayLiteral 类的 eval 方法将依次对元素表示的表达式调用 eval 方法，之后再创建一个由返回值构成的 Object 类型数组并返回。

ArrayRef 类的 eval 方法将首先对下标表达式调用 eval 方法，计算下标的值。之后，它将从参数 value 指向的 Object 类型数组中获取与该下标对应的元素的值并返回。这里的 eval 方法覆盖了第 7 章代码清单 7.7 中由 FuncEvaluator 修改器为 Postfix 类添加的 eval 方法。

数组也可能出现在赋值表达式的左侧，我们需要覆盖 BinaryExpr 类的 computeAssign 方法来处理这种情况。该方法最初在第 6 章代码清单 6.3 中由修改器添加。

> **A** 这就结束了吗？真简单呀。
>
> **C** 我们用了 Java 语言的 Object 类型数组来表现 Stone 语言的数组，实现起来很容易。

代码清单 10.6 是解释器的启动程序，它将整合并执行修改后的程序。由于数组功能完全由修改器实现，因此这次我们不需要对解释器作修改。代码清单 10.6 直接使用了上一章代码清单 9.9 中的解释器。代码清单 10.6 中的启动程序在原有基础上又通过 ArrayEvaluator 修改了解释器，使得在 Stone 语言中使用数组成为可能。

由于 ArrayEvaluator 修改器独立于 ClassEvaluator 修改器，因此仅支持函数与闭包的 Stone 语言处理器也能应用这些修改。第 7 章代码清单 7.17 所示的处理器就是一例。为了让它支持数组，我们需要修改代码清单 7.18 中的启动程序，添加对 ArrayEvaluator 修改器的应用。由此我们将得到一个能够使用函数、闭包与数组功能但不支持类的 Stone 语言处理器。具体来讲，main 方法应像下面这样修改。

```
Loader.run(ClosureInterpreter.class, args,
           ClosureEvaluator.class, chap10.ArrayEvaluator.class);
```

通过修改器来扩展解释器有助于使程序结构模块化，不同的模块能够轻松组合。只需改变使用的修改器，我们就能实现仅支持函数与类的、仅支持函数与数组的，或同时支持函数与类与数组的 Stone 语言处理器，而不必根据需要修改已有的程序。

A 也就是说，包括语法分析器在内，所有的功能扩展都通过修改器来实现会更好咯？

C 是的。

A 那为什么不一开始就这么做呢？ClassParser 之类不也可以用修改器来实现吗？

H A 君，这种问题就留到最后悄悄地问吧……

C 没关系。一开始我尽可能避免使用修改器是为了便于读者理解。

A 那现在开始重写之前的内容吧？

C 这主意倒还不错，但还是以后再说吧……

代码清单 10.5　ArrayEvaluator.java

```java
package chap10;
import java.util.List;
import javassist.gluonj.*;
import stone.ArrayParser;
import stone.StoneException;
import stone.ast.*;
import chap6.Environment;
import chap6.BasicEvaluator;
import chap6.BasicEvaluator.ASTreeEx;
import chap7.FuncEvaluator;
import chap7.FuncEvaluator.PrimaryEx;

@Require({FuncEvaluator.class, ArrayParser.class})
@Reviser public class ArrayEvaluator {
    @Reviser public static class ArrayLitEx extends ArrayLiteral {
        public ArrayLitEx(List<ASTree> list) { super(list); }
        public Object eval(Environment env) {
            int s = numChildren();
            Object[] res = new Object[s];
            int i = 0;
            for (ASTree t: this)
                res[i++] = ((ASTreeEx)t).eval(env);
            return res;
        }
    }
    @Reviser public static class ArrayRefEx extends ArrayRef {
        public ArrayRefEx(List<ASTree> c) { super(c); }
        public Object eval(Environment env, Object value) {
            if (value instanceof Object[]) {
                Object index = ((ASTreeEx)index()).eval(env);
                if (index instanceof Integer)
                    return ((Object[])value)[(Integer)index];
            }
            throw new StoneException("bad array access", this);
        }
    }
    @Reviser public static class AssignEx extends BasicEvaluator.BinaryEx {
        public AssignEx(List<ASTree> c) { super(c); }
        @Override
        protected Object computeAssign(Environment env, Object rvalue) {
```

```
            ASTree le = left();
            if (le instanceof PrimaryExpr) {
                PrimaryEx p = (PrimaryEx)le;
                if (p.hasPostfix(0) && p.postfix(0) instanceof ArrayRef) {
                    Object a = ((PrimaryEx)le).evalSubExpr(env, 1);
                    if (a instanceof Object[]) {
                        ArrayRef aref = (ArrayRef)p.postfix(0);
                        Object index = ((ASTreeEx)aref.index()).eval(env);
                        if (index instanceof Integer) {
                            ((Object[])a)[(Integer)index] = rvalue;
                            return rvalue;
                        }
                    }
                    throw new StoneException("bad array access", this);
                }
            }
            return super.computeAssign(env, rvalue);
        }
    }
}
```

代码清单10.6　ArrayRunner.java

```
package chap10;
import javassist.gluonj.util.Loader;
import chap7.ClosureEvaluator;
import chap8.NativeEvaluator;
import chap9.ClassEvaluator;
import chap9.ClassInterpreter;

public class ArrayRunner {
    public static void main(String[] args) throws Throwable {
        Loader.run(ClassInterpreter.class, args, ClassEvaluator.class,
                ArrayEvaluator.class, NativeEvaluator.class,
                ClosureEvaluator.class);
    }
}
```

专栏3 **系主任的工作**

学生时代……

咔嗒
咔嗒

配置研究室的服务器与网络

当上助教后……

咔嗒
咔嗒

配置院系的服务器与网络

成为大学教授后……

咔嗒
咔嗒

还在配置服务器与网络

成为大学的系主任后……

开始写起了院系网站
的 PHP 代码

这难道就是所谓的管
理岗？是不是应该换
个工作呢……

第

11

天

优化变量读写性能

第 11 天　优化变量读写性能

优化语言处理器性能的手段多种多样，多数手段的核心思想都在于提前计算好能够计算的值。由于程序通常会包含循环或递归调用语句，一部分逻辑可能会被反复执行。执行这类语句时，有些计算每次都会得到相同的结果，因此，处理器如果能够保存之前的计算结果，之后的执行过程就能省略这部分计算。本章将以变量值的读写为例，向读者介绍基于这种理念的语言处理器性能优化方式。

11.1　通过简单数组来实现环境

在之前的章节中，我们通过环境（Environment 对象）来管理变量名与变量值的对应关系。关于这种环境的具体的类定义，请参见第 6 章（第 6 天）代码清单 6.2 中的 BasicEnv 类。该类通过哈希表保存变量的名称与值之间的对应关系。哈希表的算法复杂度为 $O(1)$，是一种性能优秀的数据结构，无论表中含有多少元素，它都能在固定时间内完成查找操作。不过，哈希表的查找速度依然不算非常迅速。对于现在的 Stone 语言处理器，哈希表的查找时间是一笔不小的开销。

> C　要优化变量读写的话，你们觉得哪些东西是能够事先计算的？
>
> F　哈希值？如果变量名不变，它对应的哈希值也不会改变，我们可以先计算好这些值。
>
> G　还有吗？
>
> H　还可以通过完美哈希函数一次获取所需的值。无论是开放寻址法还是独立表链寻址法都行。只要确定了程序内容，就能得到变量的个数，创建完全哈希函数应该不是一件难事。
>
> C　还差一点点了。
>
> H　……
>
> G　事实上，如果能事先获取表中的所有元素，也就是变量名，我们就完全不需使用哈希表了。嗯，这么说也不对，其实还是要使用哈希表，只不过使用的哈希表结构将非常简单。

先不考虑全局变量，局部变量的数量与变量名将在函数定义完成后全部确定，程序无法再为函数添加局部变量或改变变量的名称。

仔细观察该性质后可以发现，能够用简单的数组来实现这种环境。假如函数包含局部变量 x 与 y，程序可以事先将 x 设为数组的第 0 个元素，将 y 设为第 1 个元素，以此类推。这样一来，语言处理器引用变量时就无需计算哈希值。也就是说，这是一个通过编号，而非名称来查找变量值的环境。

> **H** 也就是说，x 的哈希值为 0，y 的为 1，是吗？
>
> **C** 你这么理解也可以。总之就是事先确定用于查找的哈希值。

为了实现这种设计，语言处理器需要在函数定义完成后遍历对应的抽象语法树节点，获取该节点使用的所有函数参数与局部变量。遍历之后程序将得到函数中用到的参数与局部变量的数量，于是确定了用于保存这些变量的数组的长度。语言处理器还需要从 0 开始依次为这些参数与局部变量分配编号，确定变量具体保存在数组中的哪一个元素。

之后，语言处理器在实际调用函数，对变量的值进行读写操作时，将会直接引用数组中的元素。变量引用无需再像之前那样通过在哈希表中查找变量名的方式实现。

> **C** 你们觉得该怎样管理每个变量与数组元素的对应关系呢？
>
> **A** 反正不能再另外准备一个哈希表来记录变量名与数组元素的对应……
>
> **F** 这样就不能说是在实现环境时没有使用哈希表啦。

确定变量的值在数组中的保存位置之后，这些信息将被记录于抽象语法树节点对象的字段中。例如，程序中出现的变量名在抽象语法树中以 Name 对象表示。这一 Name 对象将事先在字段中保存数组元素的下标，这样语言处理器在需要引用该变量时，就能知道应该引用数组中的哪一个元素。Name 对象的 eval 方法将通过该字段来引用数组元素，获得变量的值。

> **C** 也就是说，不必在程序执行时通过变量名来查找变量。因此，即使变量名称很长，运行速度也不会减慢。
>
> **F** C 语言和 Java 语言中也都是这么做的嘛。一开始没反应过来环境的性能优化之类的是什么意思。
>
> **A** 你只是被老师故弄玄虚的说法给迷惑啦！F 君。

事实上，如果希望在 Name 对象的字段中保存变量的引用，仅凭数组元素仍然不够，还需要同时记录与环境对应的作用域。环境将以嵌套结构实现闭包。为此，Environment 对象需要通过 outer 字段串连。此外，Name 对象还要记录环境所处的层数，即从最内层向外数起，当前环境在这一连串 Environment 对象中的排序位置。该信息保存于 Name 对象的 nest 字段中。index 字段则用于记录变量的值在与 nest 字段指向的环境对应的数组中，具体的保存位置。

图 11.1 是表示 x=2 的抽象语法树。在该图中，变量 x 的值保存于从最内层数起的第 2 个环境对应的数组中，因此 Name 对象的 nest 字段的值为 1（如果是最内层，则值为 0）。由于变量 x 的值保存于该数组的第 3 个元素中，因此 index 字段的值为 2。读者可以将 x=2 理解为一条闭包中的表达式。

为了实现一个通过数组来保存变量值的环境，我们需要像代码清单 11.1 那样新定义一个 ArrayEnv 类。该类提供了与第 7 章（第 7 天）代码清单 7.6 中的 NestedEnv 类几乎相同的功能，实现了 Environment 接口。两者最大的区别在于，ArrayEnv 类没有使用哈希表，仅通过简单的数组实现了变量值的保存。需要注意的是，尽管 values 字段指向的数组保存了变量的值，并没有专门的数组用于保存变量的名称。环境中没有记录任何变量名。

　　由于上述原因，这种实现中原有的 get 方法与 put 方法无法正确执行，也就是说，语言处理器无法以变量名为键查找环境或更新变量的值。如果强行调用，则会抛出异常。为此，我们重新定义了 get 方法与 put 方法，使他们通过 Name 对象的 nest 与 index 字段来引用变量的值。

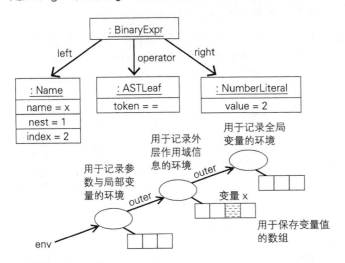

图11.1　x=2 的抽象语法树与环境

代码清单 11.1　ArrayEnv.java

```java
package chap11;
import stone.StoneException;
import chap11.EnvOptimizer.EnvEx2;
import chap6.Environment;

public class ArrayEnv implements Environment {
    protected Object[] values;
    protected Environment outer;
    public ArrayEnv(int size, Environment out) {
        values = new Object[size];
        outer = out;
    }
    public Symbols symbols() { throw new StoneException("no symbols"); }
    public Object get(int nest, int index) {
        if (nest == 0)
            return values[index];
        else if (outer == null)
            return null;
        else
            return ((EnvEx2)outer).get(nest - 1, index);
    }
```

```
public void put(int nest, int index, Object value) {
    if (nest == 0)
        values[index] = value;
    else if (outer == null)
        throw new StoneException("no outer environment");
    else
        ((EnvEx2)outer).put(nest - 1, index, value);
}
public Object get(String name) { error(name); return null; }
public void put(String name, Object value) { error(name); }
public void putNew(String name, Object value) { error(name); }
public Environment where(String name) { error(name); return null; }
public void setOuter(Environment e) { outer = e; }
private void error(String name) {
    throw new StoneException("cannot access by name: " + name);
}
}
```

11.2　用于记录全局变量的环境

ArrayEnv 实现了用于记录函数的参数与局部变量的环境，但要记录全局变量，我们还需要另外设计一个不同的类，使用该类的对象来实现用于记录全局变量的环境。除了 ArrayEnv 类的功能，该类还需要随时记录变量的名称与变量值的保存位置（也就是数组元素的下标）之间的对应关系。它不仅能够通过编号查找变量值，还能通过变量名找到与之对应的变量值。

之前设计的 Stone 语言处理器可以在执行程序的同时以对话的形式添加新的语句。用户不必一次输入全部程序，从头至尾完整运行。因此，为了让之后添加的语句也能访问全局变量，我们必须始终记录变量的名称与该值保存位置的对应关系。也就是说，语言处理器必须能够通过变量名查找新添加语句中使用的变量值的保存位置。

另一方面，局部变量仅能在函数内部引用。函数在定义完成时就能确定所有引用了局部变量之处，且之后无法新增。这时，所有引用该变量的标识符都会在各自的 Name 对象中记录它的保存位置。由于语言处理器记录了这些信息之后便无需再了解变量名与保存位置的对应关系，因此环境不必记录变量的名称。作为用于记录局部变量的环境，ArrayEnv 对象已经足够。

> S　嗯，如果要使用调试器，可就得记录布局变量的名称了。
> C　但是现在我们还不会涉及调试器，所以就不考虑这些了。

代码清单 11.2 中的 ResizableArrayEnv 类用于实现记录全局变量的环境。它是 ArrayEnv 的子类。ArrayEnv 对象只能保存固定数量的变量，ResizableArrayEnv 对象则能保存任意数量的变量。这也是名称中 resizable（可变长）的由来。

由于程序新增的语句可能会引入新的全局变量，因此环境能够保存的变量数量也必须能够修改。ResizableArrayEnv 类的对象含有 names 字段，它的值是一个 Symbols 对象。Symbols 对象是一张哈希表，用于记录变量名与保存位置之间的对应关系。代码清单 11.3 是

Symbols 类的定义。

> **A** 结果还是要使用哈希表不是嘛。
>
> **H** A 君，现在只有在记录全局变量时才需要用到哈希表，局部变量已经不需要使用哈希表了。
>
> **C** 而且，即使是在函数内引用全局变量，也不再需要通过变量名来查找对应的值。只要在定义函数时通过变量名找到对应的保存位置，再把它记录在 Name 对象中就行了。

代码清单11.2 ResizableArrayEnv.java

```java
package chap11;
import java.util.Arrays;
import chap6.Environment;
import chap11.EnvOptimizer.EnvEx2;

public class ResizableArrayEnv extends ArrayEnv {
    protected Symbols names;
    public ResizableArrayEnv() {
        super(10, null);
        names = new Symbols();
    }
    @Override public Symbols symbols() { return names; }
    @Override public Object get(String name) {
        Integer i = names.find(name);
        if (i == null)
            if (outer == null)
                return null;
            else
                return outer.get(name);
        else
            return values[i];
    }
    @Override public void put(String name, Object value) {
        Environment e = where(name);
        if (e == null)
            e = this;
        ((EnvEx2)e).putNew(name, value);
    }
    @Override public void putNew(String name, Object value) {
        assign(names.putNew(name), value);
    }
    @Override public Environment where(String name) {
        if (names.find(name) != null)
            return this;
        else if (outer == null)
            return null;
        else
            return ((EnvEx2)outer).where(name);
    }
    @Override public void put(int nest, int index, Object value) {
        if (nest == 0)
            assign(index, value);
        else
```

```
                super.put(nest, index, value);
    }
    protected void assign(int index, Object value) {
        if (index >= values.length) {
            int newLen = values.length * 2;
            if (index >= newLen)
                newLen = index + 1;
            values = Arrays.copyOf(values, newLen);
        }
        values[index] = value;
    }
}
```

代码清单11.3 Symbols.java

```
package chap11;
import java.util.HashMap;

public class Symbols {
    public static class Location {
        public int nest, index;
        public Location(int nest, int index) {
            this.nest = nest;
            this.index = index;
        }
    }
    protected Symbols outer;
    protected HashMap<String,Integer> table;
    public Symbols() { this(null); }
    public Symbols(Symbols outer) {
        this.outer = outer;
        this.table = new HashMap<String,Integer>();
    }
    public int size() { return table.size(); }
    public void append(Symbols s) { table.putAll(s.table); }
    public Integer find(String key) { return table.get(key); }
    public Location get(String key) { return get(key, 0); }
    public Location get(String key, int nest) {
        Integer index = table.get(key);
        if (index == null)
            if (outer == null)
                return null;
            else
                return outer.get(key, nest + 1);
        else
            return new Location(nest, index.intValue());
    }
    public int putNew(String key) {
        Integer i = find(key);
        if (i == null)
            return add(key);
        else
            return i;
    }
```

```
public Location put(String key) {
    Location loc = get(key, 0);
    if (loc == null)
        return new Location(0, add(key));
    else
        return loc;
}
protected int add(String key) {
    int i = table.size();
    table.put(key, i);
    return i;
}
}
```

11.3 事先确定变量值的存放位置

接下来，我们为抽象语法树中的类添加 lookup 方法，它的作用是在函数定义时，查找函数用到的所有变量，并确定它们在环境中的保存位置。该方法还将根据需要，在抽象语法树的节点对象中记录这些保存位置。这样一来，语言处理器就能够通过编号而非名称来查找保存在环境中的变量值。

> **C** lookup 方法会在 eval 之前被调用。因此 eval 方法在引用变量的值时就不用通过变量名来查找，只需要使用一个编号就行了。
>
> **H** 于是，程序的执行就用不着变量名了吧。
>
> **C** 对于局部变量来说确实如此。

之前为抽象语法树的类添加的方法都是些辅助方法，用于配合 eval 方法这一程序执行的核心部分。本节添加的 lookup 方法将在 eval 方法之前调用，完成相关的准备工作，它的参数是一个 Symbols 对象。Symbols 对象是一张哈希表，用于记录变量名与保存位置之间的对应关系。我们之前在 ResizableArrayEnv 对象的实现中使用了 Symbols 对象，在实现 lookup 方法时，依然需要用到该对象。

代码清单 11.4 是为抽象语法树的各个类添加 lookup 方法的修改器。本章仅对支持函数与闭包的 Stone 语言进行性能优化，不会涉及类的优化。因此，代码清单 11.4 中的修改器只依赖于第 7 章代码清单 7.16 中的 ClosureEvaluator 修改器。代码清单 11.4 中修改器主体之前 @Require 标识说明了该依赖关系。

代码清单 11.4 中由修改器添加的 lookup 方法的执行逻辑与 eval 方法大体相同。它们都会从抽象语法树的根节点开始依次遍历所有的节点最终到达叶节点。两者的区别它们在于访问具体的节点时将执行不同的操作。

lookup 方法如果在遍历时发现了赋值表达式左侧的变量名，就会查找通过参数接收的 Symbols 对象，判断该变量名是否是第一次出现、尚未记录。如果它是首次出现的变量名，

lookup 方法将为它在环境中分配一个保存位置，在 Symbols 对象中记录由该变量名与保存位置组成的名值对。除了赋值，lookup 方法还会在所有引用该变量的抽象语法树节点中记录变量值的保存位置。

代码清单11.4 EnvOptimizer.java

```java
package chap11;
import static javassist.gluonj.GluonJ.revise;
import javassist.gluonj.*;
import java.util.List;
import stone.Token;
import stone.StoneException;
import stone.ast.*;
import chap11.Symbols.Location;
import chap6.Environment;
import chap6.BasicEvaluator;
import chap7.ClosureEvaluator;

@Require(ClosureEvaluator.class)
@Reviser public class EnvOptimizer {
    @Reviser public static interface EnvEx2 extends Environment {
        Symbols symbols();
        void put(int nest, int index, Object value);
        Object get(int nest, int index);
        void putNew(String name, Object value);
        Environment where(String name);
    }
    @Reviser public static abstract class ASTreeOptEx extends ASTree {
        public void lookup(Symbols syms) {}
    }
    @Reviser public static class ASTListEx extends ASTList {
        public ASTListEx(List<ASTree> c) { super(c); }
        public void lookup(Symbols syms) {
            for (ASTree t: this)
                ((ASTreeOptEx)t).lookup(syms);
        }
    }
    @Reviser public static class DefStmntEx extends DefStmnt {
        protected int index, size;
        public DefStmntEx(List<ASTree> c) { super(c); }
        public void lookup(Symbols syms) {
            index = syms.putNew(name());
            size = FunEx.lookup(syms, parameters(), body());
        }
        public Object eval(Environment env) {
            ((EnvEx2)env).put(0, index, new OptFunction(parameters(), body(),
                                                        env, size));
            return name();
        }
    }
    @Reviser public static class FunEx extends Fun {
        protected int size = -1;
        public FunEx(List<ASTree> c) { super(c); }
        public void lookup(Symbols syms) {
```

```
            size = lookup(syms, parameters(), body());
        }
        public Object eval(Environment env) {
            return new OptFunction(parameters(), body(), env, size);
        }
        public static int lookup(Symbols syms, ParameterList params,
                                 BlockStmnt body)
        {
            Symbols newSyms = new Symbols(syms);
            ((ParamsEx)params).lookup(newSyms);
            ((ASTreeOptEx)revise(body)).lookup(newSyms);
            return newSyms.size();
        }
    }
    @Reviser public static class ParamsEx extends ParameterList {
        protected int[] offsets = null;
        public ParamsEx(List<ASTree> c) { super(c); }
        public void lookup(Symbols syms) {
            int s = size();
            offsets = new int[s];
            for (int i = 0; i < s; i++)
                offsets[i] = syms.putNew(name(i));
        }
        public void eval(Environment env, int index, Object value) {
            ((EnvEx2)env).put(0, offsets[index], value);
        }
    }
    @Reviser public static class NameEx extends Name {
        protected static final int UNKNOWN = -1;
        protected int nest, index;
        public NameEx(Token t) { super(t); index = UNKNOWN; }
        public void lookup(Symbols syms) {
            Location loc = syms.get(name());
            if (loc == null)
                throw new StoneException("undefined name: " + name(), this);
            else {
                nest = loc.nest;
                index = loc.index;
            }
        }
        public void lookupForAssign(Symbols syms) {
            Location loc = syms.put(name());
            nest = loc.nest;
            index = loc.index;
        }
        public Object eval(Environment env) {
            if (index == UNKNOWN)
                return env.get(name());
            else
                return ((EnvEx2)env).get(nest, index);
        }
        public void evalForAssign(Environment env, Object value) {
            if (index == UNKNOWN)
                env.put(name(), value);
```

```
                else
                    ((EnvEx2)env).put(nest, index, value);
        }
    }
    @Reviser public static class BinaryEx2 extends BasicEvaluator.BinaryEx {
        public BinaryEx2(List<ASTree> c) { super(c); }
        public void lookup(Symbols syms) {
            ASTree left = left();
            if ("=".equals(operator())) {
                if (left instanceof Name) {
                    ((NameEx)left).lookupForAssign(syms);
                    ((ASTreeOptEx)right()).lookup(syms);
                    return;
                }
            }
            ((ASTreeOptEx)left).lookup(syms);
            ((ASTreeOptEx)right()).lookup(syms);
        }
        @Override
        protected Object computeAssign(Environment env, Object rvalue) {
            ASTree l = left();
            if (l instanceof Name) {
                ((NameEx)l).evalForAssign(env, rvalue);
                return rvalue;
            }
            else
                return super.computeAssign(env, rvalue);
        }
    }
}
```

对于大部分节点，lookup 方法无需执行任何操作，因此，作为这些类的父类，ASTree 类
只需添加一个内容为空的 lookup 方法即可。ASTList 类添加的 lookup 方法将依次调用其子
节点对象的 lookup 方法。

DefStmnt 类与 Fun 类中新增的 lookup 方法将在调用参数与自身的 lookup 方法之前创
建一个新的 Symbols 对象。DefStmnt 类表示用于定义函数的 def 语句，Fun 类表示用于创建
闭包的 fun 表达式。与环境一样，语言处理器在管理变量名时必须考虑变量所处的作用域。与
之前类似，我们需要在切换至新的作用域时创建新的 Symbols 对象，并将它和与外层作用域对
应的 Symbols 对象串连起来。这样一来，语言处理器如果没能在第一个 Symbols 对象中找到
需要的变量名，就会继续查找下一个相连的 Symbols 对象。

ParameterList 类与 Name 类中新增的 lookup 方法将执行该方法原本的处理操
作。这两个类的 lookup 方法都会通过 Symbols 对象查找变量的保存位置，将结果记录于
相应的字段中。BinaryExpr 类新增的 lookup 方法将在进行赋值操作时调用 Name 对象
的 lookupForAssign 方法，查找并记录变量的保存位置。lookupForAssign 方法将调用
Symbols 对象的 put 或 putNew 方法。如果变量是第一次出现，这些方法将为变量值分配一个
保存位置。

11.4 修正 eval 方法并最终完成性能优化

代码清单 11.4 中的修改器将覆盖一些类的 eval 方法。如上所述,经过这些修改,eval 方法将根据由 lookup 方法记录的保存位置,从环境中获取变量的值或对其进行更新。

ParameterList 类、Name 类与 BinaryExpr 类的 eval 方法修改较为简单。DefStmnt 类与 Fun 类的 eval 在修改后返回的将不再是 Function 类的对象,而是一个由代码清单 11.5 定义的 OptFunction 对象。OptFunction 类是 Function 类的子类,OptFunction 对象同样用于表示函数。两者的区别在于,OptFunction 类将通过 ArrayEnv 对象来实现函数的执行环境。Function 类的定义可以参见第 7 章(第 7 天)代码清单 7.8。

至此,所有修改都已完成。代码清单 11.6 与代码清单 11.7 分别是用于执行修改后的语言处理器的解释器,以及该解释器的启动程序。

需要注意的是,代码清单 11.6 的解释器将在接收输入程序(即一条语句)并创建抽象语法树后首先调用 lookup 方法。eval 方法的调用在 lookup 方法之后。之前,解释器在调用 eval 方法之前不会对接收的抽象语法树做任何预处理。此外,代码清单 11.6 中,首先创建了一个 ResizableArrayEnv 对象,它是一个用于记录全局变量的环境。

代码清单 11.7 中的启动程序除了添加了本章介绍的 EnvOptimizer 修改器,还应用了第 8 章(第 8 天)代码清单 8.1 中的 NativeEvaluator 修改器。该修改器无需为本次性能优化做任何修改。

代码清单 11.5 OptFunction.java

```java
package chap11;
import stone.ast.BlockStmnt;
import stone.ast.ParameterList;
import chap6.Environment;
import chap7.Function;

public class OptFunction extends Function {
    protected int size;
    public OptFunction(ParameterList parameters, BlockStmnt body,
                       Environment env, int memorySize)
    {
        super(parameters, body, env);
        size = memorySize;
    }
    @Override public Environment makeEnv() { return new ArrayEnv(size, env); }
}
```

代码清单 11.6 EnvOptInterpreter.java

```java
package chap11;
import chap6.BasicEvaluator;
import chap6.Environment;
import chap8.Natives;
import stone.BasicParser;
import stone.ClosureParser;
```

```
import stone.CodeDialog;
import stone.Lexer;
import stone.ParseException;
import stone.Token;
import stone.ast.ASTree;
import stone.ast.NullStmnt;

public class EnvOptInterpreter {
    public static void main(String[] args) throws ParseException {
        run(new ClosureParser(),
            new Natives().environment(new ResizableArrayEnv()));
    }
    public static void run(BasicParser bp, Environment env)
        throws ParseException
    {
        Lexer lexer = new Lexer(new CodeDialog());
        while (lexer.peek(0) != Token.EOF) {
            ASTree t = bp.parse(lexer);
            if (!(t instanceof NullStmnt)) {
                ((EnvOptimizer.ASTreeOptEx)t).lookup(
                        ((EnvOptimizer.EnvEx2)env).symbols());
                Object r = ((BasicEvaluator.ASTreeEx)t).eval(env);
                System.out.println("=> " + r);
            }
        }
    }
}
```

代码清单11.7 EnvOptRunner.java

```
package chap11;
import chap8.NativeEvaluator;
import javassist.gluonj.util.Loader;

public class EnvOptRunner {
    public static void main(String[] args) throws Throwable {
        Loader.run(EnvOptInterpreter.class, args, EnvOptimizer.class,
                                    NativeEvaluator.class);
    }
}
```

A 本章的性能优化没有涉及类的优化。这里用的方法不适用于类吗？

F 不是，之后的章节就会讲解了吧。

C 正是如此。不过本章介绍的性能优化手段确实不能直接用于对象的优化。我反复考虑了很久，决定把这些内容放到以后的章节里。

让我们用手头的计算机（Intel Core2 2.53GHz、4GB 内存、Java 1.6、Mac OS 10.6.8）来测试一下本章的性能优化工作究竟能提升程序多少执行速度吧。下面将通过第 8 章（第 8 天）代码清单 8.6 中计算斐波那契数的程序来比较优化前后的执行时间。在定义了 fib 函数之后，fib 33 将被反复计算进行测试。性能优化前，该过程需要约 5.2 秒，性能优化后这一时间缩短至约 3.1 秒，速度提升了约 70%，且第一次计算与之后的计算的耗时几乎相同。

本章一开始就强调了语言处理器的性能优化关键在于预先计算能够计算的值。本章进行的性能优化的本质其实是事先计算程序中将会出现怎样的变量。如果解释器能够以此为基础进一步计算相关的值，就会继续计算那些数据。这一优化取得了可观的效果，至少斐波那契数的计算速度因此提升了 70%。

A 计算 `fib` 33 花了 3.1 秒，这算快吗？

C 你可以试试用 Ruby 1.8 来执行代码清单 11.8 中的程序，结果是 5.6 秒。

A 呀，那不是比 Ruby 还快嘛。

C 仅以斐波那契数的计算速度来比较整个语言处理器的速度是没有意义的。Stone 与 Ruby 的功能也大不相同。

S 嗯，其实 Ruby 1.9 只要 1.0 秒就够了。

F JRuby 1.6.0.RC2 更是只要 0.6 秒。

A 唉，看来还是很慢啊。貌似大家都认为 Ruby 算是比较慢的语言来着，与一些语言相比，它还差很远哪。

代码清单11.8 能够记录斐波那契数计算时间的 Ruby 程序

```
def fib (n)
  if n < 2
    n
  else
    fib(n - 1) + fib(n - 2)
  end
end
t = Time.now; fib(33); puts Time.now - t
```

第
12
天

优化对象操作性能

第12天

优化对象操作性能

上一章已经介绍了变量引用性能优化的方式，不过类与对象不在优化的范围内。在满足一定的条件时，方法内的字段值读取操作也能通过同样的方式获得性能提升。第9章（第9天）介绍的类与对象由闭包实现。尽管这种实现方式很优雅，其执行效率却有些不足。本章将介绍一种更常见且效率更高的类与对象实现方式。

> **A** 之前我们为了利用闭包来实现类与对象可费了不少功夫啊，这种方式真的不好吗？
>
> **C** 虽然效率不太高，但在计算机科学领域这是很重要的。
>
> **H** 类与函数的概念乍一看完全不同，但实际上，类明显能被视为函数的一种延伸概念。
>
> **A** 这怎么说？
>
> **C** 将看似不同其实本质相似的东西，用同一概念进行统一解释，正是科学的本质。

12.1　减少内存占用

第9章的实现使用了环境来表现 Stone 语言中的对象。环境中不仅含有由字段名与相应的值组成的名值对，还记录了由方法名与 Function 对象组成的名值对。这种实现的内存利用率很低。

像 JavaScript 那样每个对象都能拥有不同方法的语言，这种实现方式较为合适。然而，Stone 语言中同一个类的对象只能具有相同的方法。因此，语言处理器没有必要在环境中记录由方法名与 Function 对象组成的名值对。

基于以上原因，本章的实现中，所有同一个类的对象将共享方法（图12.1）。Stone 语言将为每个方法创建一个 ClassInfo 对象，用于记录与方法相关的信息。用于表示 Stone 语言对象的 StoneObject 对象包含 ClassInfo 对象的引用，当语言处理器需要获取方法调用的相关信息时，将查找该 ClassInfo 对象中的内容。这样一来，StoneObject 对象仅需记录字段信息，每个单独的 StoneObject 对象使用的内存量也相应减少。一个 StoneObject 对象能节省的内存消耗量并不多，但通常程序都会为一个类创建大量的对象，因此整个程序的内存消耗将明显减少。

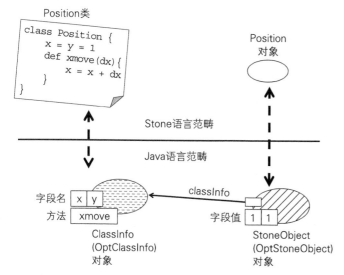

图12.1 类与对象的实现

> **F** 终于要开始使用通常的面向对象语言实现方式了。

本章将继续上一章的做法，通过数组而非哈希表来实现环境。字段值与方法的定义无需通过在哈希表中查找名称来获取，只需通过编号就能直接在数组中找到对应的数据。这样一来，对象相关操作的性能也将提升。

通过数组实现环境也有助于减少内存的使用量。如果环境由哈希表实现，用于表示 Stone 语言对象的 `StoneObject` 对象不仅需要保存字段的值，还要保存字段的名称。同一个类的对象具有相同的字段，因此这是一种浪费。如果使用数组，`StoneObject` 对象仅会记录字段的值，内存使用量也将相应减少。字段的名称将与方法信息一起保存于 `ClassInfo` 对象之中。

我们根据上述讨论来重新定义 `ClassInfo` 类与 `StoneObject` 类。为了区分本章与第 9 章的定义，重新定义的类的名称之前会加上 Opt，重命名为 `OptClassInfo` 类与 `OptStoneObject` 类。代码清单 12.1 与代码清单 12.2 是这两个类的定义。`OptClassInfo` 类是第 9 章中 `ClassInfo` 类的子类，并继承了该类的一些方法。代码清单 12.3 是 `OptMethod` 类的定义，被用于 `OptClassInfo` 类的实现。

代码清单 12.1 OptClassInfo.java

```
package chap12;
import java.util.ArrayList;
import stone.ast.ClassStmnt;
import stone.ast.DefStmnt;
import chap11.Symbols;
import chap12.ObjOptimizer.DefStmntEx2;
import chap6.Environment;
```

```
import chap9.ClassInfo;

public class OptClassInfo extends ClassInfo {
    protected Symbols methods, fields;
    protected DefStmnt[] methodDefs;
    public OptClassInfo(ClassStmnt cs, Environment env, Symbols methods,
                        Symbols fields)
    {
        super(cs, env);
        this.methods = methods;
        this.fields = fields;
        this.methodDefs = null;
    }
    public int size() { return fields.size(); }
    @Override public OptClassInfo superClass() {
        return (OptClassInfo)superClass;
    }
    public void copyTo(Symbols f, Symbols m, ArrayList<DefStmnt> mlist) {
        f.append(fields);
        m.append(methods);
        for (DefStmnt def: methodDefs)
            mlist.add(def);
    }
    public Integer fieldIndex(String name) { return fields.find(name); }
    public Integer methodIndex(String name) { return methods.find(name); }
    public Object method(OptStoneObject self, int index) {
        DefStmnt def = methodDefs[index];
        return new OptMethod(def.parameters(), def.body(), environment(),
                             ((DefStmntEx2)def).locals(), self);
    }
    public void setMethods(ArrayList<DefStmnt> methods) {
        methodDefs = methods.toArray(new DefStmnt[methods.size()]);
    }
}
```

代码清单 12.2　OptStoneObject.java

```
package chap12;

public class OptStoneObject {
    public static class AccessException extends Exception {}
    protected OptClassInfo classInfo;
    protected Object[] fields;
    public OptStoneObject(OptClassInfo ci, int size) {
        classInfo = ci;
        fields = new Object[size];
    }
    public OptClassInfo classInfo() { return classInfo; }
    public Object read(String name) throws AccessException {
        Integer i = classInfo.fieldIndex(name);
        if (i != null)
            return fields[i];
        else {
            i = classInfo.methodIndex(name);
            if (i != null)
```

```
                return method(i);
        }
        throw new AccessException();
    }
    public void write(String name, Object value) throws AccessException {
        Integer i = classInfo.fieldIndex(name);
        if (i == null)
            throw new AccessException();
        else
            fields[i] = value;
    }
    public Object read(int index) {
        return fields[index];
    }
    public void write(int index, Object value) {
        fields[index] = value;
    }
    public Object method(int index) {
        return classInfo.method(this, index);
    }
}
```

代码清单12.3　OptMethod.java

```
package chap12;
import stone.ast.BlockStmnt;
import stone.ast.ParameterList;
import chap11.ArrayEnv;
import chap11.OptFunction;
import chap6.Environment;

public class OptMethod extends OptFunction {
    OptStoneObject self;
    public OptMethod(ParameterList parameters, BlockStmnt body,
                     Environment env, int memorySize, OptStoneObject self)
    {
        super(parameters, body, env, memorySize);
        this.self = self;
    }
    @Override public Environment makeEnv() {
        ArrayEnv e = new ArrayEnv(size, env);
        e.put(0, 0, self);
        return e;
    }
}
```

12.2　能否通过事先查找变量的保存位置来优化性能

　　上一章介绍的实现将事先查找变量的保存位置，再通过编号从环境中获取变量值，提高变量引用的速度。本章也试图使用简单的数组来记录字段值与方法的定义，以类似的方式提升语言处理器的性能。然而很可惜，这种做法无法让我们如愿。

由于 Stone 语言是一种动态数据类型语言，因此被调用的方法或被引用的字段所属对象的类型只有在实际运行时才能获知。如果不能确定类的类型，语言处理器就无法找到字段或方法的保存位置。举例来说，

```
p = get()
p.x
```

这段程序片段中，第 2 行引用了对象 p 的 x 字段的值，但由于语言处理器不知道对象 p 的类型，所以无法事先得到 x 字段的保存位置。这是因为，不同的类中可能存在名称相同的字段，而这些字段的保存位置并不相同。并且，即使能够分析 get 函数的内容，也不一定能知道对象 p 的类型。例如，函数可能会通过随机数随机返回多种类型的对象（借助原生函数，Stone 语言很容易就能使用随机数函数）。

> **A** 只要规定具有相同名称的字段的值，无论属于哪种类型的对象，都保存在数组中的同一位置不就好了？
>
> **F** 可不能这么做呀！
>
> **H** 假设类 A 含有字段 a 与 b，另一个类 B 含有字段 b 与 c，而类 C 含有字段 a 与 c。
>
> **F** 这样一来，至少 B 与 C 的对象具有一个长度为 3 的数组，但只会用到 2 个元素。
>
> **A** 内存就被白白浪费了啊。
>
> **C** 这个点子本身不错。其实有人使用了和它类似的方法来实现语言处理器，但要想实用化还要再推敲一下。

最终，语言处理器在调用方法或引用字段时，将在确定它们所处的类型之后，通过方法名或字段名进行查找，获取它们在数组中的保存位置。这种情况下无法通过事先查找保存位置来提升运行速度，实际性能与第 9 章的实现区别不大。保存位置的信息由 OptClassInfo 对象记录。OptClassInfo 对象是调用了方法或引用了字段的对象，语言处理器可以通过遍历语法书，从与之对应的 OptStoneObject 对象的 classInfo 字段获取该值。

然而万事皆有例外。如果调用了方法或引用了字段的是 this 所指的对象，又或是程序代码省略了 this.，仅通过字段名与方法名隐式地引用 this，那情况就不一样了。

对于 this 所指的对象，它所属的类或是定义了包含 this 的方法，或是该类的子类，不存在其他可能。因此，语言处理器只要查找定义了包含 this 的方法的类中的 OptClassInfo 对象，就能事先获得方法或字段的保存位置。之后还将说到，即使该对象属于该类的子类，保存位置也不会发生变化，因此解释器无需考虑这种情况。

> **H** 对于 Java 那样的静态数据类型语言，即使不是 this 也都能通过这种方式查找保存位置吧。
>
> **F** 只要调用方法的对象具有静态数据类型 T，该对象实际所属的类就必然是 T 或 T 的子类。
>
> **S** 不过要是 T 是一个接口，那就也可能是一个实现了该接口的类。

C 嗯，不必纠结具体是什么啦。总之 Java 语言能事先获得更多类型的保存位置信息。

　　本章介绍的实现将在执行 class 语句、对类进行定义时，查找其中由 def 语句完成的方法定义，确定方法内部引用了由 this 指向的对象的方法与字段的位置。如果找到这样的位置，语言处理器将查找相应方法或字段的保存位置，并将其记录于与之对应的抽象语法树节点对象中。之后实际执行程序时，语言处理器将通过预先记录的保存位置来优化执行性能。

C 严格来讲，只有在省略了 this.，仅写了一个 x 时，才能事先查找相关的保存位置。

A 如果不省略 this，写成 this.x，就不能查找了吗？

C 不要这样。因为写成这样，程序会变得难以理解。

A 还真是省事啊。

　　为此，代码清单 12.2 的 OptStoneObject 类中含有两组 read 与 write 方法。一组用于通过名称引用字段与方法，另一组则能直接通过数组下标进行引用。语言处理器将根据目标对象是否为 this 对象来选择合适的方法。

H 老师，这段说明有点晚呀。

　　如上所述，对于相互继承的类，它们包含的字段在数组中的保存位置应当相同。不仅字段，这些类的方法也应当保存于数组中的相同位置。保存方法的数组由 OptClassInfo 对象记录。下面我们来看一下这样设计的理由。

　　与其他很多面向对象语言一样，在 Stone 语言中，一个类能够继承另一个类。试考虑下面这段 Stone 语言的类定义。

```
class Position {
    x = y = 1
    def xmove (dx) { x = x + dx }
}
class Position3D extends Position {
    z = 1
}
```

　　由于 Position3D 类继承于 Position 类，因此 Position3D 对象除了字段 z 之外还具有继承得到的字段 x 与 y。此外，Position3D 类也能使用 Position 类定义的 xmove 方法。

　　xmove 方法引用了 this 对象的 x 字段。语言处理器在调用该方法时，this 可能指向一个 Position 对象，也可能指向一个 Position3D 对象。无论是哪一种类型的对象，它们都必须在数组中的同一位置保存 x 字段的值。正如之前所说，如果需要访问的目标对象是一个 this 对象，语言处理器将能够事先查找字段值的保存位置。

　　Position 类与 Position3D 类必须在相同位置保存 x 字段与 y 字段的值。无论对象属于哪一个类都应遵守该规定。例如，x 字段是数组中的第 1 个元素，y 字段是第 2

个，Position3D 类独有的 z 字段则作为数组的第 3 个元素保存，以此类推。

我们来讨论一下不采用这种设计可能会带来什么问题。假如 Position 类的 z 字段保存在数组的第 2 个元素，Position3D 类的 z 字段保存在数组的第 1 个元素中，于是，xmove 方法要引用 x 字段时，就必须在执行过程中判断目标对象是 Position 类还是 Position3D 类，降低了程序的运行速度。

此外，我们还可以分别为 Position 类与 Position3D 类准备不同的 xmove 方法及相应的抽象语法树。在与 Position 类对应的抽象语法树中，x 字段保存在数组的第 2 个元素中，在与 Position3D 类对应的抽象语法树中，该字段保存在第 1 个元素中。这种做法虽然不会降低运行性能，但内存使用量较大。

F 由于 Stone 语言仅支持单一继承，所以能够使用上面的方法。如果是多重继承，即使我们想让字段保存在同一个位置，也无法实现。

A C++ 的虚函数表（virtual function table）虽然与之类似，但同时也支持多重继承。不过它实际上仍然无法将数据保存在同一位置，只是通过多种手段使用户以为相关数据都在同一位置保存。

H 对了，虚函数表是虚函数的指针数组，它的本质就是一个方法数组，A 君。

C Java 语言的接口也是一种特殊的多重继承类，因此具有相同的问题。早期的 Java 语言如果调用了接口的方法，执行速度就会很慢。随着研究的深入，这一问题才得以解决。

12.3 定义 lookup 方法

上一章为抽象语法树节点类定义的 lookup 方法将在程序执行前查找语法树，确定所有需要使用的变量的保存位置。这些信息将同时保存至引用了变量的相应节点对象中，之后语言处理器将能通过编号而非变量名获取变量值，程序运行过程中的变量引用速度得到了提升。

lookup 方法的参数中包含一个 Symbols 对象，该方法在遇到赋值表达式的左侧时，会将左侧的变量名传递给 Symbols 对象的 put 方法。如果这个名称是第一次出现，它将被添加至 Symbols 对象之中。于是，在执行完 lookup 方法后，Symbols 对象中会新增一些变量名。语言处理器可以通过它们获取程序所需变量的名称与相应的保存位置一览。

本章将扩展 class 语句，使它能够正确处理 lookup 方法。通过这次扩展，lookup 方法将能查找 class 语句中与由大括号括起的类定义体对应的抽象语法树，向 Symbols 对象添加该类中所有的方法名与字段名，同时为它们分配保存位置。lookup 方法执行结束后，语言处理器将能通过 Symbols 对象获得方法名与字段名一览。

在扩展 lookup 方法时，我们可以直接使用上一章定义的 lookup 方法的大部分代码。大括号括起的类定义体相当于类的构造函数，它在执行过程中使用的局部变量可以视为字段。在通过闭包实现对象机制时，我们也利用了这一特性。因此，我们可以借助已有的 lookup 方法来查找所有需要使用的变量。加之方法和函数都能由 def 语句定义，Stone 语言处理器具有相当高的代码复用比例。

对 lookup 方法进行的扩展还未完成，我们需要设法让它不仅能够在引用了变量的抽象语法树节点对象中记录该变量的保存位置，还能记录方法与字段的相应保存位置。这里同样能够复用之前的代码，简化实现的难度。该复用只适用于语言处理器在调用 this 对象的方法，或访问 this 对象的字段时语句省略了 this. 的情况。也就是说，lookup 方法不支持 this.x 这样的形式，如果要正确引用，就只能单独使用一个 x。

由于这与通常的变量引用形式相同，因此我们可以利用上一章中的 lookup 方法实现。唯一需要修改的是，Symbols 对象返回的保存位置，应当通过保存方法定义与字段值的数组表示。

> **F** 我想起来了，之前第 9 章（第 9 天）也利用了闭包与类在定义上的相似性呢。
>
> **C** 嗯，这里也是同样的思路。因为 lookup 的实现与 eval 的实现的基本结构相同。

本章的 lookup 方法实现将尽可能复用之前的代码，不过，参数中的 Symbols 对象需要做一些调整。这里的 Symbols 对象相当于 eval 方法接收的 Environment 对象。它们都能通过多个串连的方式来表示作用域的嵌套结构。

图 12.2 是 lookup 方法在查找大括号括起的类定义体时使用的 Symbols 对象。这 4 个对象通过 outer 字段连接，分别记录了不同类型的名称。除了最后一个，这些对象都属于 Symbols 类的子类。

代码清单 12.4 是图中第一个出现的 SymbolThis 对象的定义。它用于记录在类定义体中有效的局部变量的名称。然而，与函数不同，类定义体中新增的名称并非局部变量，而是字段名称，因此该作用域内的有效局部变量就只有一个 this。SymbolThis 对象仅会记录 this 的信息。

下面这两个 MemberSymbols 对象分别用于记录字段名与方法名。代码清单 12.5 是它们的定义。如果 lookup 方法在类定义中遇到了用于定义方法的 def 语句，就会直接将该方法名称添加至第二个 MemberSymbols 对象中。

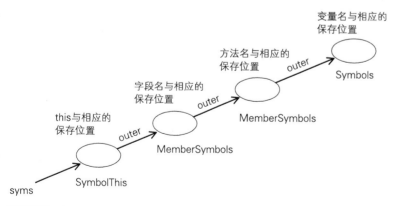

图12.2　相互串连的 Symbols 对象

字段名的添加过程有些复杂。lookup 方法如果在类定义体中遇到了赋值表达式，将首先检查表达式左侧是否含有新出现的名称，如果该名称是第一次出现，lookup 方法将调用图 12.2 中第一个 SymbolThis 对象的 put 方法来添加名称。

由于类定义体中出现的名称不是局部变量，而是字段名，因此 put 方法将调用 outer 指向的 MemberSymbols 对象提供的 put 方法，而非直接通过自身（SymbolThis 对象的 put 方法）来添加名称。outer 字段所指的对象用于记录字段名。由此可知，之所以图 12.2 中的对象链不得不以 SymbolThis 代替 Symbol 对象起始，是由于 put 方法必须按这样的形式做相应修改。

MemberSymbols 对象用于记录方法名、字段名及与之相应的保存位置。这些保存位置的值由 Location 对象表示。该对象具有 nest 字段与 index 字段，且由 MemberSymbols 对象返回的 Location 对象中，nest 字段的值只可能是 METHOD 或 FIELD（它们是两个不同的负整数常量）。通常，nest 字段用于表示该名称属于从最内层数起的第几个作用域，index 字段用于表示与该名称对应的值保存于数组中的第几个元素。通过 METHOD 与 FIELD 这两个特殊的常量，MemberSymbols 对象能够仅凭 nest 字段的值来判断一个名称是否是通常的变量名。Location 对象无需记录更多额外信息，例如，它不必知道方法或字段具体属于哪一个类。这是因为，只有在对 this 对象调用方法或引用字段时，语言处理器才需要记录它们的保存位置。

代码清单 12.4 SymbolThis.java

```java
package chap12;
import stone.StoneException;
import chap11.Symbols;

public class SymbolThis extends Symbols {
    public static final String NAME = "this";
    public SymbolThis(Symbols outer) {
        super(outer);
        add(NAME);
    }
    @Override public int putNew(String key) {
        throw new StoneException("fatal");
    }
    @Override public Location put(String key) {
        Location loc = outer.put(key);
        if (loc.nest >= 0)
            loc.nest++;
        return loc;
    }
}
```

代码清单 12.5 MemberSymbols.java

```java
package chap12;
import chap11.Symbols;

public class MemberSymbols extends Symbols {
    public static int METHOD = -1;
    public static int FIELD = -2;
```

```
        protected int type;
        public MemberSymbols(Symbols outer, int type) {
            super(outer);
            this.type = type;
        }
        @Override public Location get(String key, int nest) {
            Integer index = table.get(key);
            if (index == null)
                if (outer == null)
                    return null;
                else
                    return outer.get(key, nest);
            else
                return new Location(type, index.intValue());
        }
        @Override public Location put(String key) {
            Location loc = get(key, 0);
            if (loc == null)
                return new Location(type, add(key));
            else
                return loc;
        }
    }
```

12.4 整合所有修改并执行

代码清单 12.6 根据前一节的实现思路设计了修改器，它们将对语言处理器进行修改与扩展。其中，为与 class 语句相关的抽象语法树节点类添加相应的 eval 与 lookup 方法是最主要的改动。

首先，修改器为直接与 class 语句对应的 ClassStmnt 类添加了空的 lookup 方法。eval 方法将执行与 lookup 方法功能相当的操作。如果程序定义的类需要继承一个父类，但环境中没有记录这一父类，语言处理器就找不到父类的定义，从而不能确定需要继承的方法与字段，这样一来，lookup 方法就无法执行。因此，eval 方法需要接收一个环境参数，同时 lookup 方法的执行也将推迟。ClassStmnt 类的 eval 方法将创建一个 OptClassInfo 对象并添加至环境中，用于保存当前定义的类的信息。如果该类继承了父类的方法或字段，OptClassInfo 对象中也将添加这些信息。完成以上这些操作之后，语言处理器将对类定义体调用 lookup 方法。

ClassBody 类新增的 lookup 方法仅会对 def 语句做特殊处理。类定义体中的 def 语句用于定义方法，此处定义的方法将保存在 MemberSymbols 对象内，即图 12.2 中左起第 3 个椭圆表示的对象。lookup 方法将检查该方法是否已经存在，并根据情况判断是否应该覆盖已有的方法，执行恰当的处理。最后，lookup 方法将对 def 语句调用 lookupAsMethod 方法。由于方法定义与函数定义稍有不同，需要做一些特别的处理，因此这里不能直接使用 lookup，而要通过另外的方法来完成操作。

代码清单 12.6 中的修改器为 DefStmnt 类添加了 lookupAsMethod 方法，它将在 def 语句进行方法定义时执行 lookup 处理。lookupAsMethod 方法将创建一个与方法作用域对应的 Symbols 对象，并以此为参数调用方法本身的 lookup 方法。该方法与 def 语句在定义函数时使用的由 DefStmnt 类提供的 lookup 方法，或 Fun 类的 lookup 方法的不同之处在于，它将在创建 Symbols 对象后首先为它添加一个变量名 this。

接下来，我们只需为剩下的类添加 eval 或与之相当的方法即可。Dot 类新增的 eval 方法将在 .（点运算符）的左侧是类名而右侧是 new 表达式时，创建一个新的 Stone 语言对象，否则读取左侧对象的字段值。该字段的值能够通过 OptStoneObject 类的 read 方法获得。这里的 eval 方法与第 9 章（第 9 天）代码清单 9.6 中为 Dot 类添加的 eval 方法大同小异，请读者比较一下两者的不同。

Dot 类新增的 eval 方法在创建 Stone 语言对象时，将首先创建一个 OptStoneObject 对象，然后调用 initObject 方法初始化该对象。initObject 方法将把 class 语句中大括号括起的类定义体作为构造函数执行。如果该类具有父类，initObject 方法将先执行父类的构造函数。由于构造函数内部需要使用独立的作用域，因此 initObject 方法将创建一个新的环境来执行初始化处理。

initObject 方法创建的环境是一个长度为 1 的数组，它仅保存了 this 的值。eval 方法通过下面这条语句完成数组的初始化，并将 this 的值保存至数组的第 1 个元素中。

```
newEnv.put(0, 0, so);
```

由于新创建的环境 newEnv 的 outer 字段指向用于记录全局变量的值的环境，因此全局变量能够在构造函数中直接引用。该环境也用于类的定义，能够通过调用 OptClassInfo 对象的 environment 方法获得。

Name 类新增的 eval 方法能够从之前由 lookup 方法记录的保存位置获取与名称对应的值。这里的 lookup 方法已由上一章代码清单 11.4 中的 NameEx 修改器添加。

如果需要的值保存在对象中，语言处理器将通过 getThis 方法从环境中取得 this 指向的对象。这种情况下，程序必须知道 this 自身的保存位置。因此，我们规定 this 的值总是保存在数组的第 1 个元素中。代码清单 12.3 中 OptMethod 类的 makeEnv 方法的作用是准备一个用于执行新方法的环境，它将在环境数组的第 1 个元素中保存 this 的值。

```
e.put(0, 0, self);
```

上面这条语句与构造函数的初始化处理效果相同。

此外，BinaryExpr 类的 computeAssign 方法也需要覆盖。上一章代码清单 11.4 的 BinaryEx2 修改器定义的 computeAssign 方法已经对它进行了修改，现在我们需要再次覆盖之前的定义。本章新定义的 computeAssign 方法仅会在赋值表达式左侧是字段时执行，否则仍将调用之前的版本。

　　代码清单 12.7 是经过以上这些修改后得到的性能提升的解释器主体程序。代码清单 12.8 是
该解释器的启动程序。

代码清单 12.6 ObjOptimizer.java

```java
package chap12;
import java.util.ArrayList;
import java.util.List;
import static javassist.gluonj.GluonJ.revise;
import javassist.gluonj.*;
import stone.*;
import stone.ast.*;
import chap6.Environment;
import chap6.BasicEvaluator;
import chap6.BasicEvaluator.ASTreeEx;
import chap7.FuncEvaluator.PrimaryEx;
import chap11.ArrayEnv;
import chap11.EnvOptimizer;
import chap11.Symbols;
import chap11.EnvOptimizer.ASTreeOptEx;
import chap11.EnvOptimizer.EnvEx2;
import chap11.EnvOptimizer.ParamsEx;
import chap12.OptStoneObject.AccessException;

@Require(EnvOptimizer.class)
@Reviser public class ObjOptimizer {
    @Reviser public static class ClassStmntEx extends ClassStmnt {
        public ClassStmntEx(List<ASTree> c) { super(c); }
        public void lookup(Symbols syms) {}
        public Object eval(Environment env) {
            Symbols methodNames = new MemberSymbols(((EnvEx2)env).symbols(),
                                            MemberSymbols.METHOD);
            Symbols fieldNames = new MemberSymbols(methodNames,
                                            MemberSymbols.FIELD);
            OptClassInfo ci = new OptClassInfo(this, env, methodNames,
                                            fieldNames);
            ((EnvEx2)env).put(name(), ci);
            ArrayList<DefStmnt> methods = new ArrayList<DefStmnt>();
            if (ci.superClass() != null)
                ci.superClass().copyTo(fieldNames, methodNames, methods);
            Symbols newSyms = new SymbolThis(fieldNames);
            ((ClassBodyEx)body()).lookup(newSyms, methodNames, fieldNames,
                                    methods);
            ci.setMethods(methods);
            return name();
        }
    }
    @Reviser public static class ClassBodyEx extends ClassBody {
        public ClassBodyEx(List<ASTree> c) { super(c); }
        public Object eval(Environment env) {
            for (ASTree t: this)
                if (!(t instanceof DefStmnt))
                    ((ASTreeEx)t).eval(env);
            return null;
```

```
        }
        public void lookup(Symbols syms, Symbols methodNames,
                           Symbols fieldNames, ArrayList<DefStmnt> methods)
        {
            for (ASTree t: this) {
                if (t instanceof DefStmnt) {
                    DefStmnt def = (DefStmnt)t;
                    int oldSize = methodNames.size();
                    int i = methodNames.putNew(def.name());
                    if (i >= oldSize)
                        methods.add(def);
                    else
                        methods.set(i, def);
                    ((DefStmntEx2)def).lookupAsMethod(fieldNames);
                }
                else
                    ((ASTreeOptEx)t).lookup(syms);
            }
        }
    }
    @Reviser public static class DefStmntEx2 extends EnvOptimizer.DefStmntEx {
        public DefStmntEx2(List<ASTree> c) { super(c); }
        public int locals() { return size; }
        public void lookupAsMethod(Symbols syms) {
            Symbols newSyms = new Symbols(syms);
            newSyms.putNew(SymbolThis.NAME);
            ((ParamsEx)parameters()).lookup(newSyms);
            ((ASTreeOptEx)revise(body())).lookup(newSyms);
            size = newSyms.size();
        }
    }
    @Reviser public static class DotEx extends Dot {
        public DotEx(List<ASTree> c) { super(c); }
        public Object eval(Environment env, Object value) {
            String member = name();
            if (value instanceof OptClassInfo) {
                if ("new".equals(member)) {
                    OptClassInfo ci = (OptClassInfo)value;
                    ArrayEnv newEnv = new ArrayEnv(1, ci.environment());
                    OptStoneObject so = new OptStoneObject(ci, ci.size());
                    newEnv.put(0, 0, so);
                    initObject(ci, so, newEnv);
                    return so;
                }
            }
            else if (value instanceof OptStoneObject) {
                try {
                    return ((OptStoneObject)value).read(member);
                } catch (AccessException e) {}
            }
            throw new StoneException("bad member access: " + member, this);
        }
        protected void initObject(OptClassInfo ci, OptStoneObject obj,
                                  Environment env)
```

```
        {
            if (ci.superClass() != null)
                initObject(ci.superClass(), obj, env);
            ((ClassBodyEx)ci.body()).eval(env);
        }
    }
@Reviser public static class NameEx2 extends EnvOptimizer.NameEx {
    public NameEx2(Token t) { super(t); }
    @Override public Object eval(Environment env) {
        if (index == UNKNOWN)
            return env.get(name());
        else if (nest == MemberSymbols.FIELD)
            return getThis(env).read(index);
        else if (nest == MemberSymbols.METHOD)
            return getThis(env).method(index);
        else
            return ((EnvEx2)env).get(nest, index);
    }
    @Override public void evalForAssign(Environment env, Object value) {
        if (index == UNKNOWN)
            env.put(name(), value);
        else if (nest == MemberSymbols.FIELD)
            getThis(env).write(index, value);
        else if (nest == MemberSymbols.METHOD)
            throw new StoneException("cannot update a method: " + name(),
                                     this);
        else
            ((EnvEx2)env).put(nest, index, value);
    }
    protected OptStoneObject getThis(Environment env) {
        return (OptStoneObject)((EnvEx2)env).get(0, 0);
    }
}
@Reviser public static class AssignEx extends BasicEvaluator.BinaryEx {
    public AssignEx(List<ASTree> c) { super(c); }
    @Override
    protected Object computeAssign(Environment env, Object rvalue) {
        ASTree le = left();
        if (le instanceof PrimaryExpr) {
            PrimaryEx p = (PrimaryEx)le;
            if (p.hasPostfix(0) && p.postfix(0) instanceof Dot) {
                Object t = ((PrimaryEx)le).evalSubExpr(env, 1);
                if (t instanceof OptStoneObject)
                    return setField((OptStoneObject)t, (Dot)p.postfix(0),
                                    rvalue);
            }
        }
        return super.computeAssign(env, rvalue);
    }
    protected Object setField(OptStoneObject obj, Dot expr, Object rvalue) {
        String name = expr.name();
        try {
            obj.write(name, rvalue);
            return rvalue;
```

```
        } catch (AccessException e) {
            throw new StoneException("bad member access: " + name, this);
        }
    }
}
}
```

代码清单12.7　ObjOptInterpreter.java

```
package chap12;
import stone.ClassParser;
import stone.ParseException;
import chap11.EnvOptInterpreter;
import chap11.ResizableArrayEnv;
import chap8.Natives;

public class ObjOptInterpreter extends EnvOptInterpreter {
    public static void main(String[] args) throws ParseException {
        run(new ClassParser(),
            new Natives().environment(new ResizableArrayEnv()));
    }
}
```

代码清单12.8　ObjOptRunner.java

```
package chap12;
import javassist.gluonj.util.Loader;
import chap8.NativeEvaluator;

public class ObjOptRunner {
    public static void main(String[] args) throws Throwable {
        Loader.run(ObjOptInterpreter.class, args, ObjOptimizer.class,
                                              NativeEvaluator.class);
    }
}
```

12.5　内联缓存

　　之前已经提到，如果要对非 this 对象进行方法调用或字段引用，上一章及本章介绍的 lookup 方法将不再有效，执行速度无法得到提升。这样一来，语言处理器在调用函数或引用字段时，就不得不通过名称来查找环境，从哈希表中获取对应的值，使执行速度大幅下降。

　　为了缓解这一问题，我们将使用一种名为内联缓存（inline cache）的方法。首先，我们假设程序需要引用某个对象的字段。正如之前所讲，只有在实际执行后语言处理器才能确定该对象的类型。不过，根据经验可知，同一位置出现的对象通常是同一种类型。即使是采用面向对象思想写成的程序也是如此。我们能够利用这一规律优化处理器的性能。语言处理器可以在执行程序的同时查找字段的保存位置，并将该结果与对象所属的类型结对保存。之后，如果再次执行同一段程序，语言处理器将首先判断对象的类型，如果与之前相同，则直接使用上次的查找结果，减少了因查找保存位置而造成的性能下降。

> **A** 既然叫内联缓存，缓存值究竟以内联的形式保存到哪里了呢？
>
> **F** 在抽象语法树里呀。
>
> **H** 例如，在引用字段时，信息将由与该字段引用表达式对应的抽象语法树缓存，具体来说，是保存在语法树节点对象的相应字段中。
>
> **C** 通常，除了抽象语法树的节点，中间代码和二进制代码也能用于缓存。这里的核心思想在于，语言处理器将使用分别为程序的代码行、表达式及指令准备的缓存空间。

代码清单 12.9 中的 InlineCache 修改器实现了内联缓存机制。它将覆盖 Dot 类的 eval 方法与 BinaryExpr 类的 setField 方法。此外，它还会为每个类添加用于实现缓存功能的 classInfo 字段与 index 字段（其中，Dot 类还会额外新增一个 isField 字段）。

Dot 类的 eval 方法用于读取字段的值，或充当方法调用表达式。setField 方法用于处理赋值表达式左侧是某个对象的字段时的情况。这里的 setField 方法正是代码清单 12.6 中由 AssignEx 修改器定义的 setField 方法。这两个方法都会将由修改器添加的 classInfo 字段的值，与当前正被执行方法调用或字段引用的对象类型进行比较。如果相同，则再次利用上一次保存的值。

经过 InlineCache 修改器的修改后，解释器将支持内联缓存功能。解释器本身的程序与代码清单 12.7 中的相同，不过，应用了修改器的解释器需要通过代码清单 12.10 中的启动程序运行。它与代码清单 12.10 及更早的代码清单 12.8 中的启动程序大同小异，唯一的区别在于启动程序中的 run 方法将接收不同类型的修改器。

代码清单 12.9　InlineCache.java

```java
package chap12;
import java.util.List;
import stone.StoneException;
import stone.ast.ASTree;
import stone.ast.Dot;
import chap6.Environment;
import javassist.gluonj.*;

@Require(ObjOptimizer.class)
@Reviser public class InlineCache {
    @Reviser public static class DotEx2 extends ObjOptimizer.DotEx {
        protected OptClassInfo classInfo = null;
        protected boolean isField;
        protected int index;
        public DotEx2(List<ASTree> c) { super(c); }
        @Override public Object eval(Environment env, Object value) {
            if (value instanceof OptStoneObject) {
                OptStoneObject target = (OptStoneObject)value;
                if (target.classInfo() != classInfo)
                    updateCache(target);
```

```
                if (isField)
                    return target.read(index);
                else
                    return target.method(index);
            }
            else
                return super.eval(env, value);
    }
    protected void updateCache(OptStoneObject target) {
        String member = name();
        classInfo = target.classInfo();
        Integer i = classInfo.fieldIndex(member);
        if (i != null) {
            isField = true;
            index = i;
            return;
        }
        i = classInfo.methodIndex(member);
        if (i != null) {
            isField = false;
            index = i;
            return;
        }
        throw new StoneException("bad member access: " + member, this);
    }
}
@Reviser public static class AssignEx2 extends ObjOptimizer.AssignEx {
    protected OptClassInfo classInfo = null;
    protected int index;
    public AssignEx2(List<ASTree> c) { super(c); }
    @Override protected Object setField(OptStoneObject obj, Dot expr,
                                        Object rvalue)
    {
        if (obj.classInfo() != classInfo) {
            String member = expr.name();
            classInfo = obj.classInfo();
            Integer i = classInfo.fieldIndex(member);
            if (i == null)
                throw new StoneException("bad member access: " + member,
                                         this);
            index = i;
        }
        obj.write(index, rvalue);
        return rvalue;
    }
}
}
```

代码清单 12.10 InlineRunner.java

```
package chap12;
import javassist.gluonj.util.Loader;
import chap8.NativeEvaluator;
```

```
public class InlineRunner {
    public static void main(String[] args) throws Throwable {
        Loader.run(ObjOptInterpreter.class, args, InlineCache.class,
                                            NativeEvaluator.class);
    }
}
```

A 速度变快了吗？

F 测一下代码清单 12.11 的执行时间吧。先测试添加 `this.` 的程序，再测试去除 `this.` 的版本，就能得出结论了。

H 也就是说，分别测试启用与没有启用内联缓存的情况对吧？

F 没错。测试的结果是，第 9 章的实现最终耗时约 6.8 秒。如果不支持内联缓存，本章的优化版本需要执行约 5.7 秒，如果支持内联缓存，则大概只要 5.0 秒。

A 哇，即使没有内联缓存，性能也提高了 20%，有内联缓存之后更是提高了 35% 呢。

C 要我说呀，这些数字没多大的意义。基准测试程序的写法没有一个定数不是嘛？如果内联缓存能发挥作用的机会较少，结果就会比较糟糕了。

A 也是，只有大量运行实际的程序才能知道具体结果是怎样的。没错吧 F 君？

代码清单 12.11 测试斐波那契数的计算时间（面向对象版本）

```
class Fib {
    fib0 = 0
    fib1 = 1
    def fib (n) {
        if n == 0 {
            fib0
        } else {
            if n == 1 {
                this.fib1
            } else {
                fib(n - 1) + this.fib(n - 2)
            }
        }
    }
}
t = currentTime()
f = Fib.new
f.fib 33
print currentTime() - t + " msec"
```

第 13 天

设计中间代码解释器

第 13 天

设计中间代码解释器

之前的 Stone 语言处理器都会一边遍历抽象语法树的节点，一边执行程序。如果对此不太理解，请读者回忆一下 eval 方法的执行方式。

然而，这种对抽象语法树节点的遍历操作是一种很大的性能负担。在之前的章节中，我们采用了事先计算能够计算的值的方针来优化性能。根据该方针，我们应当对抽象语法树的遍历操作做相应的修改，让语言处理器能够预先计算可以计算的部分。由于抽象语法树的形状不会在程序执行过程中发生改变，因此这种思路应该没有什么问题。

为了实现这种思路，我们采用了名为中间代码解释器的方式。这里的中间代码也能称为二进制代码，人们有时也会用虚拟机来指代中间代码解释器。这些名称的含义基本相同。本章将尝试通过这种方式提升 Stone 语言处理器的性能。

在使用中间代码解释器时，我们要事先将抽象语法树转换为中间代码。简单来说，中间代码是一种虚拟的机器语言，因此，中间代码的转换方法，其实与编译器将抽象语法树转换为真正的机器语言时采用的方法大体相同。也就是说，本章将会讲解如何为 Stone 语言设计编译器。

13.1　中间代码与机器语言

顾名思义，抽象语法树具有树形结构。尽管我们前面用了遍历这样一个看似平常的词，实际的处理却并不简单。语言处理器需要在节点之间往返操作，读者仅凭直觉也能想象这将是一件费时的工作。因此，如果语言处理器能够事先计算遍历顺序，并以此重新排列节点，执行开销就可能有所降低。这列重新排列的节点将作为中间代码保存，语言处理器在执行程序时将不再使用抽象语法树，而改用这一中间代码。这就是中间代码解释器的基本原理。

通常，语言处理器不会直接将重新排列的抽象语法树节点作为中间代码使用。如果直接保存抽象语法树的节点，多余的无用信息是一种空间上的浪费，因此，我们需要设计一种虚拟的机器语言，并将各个节点转换为与该节点运算逻辑对应的机器语言。大多数语言处理器使用的中间语言都是这种转换后的代码（图 13.1）。

我们把根据中间代码执行实际运算的程序称为中间代码解释器或虚拟机（virtual machine）。中间代码既可以保存在内存中，也能暂时通过文件保存，在实际执行时再次读取至内存。本章将采用前一种实现方式。Java 语言采用了后者，并将中间代码称为 Java 二进制代码。此外，第二种方式中，生成并保存中间代码的过程被称为编译。

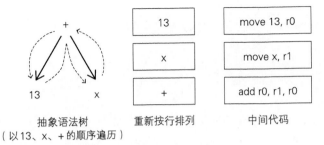

抽象语法树   重新按行排列   中间代码
（以 13、x、＋的顺序遍历）

图13.1 抽象语法树与中间代码

用于表示中间代码的虚拟机器语言不一定要与实际的机器语言相近，通常，我们以能由中间代码解释器高速执行为目标设计虚拟机器语言（否则中间代码转换将没有意义）。不过，由于本章还会讲解 Stone 语言编译器设计的基本概念，因此最终采用了与实际的机器语言类似的虚拟机器语言。编译器同样会执行词法分析与语法分析，并创建抽象语法树。编译器与解释器唯一的区别在于，之后它并不是通过 `eval` 方法执行程序，而是将抽象语法树转换为机器语言，并以文件形式保存。

> **H** 本章还会讲解 Stone 语言编译器呀？
>
> **C** 我的确打算介绍一些编译器的设计，不过这里采用的虚拟机器语言和 IA32 之类实际的机器语言相比实在是非常简单，只是基本中的基本。而且编译器设计过程中最重要的代码优化问题也没有涉及。
>
> **H** 实际的编译器并不仅仅是简单地将抽象语法树的节点重新排列并转换为机器语言就行了，它们还需要通过各种手段尽可能提高机器语言的性能。
>
> **C** 嗯，这就是代码优化。
>
> **A** 嗯……IA32 是什么？
>
> **F** 就是 32 位的英特尔架构呀，你不知道吗？
>
> **A** 啊，怎么可能，我当然知道啦。
>
> **S** IA32 太过复杂，没有必要，如果使用与 IA32 类似的虚拟机器语言，反而不容易看清中间代码的本质。因此没必要采用类似的设计。

13.2 Stone 虚拟机

本章设计的中间代码解释器称为 Stone 虚拟机。它处理的中间语言称为虚拟机器语言。

Stone 虚拟机由若干个通用寄存器与内存组成。内存分为四个区域，分别是栈（stack）区、堆（heap）区、程序代码区与文字常量区。虚拟机器语言保存于程序代码区，字符串字面量保存于文字常量区。

> **F** 这里使用了通用寄存器，说明 Stone 虚拟机是一种寄存器机器，而不是像 Java 虚拟机那样的堆栈结构机器，对吗？
>
> **C** 嗯，没错，毕竟如今的处理器多是些提供了大量通用寄存器的寄存器机器。

从实际的机器语言的角度来看，计算机能大致分为两种设备，即内存与寄存器访问器，内存是一个巨大的 byte 数组，寄存器访问器则用于对若干个通用寄存器进行读写操作。这里暂不考虑其他的输入输出设备。byte 类型用于表示 8 位二进制整数，相当于 Java 语言中的 1 字节。

内存虽然是一个 byte 数组，但它也能处理其他类型的值。实际的程序通常需要处理 32 位整数、浮点小数或字符串等各种类型的值，而这些值都将通过 8 位整数值的组合表现。例如，32 位整数将以 8 位为一组分解成 4 组，并分别保存至内存，即 byte 数组的元素中。这种保存方式称为编码（encode）。因此，编译器在从内存中读取这些值时需要进行相应的解码（decode）处理。

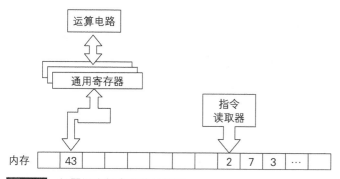

图13.2 机器语言视点下的计算机

处理器将从指定位置开始依次读取用于表示内存的数组元素，并根据元素的值执行相应的操作（图 13.2）。例如，如果数组元素的值为 1，处理器将对寄存器的值求和；如果为 2，则从内存连续读取 4 个元素，将它们解码为一个 32 位整数后，再保存至寄存器中。这些用于表示操作类型的数字称为机器语言指令。为了实现 if 语句等条件判断逻辑，机器语言指令还支持根据不同的条件读取相应地址的指令。

对于有些机器语言指令，仅凭 1 个 byte 数组元素（即 1 字节）无法完全表现所要实行的操作内容。例如，在执行四则运算时，除了运算类型，机器语言指令还必须标明需要进行计算的寄存器。因此，大部分机器语言指令将通过多个连续元素值的组合（即若干字节）来表现需要执行的操作。这也是一种编码处理。

> **F** 在图 13.2 中，指令读取器会在执行完 1 条指令后，继续读取执行下一条相邻指令对吧？
>
> **C** 嗯，在遇到停止指令前这一操作将会不断重复。

通常，从机器语言的角度来看，实际的内存是一个 byte 类型的数组。为了简化设计，在 Stone 虚拟机中仅有程序代码区由 byte 数组实现，栈区和堆区都是 Object 类型的数组，文字常量区则是 String 类型的数组。通用寄存器的值也以 Object 类型表示。因此，虚拟机在向内存保存各种类型的值时，不必对值进行编码或解码，虚拟机器语言的程序实现得到了简化。

> **F** 这种设计让人觉得这只是一个虚拟机而已，实际的计算机不可能这样实现的吧？
>
> **C** 当然，实际处理器的寄存器只能保存 32 位或 64 位的比特序列。不过如果要遵循这种设计，虚拟机的实现将变得相当复杂。

Stone 虚拟机除了通用寄存器外还提供了 pc、fp、sp 和 ret 这四个寄存器。它们都能保存 int 类型的整数值。pc 是程序计数器。若 pc 的值为 i，虚拟机将执行程序代码区从前端数起的第 i 个元素中保存的机器语言指令。fp 与 sp 分别是帧指针（frame pointer）与栈指针（stack pointer），它们都用于管理栈区。ret 用于函数的调用操作。

表 13.1 是虚拟机器语言指令一览。请读者注意，算术运算只能在寄存器之间进行。大部分指令的长度都大于 1 字节，需要由多个字节表示。指令前面的 iconst 或 bconst 等指令类型（称为操作码）在实际中将由 8 位整数表示。代码清单 13.1 标明了指令的编号以及寄存器编号（称为操作数）。操作数由特定的 8 位整数表示。例如，表中的 *int32* 表示操作码之后接续的 32 位数将以 8 位为单位分解，组成 4 个字节的数据。其他诸如 *int16* 等同理。

下面的指令表示将整数 67 保存至名为 r2 的第二个寄存器中。

```
iconst 67 r2
```

该指令将以 6 个 8 位整数表示，依次保存至内存中程序代码区的相邻元素中。

```
1 0 0 0 67 -3
```

第 1 个数字 1 表示 iconst。最后的 -3 表示这是第 2 个寄存器。Stone 虚拟机的第 i 个寄存器将以编号 $-i$-1 表示。中间 4 个数字用于表示 32 位的整数 67。整数 67 从高位起以 8 位为一组分成四组，每一组都能视为一个 8 位整数（图 13.3）。它们将保存于程序代码区中相邻的四个 byte 类型数组元素中（四个 8 位合计 32 位），以二进制数形式表示一个 32 位整数。不难理解，保存的四个元素中有三个值为 0，还有一个值为 67。

代码清单 13.1、代码清单 13.2 与代码清单 13.3 是 Stone 虚拟机的程序实现。其中，代码清单 13.2 是表示堆区的对象接口。

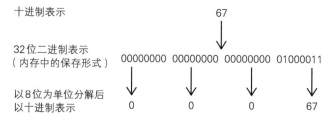

图13.3 保存在内存中的67

表13.1 Stone虚拟机的虚拟机器语言

iconst *int32 reg*	将整数值 *int32* 保存至 *reg*
bconst *int8 reg*	将整数值 *int8* 保存至 *reg*
sconst *int16 reg*	将字符常量区的第 *int16* 个字符串字面量保存至 *reg*
move *src dest*	在栈与寄存器，或寄存器之间进行值复制操作（*src* 与 *dest* 可以是 *reg* 或 *int8*）
gmove *src dest*	在堆与寄存器之间进行值复制操作（*src* 与 *dest* 可以是 *reg* 或 *int16*）
ifzero *reg int16*	如果 *reg* 的值为 0，则跳转至 *int16* 分支
goto *int16*	强制跳转至 *int16* 分支
call *reg int8*	调用函数 *reg*，该函数将调用 *int8* 个参数（同时，call 之后的指令地址将被保存至 ret 寄存器）
return	跳转至 ret 寄存器储存的分支地址
save *int8*	将寄存器的值转移至栈中，并更改寄存器 fp 与 sp 的值
restore *int8*	还原之前转移至栈中的寄存器值
neg *reg*	反转 *reg* 中保存的值的正负号
add *reg₁ reg₂*	计算 reg_1+reg_2 后保存至 reg_1
sub *reg₁ reg₂*	计算 reg_1-reg_2 后保存至 reg_1
mul *reg₁ reg₂*	计算 $reg_1 \times reg_2$ 后保存至 reg_1
div *reg₁ reg₂*	计算 $reg_1 \div reg_2$ 后保存至 reg_1
rem *reg₁ reg₂*	计算 $reg_1 \div reg_2$ 的余数后将余数保存至 reg_1
equal *reg₁ reg₂*	如果 $reg_1 = reg_2$ 则将 reg_1 赋值为 1，否则赋值为 0
more *reg₁ reg₂*	如果 $reg_1 > reg_2$ 则将 reg_1 赋值为 1，否则赋值为 0
less *reg₁ reg₂*	如果 $reg_1 < reg_2$ 则将 reg_1 赋值为 1，否则赋值为 0

※ 本表中，*int32* 表示 32 位整数，*int16* 表示 16 位整数，*int8* 表示 8 位非负整数，*reg* 表示 8 位寄存器编号。

代码清单13.1 Opcode.java

```java
package chap13;
import stone.StoneException;

public class Opcode {
```

```java
    public static final byte ICONST = 1;    // load an integer
    public static final byte BCONST = 2;    // load an 8bit (1byte) integer
    public static final byte SCONST = 3;    // load a character string
    public static final byte MOVE = 4;      // move a value
    public static final byte GMOVE = 5;     // move a value (global variable)
    public static final byte IFZERO = 6;    // branch if false
    public static final byte GOTO = 7;      // always branch
    public static final byte CALL = 8;      // call a function
    public static final byte RETURN = 9;    // return
    public static final byte SAVE = 10;     // save all registers
    public static final byte RESTORE = 11;  // restore all registers
    public static final byte NEG = 12;      // arithmetic negation
    public static final byte ADD = 13;      // add
    public static final byte SUB = 14;      // subtract
    public static final byte MUL = 15;      // multiply
    public static final byte DIV = 16;      // divide
    public static final byte REM = 17;      // remainder
    public static final byte EQUAL = 18;    // equal
    public static final byte MORE = 19;     // more than
    public static final byte LESS = 20;     // less than

    public static byte encodeRegister(int reg) {
        if (reg > StoneVM.NUM_OF_REG)
            throw new StoneException("too many registers required");
        else
            return (byte)-(reg + 1);
    }
    public static int decodeRegister(byte operand) { return -1 - operand; }
    public static byte encodeOffset(int offset) {
        if (offset > Byte.MAX_VALUE)
            throw new StoneException("too big byte offset");
        else
            return (byte)offset;
    }
    public static short encodeShortOffset(int offset) {
        if (offset < Short.MIN_VALUE || Short.MAX_VALUE < offset)
            throw new StoneException("too big short offset");
        else
            return (short)offset;
    }
    public static int decodeOffset(byte operand) { return operand; }
    public static boolean isRegister(byte operand) { return operand < 0; }
    public static boolean isOffset(byte operand) { return operand >= 0; }
}
```

代码清单 13.2 HeapMemory.java

```java
package chap13;

public interface HeapMemory {
    Object read(int index);
    void write(int index, Object v);
}
```

代码清单13.3 StoneVM.java

```java
package chap13;
import static chap13.Opcode.*;
import chap8.NativeFunction;
import stone.StoneException;
import stone.ast.ASTree;
import stone.ast.ASTList;
import java.util.ArrayList;

public class StoneVM {
    protected byte[] code;
    protected Object[] stack;
    protected String[] strings;
    protected HeapMemory heap;

    public int pc, fp, sp, ret;
    protected Object[] registers;
    public final static int NUM_OF_REG = 6;
    public final static int SAVE_AREA_SIZE = NUM_OF_REG + 2;

    public final static int TRUE = 1;
    public final static int FALSE = 0;

    public StoneVM(int codeSize, int stackSize, int stringsSize, HeapMemory hm) {
        code = new byte[codeSize];
        stack = new Object[stackSize];
        strings = new String[stringsSize];
        registers = new Object[NUM_OF_REG];
        heap = hm;
    }
    public Object getReg(int i) { return registers[i]; }
    public void setReg(int i, Object value) { registers[i] = value; }
    public String[] strings() { return strings; }
    public byte[] code() { return code; }
    public Object[] stack() { return stack; }
    public HeapMemory heap() { return heap; }

    public void run(int entry) {
        pc = entry;
        fp = 0;
        sp = 0;
        ret = -1;
        while (pc >= 0)
            mainLoop();
    }
    protected void mainLoop() {
        switch (code[pc]) {
        case ICONST :
            registers[decodeRegister(code[pc + 5])] = readInt(code, pc + 1);
            pc += 6;
            break;
        case BCONST :
            registers[decodeRegister(code[pc + 2])] = (int)code[pc + 1];
            pc += 3;
            break;
```

```
            case SCONST :
                registers[decodeRegister(code[pc + 3])]
                    = strings[readShort(code, pc + 1)];
                pc += 4;
                break;
            case MOVE :
                moveValue();
                break;
            case GMOVE :
                moveHeapValue();
                break;
            case IFZERO : {
                Object value = registers[decodeRegister(code[pc + 1])];
                if (value instanceof Integer && ((Integer)value).intValue() == 0)
                    pc += readShort(code, pc + 2);
                else
                    pc += 4;
                break;
            }
            case GOTO :
                pc += readShort(code, pc + 1);
                break;
            case CALL :
                callFunction();
                break;
            case RETURN :
                pc = ret;
                break;
            case SAVE :
                saveRegisters();
                break;
            case RESTORE :
                restoreRegisters();
                break;
            case NEG : {
                int reg = decodeRegister(code[pc + 1]);
                Object v = registers[reg];
                if (v instanceof Integer)
                    registers[reg] = -((Integer)v).intValue();
                else
                    throw new StoneException("bad operand value");
                pc += 2;
                break;
            }
            default :
                if (code[pc] > LESS)
                    throw new StoneException("bad instruction");
                else
                    computeNumber();
                break;
        }
    }
    protected void moveValue() {
        byte src = code[pc + 1];
        byte dest = code[pc + 2];
```

```
        Object value;
        if (isRegister(src))
            value = registers[decodeRegister(src)];
        else
            value = stack[fp + decodeOffset(src)];
        if (isRegister(dest))
            registers[decodeRegister(dest)] = value;
        else
            stack[fp + decodeOffset(dest)] = value;
        pc += 3;
    }
    protected void moveHeapValue() {
        byte rand = code[pc + 1];
        if (isRegister(rand)) {
            int dest = readShort(code, pc + 2);
            heap.write(dest, registers[decodeRegister(rand)]);
        }
        else {
            int src = readShort(code, pc + 1);
            registers[decodeRegister(code[pc + 3])] = heap.read(src);
        }
        pc += 4;
    }
    protected void callFunction() {
        Object value = registers[decodeRegister(code[pc + 1])];
        int numOfArgs = code[pc + 2];
        if (value instanceof VmFunction
            && ((VmFunction)value).parameters().size() == numOfArgs) {
            ret = pc + 3;
            pc = ((VmFunction)value).entry();
        }
        else if (value instanceof NativeFunction
                && ((NativeFunction)value).numOfParameters() == numOfArgs) {
            Object[] args = new Object[numOfArgs];
            for (int i = 0; i < numOfArgs; i++)
                args[i] = stack[sp + i];
            stack[sp] = ((NativeFunction)value).invoke(args,
                                    new ASTList(new ArrayList<ASTree>()));
            pc += 3;
        }
        else
            throw new StoneException("bad function call");
    }
    protected void saveRegisters() {
        int size = decodeOffset(code[pc + 1]);
        int dest = size + sp;
        for (int i = 0; i < NUM_OF_REG; i++)
            stack[dest++] = registers[i];
        stack[dest++] = fp;
        fp = sp;
        sp += size + SAVE_AREA_SIZE;
        stack[dest++] = ret;
        pc += 2;
    }
    protected void restoreRegisters() {
```

```
        int dest = decodeOffset(code[pc + 1]) + fp;
        for (int i = 0; i < NUM_OF_REG; i++)
            registers[i] = stack[dest++];
        sp = fp;
        fp = ((Integer)stack[dest++]).intValue();
        ret = ((Integer)stack[dest++]).intValue();
        pc += 2;
    }
    protected void computeNumber() {
        int left = decodeRegister(code[pc + 1]);
        int right = decodeRegister(code[pc + 2]);
        Object v1 = registers[left];
        Object v2 = registers[right];
        boolean areNumbers = v1 instanceof Integer && v2 instanceof Integer;
        if (code[pc] == ADD && !areNumbers)
            registers[left] = String.valueOf(v1) + String.valueOf(v2);
        else if (code[pc] == EQUAL && !areNumbers) {
            if (v1 == null)
                registers[left] = v2 == null ? TRUE : FALSE;
            else
                registers[left] = v1.equals(v2) ? TRUE : FALSE;
        }
        else {
            if (!areNumbers)
                throw new StoneException("bad operand value");
            int i1 = ((Integer)v1).intValue();
            int i2 = ((Integer)v2).intValue();
            int i3;
            switch (code[pc]) {
            case ADD :
                i3 = i1 + i2;
                break;
            case SUB:
                i3 = i1 - i2;
                break;
            case MUL:
                i3 = i1 * i2;
                break;
            case DIV:
                i3 = i1 / i2;
                break;
            case REM:
                i3 = i1 % i2;
                break;
            case EQUAL:
                i3 = i1 == i2 ? TRUE : FALSE;
                break;
            case MORE:
                i3 = i1 > i2 ? TRUE : FALSE;
                break;
            case LESS:
                i3 = i1 < i2 ? TRUE : FALSE;
                break;
            default:
                throw new StoneException("never reach here");
```

```
        }
            registers[left] = i3;
        }
        pc += 3;
    }

    public static int readInt(byte[] array, int index) {
        return (array[index] << 24) | ((array[index + 1] & 0xff) << 16)
                | ((array[index + 2] & 0xff) << 8) | (array[index + 3] & 0xff);
    }
    public static int readShort(byte[] array, int index) {
        return (array[index] << 8) | (array[index + 1] & 0xff);
    }
}
```

13.3 通过栈实现环境

顾名思义，Stone 虚拟机是一种虚拟的计算机。它虽然能够处理 String 对象，但无法直接操作用于表示环境的 Environment 对象。这是一种有意为之的设计。本章将根据实际处理器的执行方式，通过内存栈区及堆区的形式来实现环境。此外，由于内存的本质是数组，因此本章也会采用第 11 章介绍的方法，事先确定变量值的保存位置，以编号而非名称查找环境。这样一来，环境就能够通过数组实现。

首先，我们通过堆区来实现用于记录全局变量的环境。全局变量只需使用一个环境，因此，我们将直接使用整个堆区。Stone 虚拟机使用的堆区实体，是一个由代码清单 13.2 中的 HeapMemory 接口实现的对象。该接口的 read 与 write 方法能够以数组的形式操作对象。代码清单 13.4 中的 StoneVMEnv 类的对象用于表示堆区。该类继承了第 11 章代码清单 11.2 中的 ResizableArrayEnv 类，并实现了 HeapMemory 接口（图 13.4）。

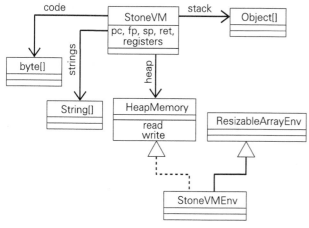

图 13.4 Stone 虚拟机与内存

我们之所以将 StoneVMEnv 类设计成 ResizableArrayEnv 的子类，而不是其他更简单的类，是因为我们希望能够将该类的对象作为 Environment 对象使用。之后也会讲到，虚拟机器语言转换仅涉及函数的主体部分，最外层代码中的语句依然会像之前那样通过调用 eval 方法执行。因此，用于记录全局变量的环境必须也能以已有的 Environment 对象实现。虽说我们也能先将最外层代码中的语句临时转换为虚拟机器语言后再去执行，但这种做法可能会转换一些不被执行的语句而造成时间的浪费，运行性能将无法保证。

与之相对地，用于记录局部变量的环境将通过栈区实现。由于 Stone 虚拟机需要使用多个用于记录布局变量的环境，因此我们将划分栈区，为每一个环境提供必要的空间。在本章中，Stone 语言不支持闭包。如果要为闭包提供支持，基于栈区的环境实现将变得十分复杂。

> **F** C 语言等一些程序设计语言不支持闭包也是出于同样的原因。

代码清单13.4　StoneVMEnv.java

```java
package chap13;
import chap11.ResizableArrayEnv;
public class StoneVMEnv extends ResizableArrayEnv implements HeapMemory {
    protected StoneVM svm;
    protected Code code;
    public StoneVMEnv(int codeSize, int stackSize, int stringsSize) {
        svm = new StoneVM(codeSize, stackSize, stringsSize, this);
        code = new Code(svm);
    }
    public StoneVM stoneVM() { return svm; }
    public Code code() { return code; }
    public Object read(int index) { return values[index]; }
    public void write(int index, Object v) { values[index] = v; }
}
```

为了有序管理从栈区中划分出的空间，明确它们与各个环境的对应关系，我们将采用如下的设计思路。用于记录局部变量的环境将在函数首次调用时创建。由于 Stone 虚拟机不支持闭包，因此在函数执行结束，程序返回函数调用位置后，就不再需要该环境。考虑到函数可以嵌套调用，不难想象，最后创建的那个环境总会第一个作废。理由很简单，因为最后调用的函数总会最先结束。利用这一性质，我们就能够通过名为栈的数据结构来管理环境与栈区的对应关系。

> **H** 因为要通过栈来管理，所以我们把它称为栈区，是吗？
> **C** 难道不是因为这些空间将作为栈来使用所以才这么命名的吗？
> **A** 关于这个栈呢……
> **F** 数据结构里的栈是一种元素先进后出的容器。
> **A** 这我当然知道啦。
> **H** 栈的意思是堆积叠放。

c 嗯，像图 13.5 那样堆叠保存数据的话，最后添加的数据就总会被首先取出，非常巧妙。栈区大概是由此得名的吧。

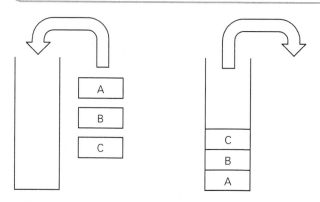

图13.5 保存于栈中的数据需从上方依次取出，正好与存入的顺序相反

在执行某一函数 f 时，f 只会使用栈区的一部分作为记录局部变量的环境。这部分栈区的起始与末尾地址分别由寄存器 fp 与 sp 标识。例如，如果该函数使用了数组中的第 i 个至第 j-1 个元素，fp 与 sp 的值将分别为 i 与 j（图 13.6）。

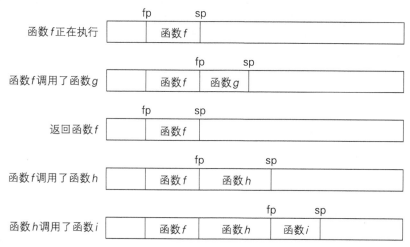

图13.6 通过寄存器 fp 与 sp 对栈进行管理

c 回想一下，除了通用寄存器外，我们还为 Stone 虚拟机设计了 fp 与 sp 这两个特殊的寄存器。

如果函数 f 调用了另一个函数 g，寄存器 sp 的值将被复制给寄存器 fp，同时，sp 的值将根据新调用的函数 g 的需要增加。也就是说，sp 与 fp 的值将做相应的调整，使新调用的函数 g 能够紧接着原函数 f 继续使用栈区。

在新调用的函数 g 结束执行后，程序将返回原先的函数 f，并还原寄存器 sp 与 fp 的值。于是程序将能重新使用之前的环境。

此时，函数 g 已完成调用，Stone 虚拟机不需要再使用与它对应的环境，函数 g 使用过的栈区空间能够被其他环境再次使用。例如，如果函数 f 之后又调用了另一个函数 h，新调用的函数 h 将与函数 g 一样，紧接着函数 f 划分栈区，作为与自己对应的环境。函数 h 与函数 g 使用的栈区会有些重叠，不过此时函数 g 已经结束执行，与之对应的环境也不再需要，因此不会发生任何问题。

> **C** 从机器语言的角度来看 Java 语言中的对象，会发现它也是由内存这种巨大的 byte 数组的一部分实现的。
>
> **H** 虽然名为对象，不过它的具体实现还是一种用于记录字段值的数据结构而已。其实这就是 C 语言的结构体。
>
> **C** 虚拟机必须时刻管理对象与它们使用的 byte 数组片段之间的对应关系，但要自己设计这样的管理程序可是一件非常不容易的事情。这种程序就是所谓的垃圾回收器。
>
> **F** 因为最后创建的对象将首先作废不容易实现嘛。
>
> **C** 内存管理是一个非常复杂的话题，可以另写一本书来讨论。不过，与局部变量的环境相关的内存管理相对简单些。
>
> **H** 这多亏了"最后创建的环境将首先作废"这样一条性质对吧？
>
> **C** 没错。如果要支持闭包，这个性质就将不再适用，程序会变得非常复杂。

这种通过栈来实现环境的方法，能将各个环境转化为由寄存器 fp 与 sp 标识的栈区区间。这类区间称为栈帧。函数 f 使用的栈帧称为函数 f 的栈帧，函数 g 使用的栈帧称为函数 g 的栈帧，以此类推。本章会以与第 11 章（第 11 天）类似的方法，将各变量的值保存至栈帧。寄存器 fp 指向的元素是栈帧的前端，Stone 虚拟机将事先确定各个变量的值应当保存在数组从该元素起数起的第几个元素中。可以发现，这与第 11 章的实现稍有不同。由于这里不像第 11 章那样需要使用整个数组，只需要用到从寄存器 fp 所指位置开始的局部数组，因此产生了上述差异。也就是说，寄存器 fp 指向的元素是用于实现当前环境的数组前端。

> **H** 老师，你的意思是说，虚拟机会事前确定变量的值应当保存在从栈帧前端数起的第几个元素是吗？
>
> **C** 因为只有在实际执行程序之后，我们才能知道某个栈帧具体由栈区中的哪些元素组成，所以虚拟机能事先确定的就只有元素与 fp 指向的栈帧前端的相对位置。

13.4　寄存器的使用

为了将抽象语法树转换为虚拟机器语言，虚拟机需要像图 13.1 那样，一边遍历语法树，一边将与各节点对应的虚拟机器语言片段依次保存至内存的程序代码区中。各节点的虚拟机器语言之间不存在上下文关系，由事先制定的规则转换。如果注重执行速度，虚拟机就必须通过各种方式对转换后的机器语言进行优化。不过，本章暂时不追求执行速度，只求能够正确运行，因此采用了以上方针。同时，我们对由节点转换得到的虚拟机器语言片段作如下规定。

> **规定：** 为了保存由上一条片段计算得到的中间结果，第 0 ~ i 个寄存器将处于占用状态。虚拟机可任意使用第 i+1 个及之后的寄存器来计算当前片段。计算结果将最终保存于第 i+1 个寄存器中。

各个节点将根据该规定转换为虚拟机器语言，并依次排序。最终，整棵抽象语法树都将被转换为虚拟机器语言。例如，图 13.7 是由表达式 (7 + x) * y 转换得到的虚拟机器语言。图的左侧是抽象语法树，右侧是与之对应的虚拟机器语言。

本图中，与节点 7 对应的虚拟机器语言为 bconst 7 r0。它将把整

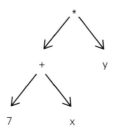
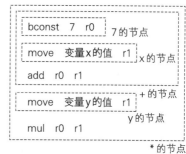

图13.7 用于计算 (7 + x) * y 的虚拟机器语言

数 7 保存至寄存器 r0 中。该寄存器现在尚未使用，与以上规定相符。

接下来，我们来看一下节点 + 该如何转换为虚拟机器语言。首先，由左侧的节点 7 转换得到的虚拟机器语言将被写入程序代码区。在这条虚拟机器语言之后，紧跟着的是由右侧的节点 x 转换得到的虚拟机器语言。在执行左侧的虚拟机器语言后，该语句的计算结果必须作为表达式的中间结果，保存至寄存器 r0，因此，在将右侧转换为虚拟机器语言时，寄存器 r0 将处于占用状态。于是，根据以上规定，右侧的虚拟机器语言的计算结果将保存于寄存器 r1 而非 r0 中。

> **H** 也就是说，由于第 0 个寄存器被占用，根据规定，虚拟机将只能使用第 1 个及之后的寄存器。

将与左右两侧节点对应的虚拟机器语言写入程序代码区后，语言处理器将接着写入加法指令 add。add 指令将把保存了中间结果（即左侧的计算结果）的寄存器 r0 与保存了上一个计算结果（即右侧的计算结果）的寄存器 r1 相加，并保存计算结果至寄存器 r0 中。以上就是与节点 + 对应的整条虚拟机器语言及相关的寄存器操作。计算结果保存在寄存器 r0 中，同样符合之前的规定。由于左侧的计算结果只需保存至加法运算开始为止，因此虚拟机可以放心地将加法的运算结果写入 r0。

符合规定的虚拟机器语言片段将随着语法树的遍历递归生成，并依次写入程序代码区，通过这种方式，语言处理器能够轻松地将抽象语法树转换为机器语言。对于上面的例子，语言处理器只要在节点 + 的虚拟机器语言后，继续将节点 y 的虚拟机器语言写入程序代码区，最后再写入乘法指令 mul，就完成了整棵抽象语法树的机器语言转换。整个转换过程的要点在于，用于保存中间计算结果的寄存器必须处于占用状态，不能为之后的虚拟机器语言所用。

> **C** 堆栈结构机器也会用类似的方式将抽象语法树转换为机器语言，这两种方式的本质是相同的。
>
> **H** 教材上一般只会介绍堆栈结构机器的转换方式。
>
> **A** 就是那种将表达式以逆波兰表示法改写，然后再把计算结果存入栈中的做法？
>
> **F** 呀！你记得可真清楚。
>
> **A** 我可是在考试前通宵去背的，怎么能忘。
>
> **C** 我说两者本质相同，是因为寄存器组能够被视作一种特殊的栈。可以将第 0 个寄存器理解为栈的底部。
>
> **F** 如果第 0 个至第 *i* 个寄存器正在被使用，虚拟机就只能使用第 *i*+1 个寄存器中的数据，这就好比是这条数据盖在了栈的顶部对吧？
>
> **C** 没错。如果用逆波兰表示法改写，就相当于后序遍历（post order）了抽象语法树。

虽然语言处理器能够通过上述方法轻松地将抽象语法树转换为机器语言，但转换得到的机器语言性能较差。该版本的机器语言存在不少不足，寄存器的使用也有些冗繁。现假定我们要对表达式 7+x+x 进行转换。此时，最佳的虚拟机器语言如下。

```
bconst  7   r0
move 变量 x 的值 r1
add   r0   r1
add   r0   r1
```

然而，根据以上介绍的方法，我们将得到一个更加冗长的转换结果。虚拟机器语言中将包含两条 move 指令，两次执行变量 x 的值至寄存器的复制操作。

> **C** 机器语言的转换过程本身并不复杂，转换时间（编译时间）很短。
>
> **F** 但要转换出运行性能优秀的机器语言可就不容易了。
>
> **S** 嗯，谁都知道随意转换得到的机器语言绝对快不起来呀。
>
> **F** Java 虚拟机也会在运行过程中多次重新编译频繁使用的代码，逐渐提升机器语言的性能。
>
> **A** 老师，话说回来，如果只有 4 个寄存器，并且都处于占用状态，以上方法就行不通了呀！
>
> **H** 是呢。根据规定，下一条虚拟机器语言片段的计算结果应该保存在第 5 个寄存器中才行。
>
> **A** 现在我们就只有 4 个寄存器呀，用不了第 5 个。
>
> **F** 下面这样的表达式在进行机器语言转换时就该出问题了吧？
>
> ```
> a + (b * (c + (d * e)))
> ```
>
> **F** 如果是堆栈结构机器，栈的容量是无限的，也就没有这个问题了。
>
> **S** 我们能不能让寄存器也有无限多呢？
>
> **C** 本章介绍的程序有一个问题，如果寄存器不足，机器语言转换就将以失败告终，同时程序将报错。

A 还真是偷工减料啊。

C 只要好好设计还是能避免这个问题的。我们可以为原来的程序添加一些局部变量，这样表达式的中间计算结果就能够通过这些局部变量记录，不用保存至寄存器。当然，局部变量只能用于临时保存一些寄存器无法容纳的中间结果。

13.5 引用变量的值

在虚拟机器语言中，move 或 gmove 指令能够将变量的值复制至寄存器中。move 指令的格式如下。

```
move 3 r1
```

它将把局部变量的值复制到第 1 个寄存器 r1 中。实际复制的值是栈区中的第 fp+3 个元素的值。它也是在当前环境中从前往后数第 3 个局部变量的值。

反之，下面的指令能够将寄存器 r1 中保存的值复制给同一个局部变量。

```
move r1 3
```

读者可以将其理解为局部变量的复制操作。

H 一般的机器语言是写成下面这样的吧？

```
move   r1  3(fp)
```

C 因为我们在这里用的虚拟机只能指定寄存器的相对（间接）地址，所以可以简化写法。

另一个 gmove 方法则用于全局变量的复制，它可以将全局变量的值复制到寄存器中。

```
gmove 3 r1
```

这条机器语言能够将堆区从前往后数第 3 个元素的值复制至寄存器 r1 中。如果替换 3 与 r1 的位置，就能反过来将寄存器的值复制到堆区中。

由于在确定变量值的保存位置时，变量所属的作用域也会一并记录，因此我们能够根据作用域区分目标变量是一个局部变量还是全局变量。只要遵循该规律，语言处理器就能在进行虚拟机器语言转换时确定应当使用 move 还是 gmove。

13.6 if 语句与 while 语句

语言处理器能够通过分支指令将表示 if 语句与 while 语句的抽象语法树节点转换为虚拟机器语言。Stone 虚拟机提供了 ifzero 与 goto 这两种分支指令。

Stone 虚拟机将始终执行程序计数器（寄存器 pc）当前指向的机器语言指令。如果 pc 的值为 50，虚拟机将执行程序代码区中从前往后数的第 50 个元素保存的指令。

> **H** 老师，大部分指令的长度都在 2 字节以上哦。
>
> **A** 程序代码区是一个 byte 类型的数组，因此要完整保存一条指令需要多个元素才行。
>
> **C** 你们说的没错。准确地说，pc 指向的只是指令的第 1 个字节。

在执行完一条指令后，pc 值将自动增加与该指令长度相同的量，以指向下一条指令。因此，Stone 虚拟机能够依次执行各条指令。同时，pc 的值能够由分支指令更改。ifzero 能在指定寄存器的值为 0 时将某个整数值加至寄存器 pc，goto 则能强制增加 pc 的值。pc 值的增加量中不包括被执行的分支指令的长度。如果 pc 值的增加量为正，程序将向前跳转，如果为负则向后（反方向）跳转。我们将寄存器 pc 的这一用于实现分支跳转的增加量称为偏移量。

if 语句对应的抽象语法树节点的虚拟机器语言转换过程如图 13.8 所示。由 if 语句的条件表达式转换得到的虚拟机器语言将在执行后把结果保存至寄存器 r0 中。在 Stone 语言中，只有 0 为假（false），其他值都为真（true），因此 ifzero 指令能够在条件表达式的值为假时，跳转执行 else 代码块中的语句。

while 语句对应的抽象语法树节点的虚拟机器语言转换过程如图 13.9 所示。与 if 语句一样，该转换通过 ifzero 指令与 goto 指令实现。在本章程序中出现的 while 语句，都将以该图左侧的形式转换为虚拟机器语言。不过，如果能转换为该图右侧形式的虚拟机器语言，虚拟机实际执行的指令总数将会减少。左侧的虚拟机器语言

由条件表达式转换得到的虚拟机器语言

ifzero　r0　偏移量1

如果条件为真，执行由 then 代码块转换得到的虚拟机器语言

goto　偏移量2

如果条件为假，执行由 else 代码块转换得到的虚拟机器语言

图13.8　由 if 语句转换得到的虚拟机器语言

在循环执行时将执行 ifzero 与 goto 这两条指令，右侧则只会执行 ifnonzero 这一条分支指令。ifnonzero 将在条件表达式的计算结果为真（true）时进行跳转，不过，Stone 虚拟机并不支持该指令。因此，本章将把 while 语句转换为左侧的形式。

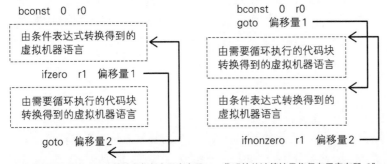

※规定"条件表达式的计算结果将保存于寄存器 r1，代码块的计算结果将保存于寄存器 r0"。

图13.9　由 while 语句转换得到的虚拟机器语言（右侧的指令总数较少）

> Ａ 不要那么吝啬，让虚拟机也支持 `ifnonzero` 嘛!
>
> Ｆ 要为虚拟机添加这个功能也不难，只要稍微修改下代码清单 13.3 就好了。
>
> Ｈ 我说你们呀，老师不是说过希望让本章介绍的程序尽可能简短易读吗? 可别忘了这点。

13.7　函数的定义与调用

　　在讨论如何将函数体转换为虚拟机器语言之前，我们首先要考虑函数调用所需的实参与返回值的传递方式，以及栈帧的切换机制等问题。在为实际的处理器设计机器语言时也要考虑这些规则，人们通常将它们称为调用惯例(calling convention)。

　　函数的调用方需要将实参保存至栈区中。也就是说，该调用方需要直接把实参保存至被调用函数使用的栈帧内。函数的参数将始终保存在栈帧前端，且虚拟机能够事先确定函数的参数与局部变量在栈帧中的保存位置(图 13.10)。如果参数不止一个，它们将依次存入栈帧前端。第 11 章介绍的实现也是如此。这样一来，函数的调用方能够轻松将参数保存至正确的位置。

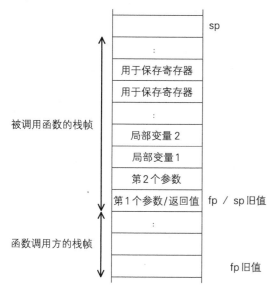

图13.10　栈帧的使用方式 (假设函数具有两个参数)

　　Stone 虚拟机能够通过 `call` 指令执行函数调用。函数的调用方将首先把实参保存至被调用函数的栈帧中。被调用函数的栈帧与调用方的栈帧相邻，因此只要知道调用方栈帧的大小，寄存器就能确定实参的保存位置。假设函数调用方栈帧的大小为 s，第 i ($i \geqq 1$)个参数将保存于栈区的第 `fp + s + i -1` 个元素中。

　　寄存器 `fp` 指向调用方栈帧的前端。被调用函数会首先执行 `save` 指令(图 13.11)。该指令将在栈帧末端保存所有通用寄存器及寄存器 `ret` 与 `fp` 的值。由于调用方可能会把计算的中间结果保存在寄存器中，因此虚拟机必须在由被调用函数产生的数据覆盖这些寄存器之前，将它们保存至栈帧中。函数的调用方并不一定会用满所有的寄存器，虚拟机应当仅保存必要的寄存器值。不过，为了便于实现，本章通过 save 指令保存了所有的寄存器值。

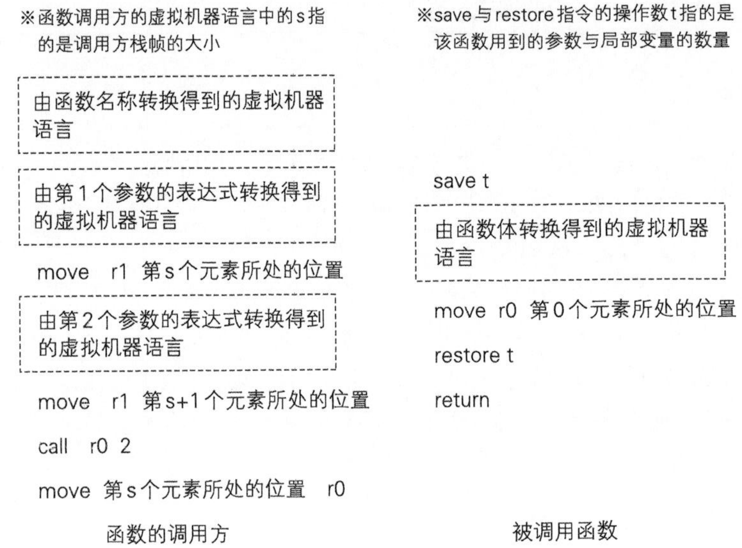

※函数调用方的虚拟机器语言中的 s 指
　的是调用方栈帧的大小

```
┌─────────────────────────────┐
│由函数名称转换得到的虚拟机器 │
│语言                         │
└─────────────────────────────┘

┌─────────────────────────────┐
│由第 1 个参数的表达式转换得到 │
│的虚拟机器语言               │
└─────────────────────────────┘

move   r1  第 s 个元素所处的位置

┌─────────────────────────────┐
│由第 2 个参数的表达式转换得到 │
│的虚拟机器语言               │
└─────────────────────────────┘

move   r1  第 s+1 个元素所处的位置

call   r0  2

move   第 s 个元素所处的位置   r0

          函数的调用方
```

※save 与 restore 指令的操作数 t 指的是
　该函数用到的参数与局部变量的数量

```
save  t

┌─────────────────────────────┐
│由函数体转换得到的虚拟机器   │
│语言                         │
└─────────────────────────────┘

move  r0  第 0 个元素所处的位置

restore  t

return

          被调用函数
```

图 13.11　用于实现函数调用的虚拟机器语言（假设函数调用方没有占用寄存器，函数具有两个参数）

> **A** 栈帧的末尾指的是哪里？从图 13.10 看，好象是头部嘛。
> **H** A 君，图 13.10 下面是前端，上面才是末尾哦。新的栈帧会从上面进入。
> **S** 保存所有的寄存器有些浪费呢。
> **C** 你说的没错，遵循实际的调用惯例，虚拟机一般不应该保存所有的寄存器。
> **F** 调用方函数的职责是将那些还没有转移保存的寄存器值保存起来吧。

　　save 指令将更改寄存器 fp 与 sp 的值。在保存原本的寄存器值后，它首先将把 sp 的旧值复制给 fp，之后为 sp 加上一个指定的值。这样一来，寄存器 fp 与 sp 就会指向（被调用函数使用的）新的栈帧。

　　虚拟机应当在函数体执行完成后将返回值返回给函数的调用方，它需要将由 save 指令保存的值还原至寄存器中。Stone 虚拟机会把返回值保存在被调用函数的栈帧前端。调用方能够由此获取返回值，并根据寄存器的使用规则将它们复制给指定的寄存器。

　　由 save 指令保存的值能够通过 restore 指令还原。restore 指令将在函数调用结束前执行，它将把寄存器 fp 的值复制给 sp，并恢复通用寄存器与寄存器 ret 和寄存器 fp 在转移之前的原值。于是，寄存器值将还原为执行 save 指令之前的状态，寄存器 fp 与 sp 将再次指向原来（函数调用方使用）的栈帧。虚拟机将在执行 restore 指令后继续执行 return 指令，返回函数的调用方。准确地说，虚拟机将强制跳转至调用方函数 call 指令之后的那条命令。寄存器 ret 中保存了 call 指令的返回位置。return 指令将通过（由 restore 指令还原的）寄存器 ret 的值来确定返回位置。

13.8 转换为虚拟机器语言

本章设计的 Stone 语言处理器将在执行过程中以对话的形式获取程序输入，之后先把它转换为抽象语法树，再进一步将抽象语法树转换为虚拟机器语言并执行。因此虚拟机器语言的转换时间也包含在执行时间中。由于这个原因，我们不需要将整个程序都转换为虚拟机器语言，仅需转换函数的定义部分。也就是说，Stone 语言处理器在通常情况下只要像之前一样通过 eval 方法执行程序，只有在遇到函数调用时才需要通过虚拟机执行函数体。

> **C** C 语言会事先将程序转换为机器语言，并以文件保存，因此不必在意转换开销。
>
> **H** Java 语言也是一样。只不过它不是把程序转换为机器语言，而是将它转换为二进制代码后再保存。
>
> **F** 不过，Java 虚拟机会在执行过程中将二进制代码转换为机器语言，这就是所谓的动态编译。
>
> **C** 嗯，说到动态编译，我们要注意的是，Java 语言并不会把所有的二进制代码都转换为机器语言。

def 语句用于定义函数，DefStmnt 类是与之对应的抽象语法树节点类，该类的 eval 方法和原先一样，将返回一个表示函数的对象。与此同时，虚拟机会将函数体转换为虚拟机器语言，并把用于表示函数的对象记录至虚拟机器语言的前端。代码清单 13.5 是用于表示函数的对象的类定义。它是第 7 章（第 7 天）代码清单 7.8 中的 Function 类的子类。entry 字段表示虚拟机器语言前端所处的位置。

代码清单 13.5 VmFunction.java

```java
package chap13;
import stone.ast.BlockStmnt;
import stone.ast.ParameterList;
import chap6.Environment;
import chap7.Function;

public class VmFunction extends Function {
    protected int entry;
    public VmFunction(ParameterList parameters, BlockStmnt body,
                      Environment env, int entry)
    {
        super(parameters, body, env);
        this.entry = entry;
    }
    public int entry() { return entry; }
}
```

抽象语法树各节点类的 compile 方法将实际执行把抽象语法树转换为虚拟机器语言的操作。该方法与 eval 及 lookup 方法类似，它也会一边依次遍历抽象语法树的节点，一边生成虚拟机器语言。

DefStmnt 的 eval 方法会在内部对函数体的抽象语法树调用 compile 方法，将其转换为虚拟机器语言。compile 方法需要用到 lookup 方法的计算结果，与第 11 章的情况相同，DefStmnt 的 lookup 方法将在 eval 方法（以及 eval 方法中的 compile 方法）之前调用。lookup 方法能够事先确定各变量值在环境中的保存位置。

代码清单 13.6 是抽象语法树各个类的 compile 方法。请读者注意，该程序一并修改了 Arguments 类的 eval 方法。与 Arguments 类的对象对应的抽象语法树节点用于表示实参序列。虚拟机将通过该类的 eval 方法执行最外层代码中的函数调用，因此，虚拟机器语言的执行将在该方法中开始。函数调用结束后，程序将返回至该 eval 方法，并把从栈区取得的返回值设定为 eval 方法自身的返回值。

> **H** 老师，不讲解下 BlockStmnt 类的 compile 方法吗？
>
> **F** 它只不过是编译了代码块中各条语句，然后将得到的机器语言依次排列而已。
>
> **H** c.nextReg = initReg 是什么意思？
>
> **C** 这条语句将正在使用的寄存器的数量还原为了代码块执行之前的数量。按理说，在语句执行结束结束后，计算结果将被保存至寄存器中。不过，由于代码块只需使用最后一条语句的计算结果，因此不必保存其他的中间结果。
>
> **F** 占用一个寄存器来保存用不到的计算结果，也没什么意义呢。
>
> **H** 再讲解一下 else 之后逻辑行吗？
>
> **C** 这段代码用于将空代码块转换为虚拟机器语言。Stone 语言中空代码块的计算结果为 0，因此我们会得到这样的虚拟机器语言。

compile 方法将接收一个 Code 对象作为参数。代码清单 13.7 是该对象的类定义。该对象用于保存虚拟机器语言转换过程中必需的信息。例如，Stone 虚拟机的引用（svm）、当前正在转换的函数的栈帧大小（frameSize），以及当前正在使用的寄存器数量（nextReg）等信息都将通过 Code 对象保存。

代码清单 13.6 VmEvaluator.java

```java
package chap13;
import java.util.List;
import stone.StoneException;
import stone.Token;
import chap11.EnvOptimizer;
import chap6.Environment;
import chap6.BasicEvaluator.ASTreeEx;
import chap7.FuncEvaluator;
import javassist.gluonj.*;
```

```
import static chap13.Opcode.*;
import static javassist.gluonj.GluonJ.revise;
import stone.ast.*;

@Require(EnvOptimizer.class)
@Reviser public class VmEvaluator {
    @Reviser public static interface EnvEx3 extends EnvOptimizer.EnvEx2 {
        StoneVM stoneVM();
        Code code();
    }
    @Reviser public static abstract class ASTreeVmEx extends ASTree {
        public void compile(Code c) {}
    }
    @Reviser public static class ASTListEx extends ASTList {
        public ASTListEx(List<ASTree> c) { super(c); }
        public void compile(Code c) {
            for (ASTree t: this)
                ((ASTreeVmEx)t).compile(c);
        }
    }
    @Reviser public static class DefStmntVmEx extends EnvOptimizer.DefStmntEx {
        public DefStmntVmEx(List<ASTree> c) { super(c); }
        @Override public Object eval(Environment env) {
            String funcName = name();
            EnvEx3 vmenv = (EnvEx3)env;
            Code code = vmenv.code();
            int entry = code.position();
            compile(code);
            ((EnvEx3)env).putNew(funcName, new VmFunction(parameters(), body(),
                                                          env, entry));
            return funcName;
        }
        public void compile(Code c) {
            c.nextReg = 0;
            c.frameSize = size + StoneVM.SAVE_AREA_SIZE;
            c.add(SAVE);
            c.add(encodeOffset(size));
            ((ASTreeVmEx)revise(body())).compile(c);
            c.add(MOVE);
            c.add(encodeRegister(c.nextReg - 1));
            c.add(encodeOffset(0));
            c.add(RESTORE);
            c.add(encodeOffset(size));
            c.add(RETURN);
        }
    }
    @Reviser public static class ParamsEx2 extends EnvOptimizer.ParamsEx {
        public ParamsEx2(List<ASTree> c) { super(c); }
        @Override public void eval(Environment env, int index, Object value) {
            StoneVM vm = ((EnvEx3)env).stoneVM();
            vm.stack()[offsets[index]] = value;
        }
    }
    @Reviser public static class NumberEx extends NumberLiteral {
        public NumberEx(Token t) { super(t); }
```

```java
    public void compile(Code c) {
        int v = value();
        if (Byte.MIN_VALUE <= v && v <= Byte.MAX_VALUE) {
            c.add(BCONST);
            c.add((byte)v);
        }
        else {
            c.add(ICONST);
            c.add(v);
        }
        c.add(encodeRegister(c.nextReg++));
    }
}
@Reviser public static class StringEx extends StringLiteral {
    public StringEx(Token t) { super(t); }
    public void compile(Code c) {
        int i = c.record(value());
        c.add(SCONST);
        c.add(encodeShortOffset(i));
        c.add(encodeRegister(c.nextReg++));
    }
}
@Reviser public static class NameEx2 extends EnvOptimizer.NameEx {
    public NameEx2(Token t) { super(t); }
    public void compile(Code c) {
        if (nest > 0) {
            c.add(GMOVE);
            c.add(encodeShortOffset(index));
            c.add(encodeRegister(c.nextReg++));
        }
        else {
            c.add(MOVE);
            c.add(encodeOffset(index));
            c.add(encodeRegister(c.nextReg++));
        }
    }
    public void compileAssign(Code c) {
        if (nest > 0) {
            c.add(GMOVE);
            c.add(encodeRegister(c.nextReg - 1));
            c.add(encodeShortOffset(index));
        }
        else {
            c.add(MOVE);
            c.add(encodeRegister(c.nextReg - 1));
            c.add(encodeOffset(index));
        }
    }
}
@Reviser public static class NegativeEx extends NegativeExpr {
    public NegativeEx(List<ASTree> c) { super(c); }
    public void compile(Code c) {
        ((ASTreeVmEx)operand()).compile(c);
        c.add(NEG);
        c.add(encodeRegister(c.nextReg - 1));
```

```
        }
    }
    @Reviser public static class BinaryEx extends BinaryExpr {
        public BinaryEx(List<ASTree> c) { super(c); }
        public void compile(Code c) {
            String op = operator();
            if (op.equals("=")) {
                ASTree l = left();
                if (l instanceof Name) {
                    ((ASTreeVmEx)right()).compile(c);
                    ((NameEx2)l).compileAssign(c);
                }
                else
                    throw new StoneException("bad assignment", this);
            }
            else {
                ((ASTreeVmEx)left()).compile(c);
                ((ASTreeVmEx)right()).compile(c);
                c.add(getOpcode(op));
                c.add(encodeRegister(c.nextReg - 2));
                c.add(encodeRegister(c.nextReg - 1));
                c.nextReg--;
            }
        }
        protected byte getOpcode(String op) {
            if (op.equals("+"))
                return ADD;
            else if (op.equals("-"))
                return SUB;
            else if (op.equals("*"))
                return MUL;
            else if (op.equals("/"))
                return DIV;
            else if (op.equals("%"))
                return REM;
            else if (op.equals("=="))
                return EQUAL;
            else if (op.equals(">"))
                return MORE;
            else if (op.equals("<"))
                return LESS;
            else
                throw new StoneException("bad operator", this);
        }
    }
    @Reviser public static class PrimaryVmEx extends FuncEvaluator.PrimaryEx {
        public PrimaryVmEx(List<ASTree> c) { super(c); }
        public void compile(Code c) {
            compileSubExpr(c, 0);
        }
        public void compileSubExpr(Code c, int nest) {
            if (hasPostfix(nest)) {
                compileSubExpr(c, nest + 1);
                ((ASTreeVmEx)revise(postfix(nest))).compile(c);
            }
```

```
            else
                ((ASTreeVmEx)operand()).compile(c);
        }
    }
    @Reviser public static class ArgumentsEx extends Arguments {
        public ArgumentsEx(List<ASTree> c) { super(c); }
        public void compile(Code c) {
            int newOffset = c.frameSize;
            int numOfArgs = 0;
            for (ASTree a: this) {
                ((ASTreeVmEx)a).compile(c);
                c.add(MOVE);
                c.add(encodeRegister(--c.nextReg));
                c.add(encodeOffset(newOffset++));
                numOfArgs++;
            }
            c.add(CALL);
            c.add(encodeRegister(--c.nextReg));
            c.add(encodeOffset(numOfArgs));
            c.add(MOVE);
            c.add(encodeOffset(c.frameSize));
            c.add(encodeRegister(c.nextReg++));
        }
        public Object eval(Environment env, Object value) {
            if (!(value instanceof VmFunction))
                throw new StoneException("bad function", this);
            VmFunction func = (VmFunction)value;
            ParameterList params = func.parameters();
            if (size() != params.size())
                throw new StoneException("bad number of arguments", this);
            int num = 0;
            for (ASTree a: this)
                ((ParamsEx2)params).eval(env, num++, ((ASTreeEx)a).eval(env));
            StoneVM svm = ((EnvEx3)env).stoneVM();
            svm.run(func.entry());
            return svm.stack()[0];
        }
    }
    @Reviser public static class BlockEx extends BlockStmnt {
        public BlockEx(List<ASTree> c) { super(c); }
        public void compile(Code c) {
            if (this.numChildren() > 0) {
                int initReg = c.nextReg;
                for (ASTree a: this) {
                    c.nextReg = initReg;
                    ((ASTreeVmEx)a).compile(c);
                }
            }
            else {
                c.add(BCONST);
                c.add((byte)0);
                c.add(encodeRegister(c.nextReg++));
            }
        }
    }
}
```

```java
@Reviser public static class IfEx extends IfStmnt {
    public IfEx(List<ASTree> c) { super(c); }
    public void compile(Code c) {
        ((ASTreeVmEx)condition()).compile(c);
        int pos = c.position();
        c.add(IFZERO);
        c.add(encodeRegister(--c.nextReg));
        c.add(encodeShortOffset(0));
        int oldReg = c.nextReg;
        ((ASTreeVmEx)thenBlock()).compile(c);
        int pos2 = c.position();
        c.add(GOTO);
        c.add(encodeShortOffset(0));
        c.set(encodeShortOffset(c.position() - pos), pos + 2);
        ASTree b = elseBlock();
        c.nextReg = oldReg;
        if (b != null)
            ((ASTreeVmEx)b).compile(c);
        else {
            c.add(BCONST);
            c.add((byte)0);
            c.add(encodeRegister(c.nextReg++));
        }
        c.set(encodeShortOffset(c.position() - pos2), pos2 + 1);
    }
}
@Reviser public static class WhileEx extends WhileStmnt {
    public WhileEx(List<ASTree> c) { super(c); }
    public void compile(Code c) {
        int oldReg = c.nextReg;
        c.add(BCONST);
        c.add((byte)0);
        c.add(encodeRegister(c.nextReg++));
        int pos = c.position();
        ((ASTreeVmEx)condition()).compile(c);
        int pos2 = c.position();
        c.add(IFZERO);
        c.add(encodeRegister(--c.nextReg));
        c.add(encodeShortOffset(0));
        c.nextReg = oldReg;
        ((ASTreeVmEx)body()).compile(c);
        int pos3 = c.position();
        c.add(GOTO);
        c.add(encodeShortOffset(pos - pos3));
        c.set(encodeShortOffset(c.position() - pos2), pos2 + 2);
    }
}
}
```

代码清单13.7 Code.java

```java
package chap13;

public class Code {
```

```
    protected StoneVM svm;
    protected int codeSize;
    protected int numOfStrings;
    protected int nextReg;
    protected int frameSize;

    public Code(StoneVM stoneVm) {
        svm = stoneVm;
        codeSize = 0;
        numOfStrings = 0;
    }
    public int position() { return codeSize; }
    public void set(short value, int pos) {
        svm.code()[pos] = (byte)(value >>> 8);
        svm.code()[pos + 1] = (byte)value;
    }
    public void add(byte b) {
        svm.code()[codeSize++] = b;
    }
    public void add(short i) {
        add((byte)(i >>> 8));
        add((byte)i);
    }
    public void add(int i) {
        add((byte)(i >>> 24));
        add((byte)(i >>> 16));
        add((byte)(i >>> 8));
        add((byte)i);
    }
    public int record(String s) {
        svm.strings()[numOfStrings] = s;
        return numOfStrings++;
    }
}
```

13.9 通过虚拟机执行

最后，我们来看一下通过 Stone 虚拟机执行程序的解释器与它的启动程序。代码清单 13.8 与代码清单 13.9 分别是这两个程序的代码。本章代码清单 13.6 中的 VmEvaluator 修改器利用了第 11 章实现的 lookup 方法。因此，修改器之前需要添加 @Require 来表示它依赖于第 11 章代码清单 11.4 中的 EnvOptimizer 修改器。程序将在启动后自动应用该修改器。

在解释器启动后，程序中定义并调用的函数将通过虚拟机执行。在函数定义时，虚拟机器语言转换仅需执行一次，也就是说，一旦完成定义，虚拟机就能反复使用转换得到的虚拟机器语言，不存在额外的开销。

如前所述，实际执行编译操作的是定义了函数的 def 语句的 eval 方法。该方法将进一步调用 compile 方法。函数在编译后，将由 Arguments 类的 eval 方法执行。该类的对象是一种用于表示函数调用表达式的抽象语法树节点。如果函数又调用了其他函数，解释器不会再次使用 Arguments 类的 eval 方法。由该类的 compile 方法生成的虚拟机器语言含有一条 call 指令，该指令将直接调用新的函数。

> **A** 程序在编译为机器语言后，执行速度能提高多少呢？结果真是令人期待呀。
>
> **C** 嗯，只计算斐波那契数的话，其实没太大差别。甚至会像第 11 章那样稍慢一些。
>
> **A** 怎么这样呀，白费劲了。
>
> **F** 之所有会有这个问题，是因为虚拟机的实现语言是 Java 吗？
>
> **C** 很难讲具体问题出在哪里。倒不如说是因为之前设计的时候，我们没有有意识地考虑虚拟机器语言的性能优化。
>
> **S** 嗯，抽象语法树节点的遍历处理，其实并不会明显影响速度。
>
> **C** 没错。真正拖累性能的原因和第 11 章大同小异，比方说，在 Stone 虚拟机中，整数是通过 Integer 对象来表示的，诸如此类。
>
> **S** 而且这个虚拟机还存在内存泄漏问题。
>
> **F** 呀！还有这种错误啊。
>
> **S** 从函数返回时，虚拟机没有处理那些不再使用的栈帧。于是其中包含的对象没能成功 GC（垃圾回收）。
>
> **F** 哦，也就是说没有把所有元素都赋值为 null 对吧。
>
> **H** 老师，如果经常 GC，会不会影响计算斐波那契数的速度呢？
>
> **C** 其实我尝试过为虚拟机的 restore 指令添加清空栈帧（将数组元素赋值为 null）的功能，不过从结果来看，没什么变化。

代码清单 13.8 VmInterpreter.java

```java
package chap13;
import stone.FuncParser;
import stone.ParseException;
import chap11.EnvOptInterpreter;
import chap8.Natives;

public class VmInterpreter extends EnvOptInterpreter {
    public static void main(String[] args) throws ParseException {
        run(new FuncParser(),
            new Natives().environment(new StoneVMEnv(100000, 100000, 1000)));
    }
}
```

代码清单 13.9 VmRunner.java

```java
package chap13;
import javassist.gluonj.util.Loader;
import chap8.NativeEvaluator;

public class VmRunner {
```

```
public static void main(String[] args) throws Throwable {
    Loader.run(VmInterpreter.class, args, VmEvaluator.class,
                                     NativeEvaluator.class);
    }
}
```

专栏4 **副业**

第

14

天

为 Stone 语言添加静态类型 支持以优化性能

第 14 天　为 Stone 语言添加静态类型支持以优化性能

前几章设计的 Stone 语言是一种所谓的动态类型语言，本章将把它修改为一种静态类型语言，并通过静态类型信息优化程序的运行性能。

上一章借助 Java 语言设计了一种专用的虚拟机，用于执行中间代码。从内部来看，该虚拟机通过 Java 语言的 Object 类型来表示所有类型的值，整数也将由 Integer 对象表现。不只是虚拟机，本书设计的解释器也采用了这种设计方式。不可否认，这是程序执行速度较慢的一个重要原因。

本章将利用静态数据类型，尽可能以 int 类型的值来表示整数值。同时，我们将不再使用专用的虚拟机，而会直接使用 Java 虚拟机。抽象语法树需要预先转换为 Java 二进制代码，不过，由于整数改以 int 类型表示，转换得到的 Java 二进制代码执行效率也会较高。Java 虚拟机能够体现实际的硬件，并将整数等基本数据类型作为非对象的特殊数据类型处理。因此，用 int 类型的值而非 Integer 对象表示整数时，程序的执行效率更高。如果不采用这种设计，虚拟机内部就将在 int 类型的值与 Integer 对象间频繁执行转换，影响性能。

> **F**　最终，Stone 语言也具有数据类型了啊。与其说是增强，倒不如说是一种倒退。
>
> **A**　每次都要声明数据类型真麻烦呀。
>
> **C**　那么让我们为了 A 君，再添加函数型语言中常见的类型推论功能吧。
>
> **F**　Scala 也支持类型推论呢。
>
> **C**　是的。支持类型推论之后，大部分变量都无需声明类型，Stone 语言将能自动推测并选择合适的类型。
>
> **A**　原来如此，也就是说会选择最佳答案对吧。

14.1　指定变量类型

支持静态数据类型的程序设计语言（静态类型语言，静态语言）的特点是，它需要在声明变量与参数的同时指定它们的数据类型。如果语言支持类型推论，一部分甚至大部分的类型指定就能省略。不过，能省略并不表示它们就不需要指定数据类型。

静态语言有一些缺点。例如，即使有需要，数据类型不同的变量值之间也无法相互赋值，而且某些变量的类型可能较为复杂，不易理解。不过，静态类型语言也有一些重要的优点。

- 通过数据类型检查，它能在一定程度上确保程序的正确性
- 静态数据类型信息有助于提高程序的执行速度

前者能够在程序执行前，确保程序不会在执行途中，因发生诸如函数不存在，或对非数值类型的值进行乘法计算等错误，而中止执行。不过，类型检查具体能确保多大程度上的正确性，取决于该语言采用的数据类型系统。如果语言采用了强数据类型系统，类型检查机制将能确保很高的正确性，否则就只能检查出部分错误。

> **A** 虽说类型检查能够确保程序正确，但并不是说用不着调试了。
>
> **C** 不过，如果能够通过机器检查确保一定程度的正确性，开发效率也能得到很大的提升。
>
> **F** 也就是说，要在书写数据类型不便与程序的正确性之间做出取舍对吧？
>
> **C** 不光是写起来不方便，要将一段能够正常运行的动态类型语言程序改为静态类型语言程序，使其能通过类型检查，是一件很不容易，甚至不可能的事。这也是静态数据类型的一个不足。
>
> **H** 这要看数据类型系统研究的发展了呢。
>
> **C** 嗯，确实。现在的数据类型系统有时还不能很好地表达程序员的设计意图。

按照惯例，我们先来改进 Stone 语言的语法，使它能够支持数据类型声明。首先增加的是 var 语句。它用于定义一个新的变量，并指定该变量的初始值与数据类型。

```
var x: Int = 7
```

上例中的语句对变量 x 做了定义，它是一个 Int 类型的变量，初始值为 7。读者需要注意，变量声明时初始值不得省略。变量名之后跟有冒号与数据类型，它们都可以省略。

```
var x = 7
```

这条 var 语句省略了变量 x 的数据类型。如果不需要指定数据类型，语句中的 var 也能省略，仅需书写 x=7 即可。也就是说，之前那种通过赋值表达式定义新变量的写法依然有效。

> **F** 以 :Int 的方式来表达数据类型，跟 Scala 很像。

我们规定，var 语句支持声明 Int、String 与 Any 这三种类型。Int 类型表示整数，String 类型表示字符串。Any 同时包含整数与字符串这两种类型。也就是说，一个整数值既可以由 Int 类型表示，也能由 Any 类型表示。字符串也是如此。

Any 类型的变量能够被赋以 Int 或 String 类型的值，反之则不行。在将 Any 类型的值赋值给一个 Int 类型的变量时，如果该值不是一个整数而是字符串，就会发生问题，因此 Stone 语言不支持这种操作。否则，Int 与 String 类型的变量值就能相互转换，为变量指定数据类型的做法将失去意义。

> **C** Any 类型的变量，既能用整数赋值，也能用字符串赋值。
>
> **F** 总而言之，Any 类型是这两种类型的超类对吧？
>
> **A** 就像是 Java 中的 Object 类那样？

■ 老师，是不是说之前的 Stone 语言里，所有变量都属于 Any 类型呀？

■ 意思是有点像，但还是不太一样呢。

■ 嗯，如果将变量定义为 Any 类型，很多程序就无法正常执行了。本章之前的 Stone 语言就不存在这个问题。例如，对于下面的代码，

```
x = "three"
print x
x = 3
print x * 2
```

如果 x 的类型是 Any，就会发生数据类型错误。

■ 哦，x * 2 中的 x 如果是 Any 类型的变量，就会出错了。

■ 就算没有后两行，仍然会发生数据类型错误哦。

■ 小 H，所以说在之前的 Stone 语言中，变量类型并不都是 Any，可要注意了。

　　如果语句没有指定数据类型，变量的类型将取决于类型推论的结果。不过，在此我们暂先不考虑类型推论，规定没有指定数据类型的变量皆为 Any 类型。在实现了类型推论功能之后，我们会修改这一规则。

　　虽然 Any 类型也包含整数，但它只支持有限的算术操作。Any 类型的值只能进行 + 运算。另外，原生函数 toInt 能接收 Any 类型的值作为参数，返回相应的 Int 值。除此以外，-（减法）等运算都无法用于 Any 类型的值。例如，对于 Any 类型的变量 x，即使它的值为整数 3，表达式 x-1 依然会引起数据类型错误。这是因为，变量 x 属于 Any 类型并不能确保它的值一定是一个整数。

■ 老师，话说回来，函数的参数不需要指定数据类型吗？

　　除了 var 语句，我们还将为函数定义语句添加参数及返回值的数据类型指定功能。例如，语句

```
def inc(n: Int): Int { n + 1 }
```

　　定义了函数 inc，它将接收一个 Int 类型的参数 n，并返回一个 Int 类型的返回值。右括号）之后跟着的返回值的类型。与 var 语句类似，冒号 : 与后接的数据类型名称用于指定参数或返回值的类型，它们同样能够省略。

　　代码清单 14.1 列出了对 Stone 语法规则的一些修改，经过这些修改，Stone 语言将能支持上述数据类型指定功能。与 var 语句对应的非终结符是 variable。同时，我们需要为 statement 增加 variable 这一可能情况。此外，param 与 def 的定义也需要修改，以支持非终结符 type_tag。

　　代码清单 14.2 是与修改后的语法规则对应的语法分析器程序。代码清单 14.3 与代码清单

14.4 是新定义的抽象语法树节点的对象类型。

代码清单 14.2 中使用的方法大多已经在第 7 章（第 7 天）的 7.1 节中作了说明。首次出现的只有 reset 方法。该方法用于删除由超类 FuncParser 继承而来的 def 定义。在代码清单 14.2 中，原有的 def 定义将被 reset 方法暂时删除，之后，它将由构造函数重新定义。

为了执行新增的 var 语句，我们通过代码清单 14.5 所示的修改器为 VarStmnt 类添加了 eval 方法。与第 11 章（第 11 天）一样，本章也将通过编号而非名称查找环境，事先确定变量值的保存位置。因此，VarStmnt 类还需要新增一个 lookup 方法。需要注意的是，该修改器也能为其他的类添加或修改方法。由于 def 语句的语法有些变化，与之对应的抽象语法树的形式也要相应更改。为此，我们需要修改或新增一些抽象语法树节点类中的方法。代码清单 14.5 中的修改器虽然尚不支持实际的数据类型指定处理，且不会执行数据类型检查，但已经能够正确执行变量具有数据类型的 Stone 语言程序。

代码清单 14.1 与数据类型相关的语法规则

```
type_tag : ":" IDENTIFIER
variable  : "var" IDENTIFIER [ type_tag ] "=" expr
param     : IDENTIFIER [ type_tag ]
def       : "def" IDENTIFIER param_list [ type_tag ] block
statement : variable | "if" ... | "while" ... | simple
```

代码清单 14.2 TypedParser.java

```java
package stone;
import static stone.Parser.rule;
import stone.ast.*;

public class TypedParser extends FuncParser {
    Parser typeTag = rule(TypeTag.class).sep(":").identifier(reserved);
    Parser variable = rule(VarStmnt.class)
                            .sep("var").identifier(reserved).maybe(typeTag)
                            .sep("=").ast(expr);
    public TypedParser() {
        reserved.add(":");
        param.maybe(typeTag);
        def.reset().sep("def").identifier(reserved).ast(paramList)
                .maybe(typeTag).ast(block);
        statement.insertChoice(variable);
    }
}
```

代码清单 14.3 VarStmnt.java

```java
package stone.ast;
import java.util.List;

public class VarStmnt extends ASTList {
    public VarStmnt(List<ASTree> c) { super(c); }
```

```java
    public String name() { return ((ASTLeaf)child(0)).token().getText(); }
    public TypeTag type() { return (TypeTag)child(1); }
    public ASTree initializer() { return child(2); }
    public String toString() {
        return "(var " + name() + " " + type() + " " + initializer() + ")";
    }
}
```

代码清单14.4 TypeTag.java

```java
package stone.ast;
import java.util.List;

public class TypeTag extends ASTList {
    public static final String UNDEF = "<Undef>";
    public TypeTag(List<ASTree> c) { super(c); }
    public String type() {
        if (numChildren() > 0)
            return ((ASTLeaf)child(0)).token().getText();
        else
            return UNDEF;
    }
    public String toString() { return ":" + type(); }
}
```

代码清单14.5 TypedEvaluator.java

```java
package chap14;
import java.util.List;
import javassist.gluonj.*;
import stone.ast.*;
import chap11.EnvOptimizer;
import chap11.Symbols;
import chap11.EnvOptimizer.ASTreeOptEx;
import chap6.Environment;
import chap6.BasicEvaluator.ASTreeEx;

@Require(EnvOptimizer.class)
@Reviser public class TypedEvaluator {
    @Reviser public static class DefStmntEx extends EnvOptimizer.DefStmntEx {
        public DefStmntEx(List<ASTree> c) { super(c); }
        public TypeTag type() { return (TypeTag)child(2); }
        @Override public BlockStmnt body() { return (BlockStmnt)child(3); }
        @Override public String toString() {
            return "(def " + name() + " " + parameters() + " " + type() + " "
                    + body() + ")";
        }
    }
    @Reviser public static class ParamListEx extends EnvOptimizer.ParamsEx {
        public ParamListEx(List<ASTree> c) { super(c); }
        @Override public String name(int i) {
            return ((ASTLeaf)child(i).child(0)).token().getText();
```

```
        }
        public TypeTag typeTag(int i) {
            return (TypeTag)child(i).child(1);
        }
    }
    @Reviser public static class VarStmntEx extends VarStmnt {
        protected int index;
        public VarStmntEx(List<ASTree> c) { super(c); }
        public void lookup(Symbols syms) {
            index = syms.putNew(name());
            ((ASTreeOptEx)initializer()).lookup(syms);
        }
        public Object eval(Environment env) {
            Object value = ((ASTreeEx)initializer()).eval(env);
            ((EnvOptimizer.EnvEx2)env).put(0, index, value);
            return value;
        }
    }
}
```

14.2 通过数据类型检查发现错误

经过一番努力，Stone 语言终于实现了变量数据类型指定的功能，接下来我们将根据这些信息，对程序进行数据类型检查。数据类型检查将分析程序包含的表达式中所有的静态数据类型，对变量赋值操作中的数据类型是否匹配、字符串之间是否执行了乘法等非法运算，以及函数调用的参数类型是否正确等问题进行检查。具体来说，它将根据变量与参数的数据类型，检查程序中所有的表达式（包括子表达式与语句）是否遵循类型指派规则指定了相应的静态数据类型，确保程序上下文没有矛盾。

为了实现数据类型检查功能，我们要为抽象语法树的节点类添加 typeCheck 方法。该方法能够对数据类型进行检查，它与用于执行程序的 eval 方法非常类似，都会从抽象语法树的根节点开始递归调用自身，完成整棵语法树的遍历。

eval 方法将接收一个环境作为参数，并根据该环境计算表达式的值后返回。这里计算的表达式，是与以 eval 方法的调用对象为根节点的抽象语法树对应的表达式。例如，对与表达式 x-2 对应的抽象语法树的根节点对象调用 eval 方法，返回值就是该表达式的值。变量 x 的值由 eval 的环境参数决定。对于用于执行数据类型检查的 typeCheck 方法，它将接收一个数据类型环境作为参数，计算表达式的静态数据类型并返回结果。以 x-2 为例，调用根节点对象的 typeCheck 方法将返回该表达式的数据类型。变量 x 的数据类型由 typeCheck 方法的数据类型环境参数决定。eval 方法的环境参数是由变量名与对应的值组成的名值对，typeCheck 方法的数据类型环境则是由变量名与对应的数据类型组成的名值对。

类型指派规则看似复杂，其实它的核心是怎样根据各条表达式的子表达式类型，计算该表达式自身的类型。正如 eval 方法实现了表达式值的计算，typeCheck 方法将实现对各个抽象语法树节点类的数据类型的计算。

　　例如，对于单目减法运算表达式 -(x * 2)，其子表达式 (x * 2) 是 - 运算符的操作数，必须为 Int 类型。于是，整个单目运算表达式也将是 Int 类型。这就是类型指派规则。

> **C** 准确来讲，类型指派规则指的是"由于操作数的类型是 Int，因此整个表达式的类型也是 Int"。
>
> **A** 咦，这跟前面哪里不一样了？
>
> **C** 也就是说，类型指派规则并没有规定如果操作数不是 Int 类型，就一定会立即报错。
>
> **H** 虽说即使操作数不是 Int 类型也不会立即出错，但由于没有其他适用的指派规则，类型检查只好中途结束，最终还是会发生数据类型错误呢。
>
> **A** 哦，这样啊，我觉得这种小问题无所谓啦。

　　具体的类型指派规则因程序设计语言而异。在 Stone 语言中，双目运算表达式的类型指派规则稍有些复杂，下面将进行详细说明。首先，如果运算符两侧的子表达式都是 Int 类型，整个双目运算表达式将也是 Int 类型。对于 + 表达式，如果两侧都是 String 类型，整个表达式则是 String 类型，否则为 Any 类型。这使 + 运算符能够用于字符串的连接运算。还有一种特殊情况是 = 运算符。对于 = 运算符，如果左右两侧的类型一致，整个赋值表达式的类型将与子表达式相同。如果左侧是一个新出现的变量，尚无特定的数据类型，该变量将被指定为与右侧相同的类型。

> **A** 还真复杂啊。

　　代码清单 14.6 是用于添加 typeCheck 方法的修改器。代码清单 14.7 是用于表示数据类型环境的 TypeEnv 类的定义。typeCheck 方法在遇到类型错误时将抛出 TypeException 异常。代码清单 14.8 是该异常的定义。

　　用于表示数据类型环境的 TypeEnv 类保存的不是由变量名与类型组成的名值对，而是由变量的保存位置（用于表示该位置的整数）与数据类型组成的名值对。在此我们将沿用与第 11 章（第 11 天）相似的方式，使该类在执行时通过编号而非名称查找数据类型环境。

　　代码清单 14.9 中，TypeInfo 类的对象表示数据类型。该类定义了 ANY、INT 与 STRING 这三个 static 字段。它们都是 TypeInfo 类型的值，表示各自对应的数据类型。此外，该类还定义了 UnknownType 与 FunctionType 这两个嵌套子类。前者表示程序省略了类型指定，并暂且采用了与 ANY 相同的实现逻辑。在之后实现类型推论时，我们将修改该类的实现。

　　第二个嵌套类 FunctionType 用于表示函数的类型。函数的类型通过参数序列的类型与返回值的类型表现。例如，假设某个函数将接收 Int 类型与 Any 类型的参数，并返回 String 类型的返回值。这样一来，我们就可以称它是一个"依次接收 Int 与 Any 类型的参数且返回值为 String 类型"的函数。

抽象语法树各节点类的 typeCheck 方法在计算类型时，将首先递归调用子表达式的 typeCheck 方法。如果没有子表达式，则调用 TypeInfo 对象的 assertSubtypeOf 方法，确认它是否满足类型指派规则的前提条件。例如，在检查由 = 运算符构成的赋值表达式时，typeCheck 方法将像下面这样，对表示左侧类型的 type 与表示右侧类型的 valueType 调用 assertSubtypeOf 方法。

```
valueType.assertSubtypeOf(type, tenv, this);
```

这条语句出自代码清单 14.6 中的 NameEx2 修改器。其中，type 与 valueType 都是 TypeInfo 类型的对象。assertSubtypeOf 方法将判断 valueType 表示的类型是否与 type 表示的相同，或是它的子类（子类型），如果不是，该方法将抛出 TypeException 异常，否则不执行任何操作。

> **C** 以防万一，我还是再重新说一下，如果 S 类型是 T 类型的子类，T 就是 S 的父类。
> **F** A 君，如果一个类型是 T 类型的子类，就表示我们可以放心地用它来代替 T 类型使用。
> **S** 嗯，如果是 T 类型的子类，就算用它替换与 T 类型相关的表达式，其他表达式与值的类型也不会产生冲突。
> **A** 这两种说法听着没区别啊。由于一个 Int 类型的值同时也属于 Any 类型，因此 Int 是 Any 的子类，这样理解没问题吧？

在对赋值表达式进行类型检查时，右侧表达式的类型只要与左侧的变量类型相同，或是它的子类即可。因此，像上面那样调用 assertSubtypeOf 方法就能完成检查。例如，假设 = 运算符右侧的表达式为 Int 类型，这时，即使左侧变量的类型是 Any，也不会发生数据类型错误。

> **C** 从现在起，在使用 Stone 语言时，不仅是表达式，语句也必须都指定数据类型才行。

由于 Stone 语言不支持 return 语句或类似的语法功能，因此不仅是表达式，所有语句都必须指定数据类型。首先，对于由大括号 {} 括起的代码块，它的数据类型与其中最后一条语句或表达式的类型相同。代码块中其余表达式与语句的类型将被忽略。

if 语句中的条件表达式为 Int 类型。整条 if 语句的类型，与最终执行的代码块类型相同，由条件表达式的结果决定。如果这两个代码块的类型不同，整条 if 语句的类型将是这两种类型的父类。它由 TypeInfo 类的 union 方法确定。需要注意的是，对于条件表达式不同的值，if 语句将分别执行特定的代码块，因而具有不同的数据类型。如果 if 语句的类型是这两种代码块类型的父类，那无论最终执行哪一个代码块，都不会发生问题。

> **C** 其实，if 语句的条件表达式并不一定非要是一条整数运算表达式。当且仅当计算结果为 0 时表达式值为假，除此之外，任意非零整数也好，字符串也好，表达式的值都为真。
> **H** 不过，要是将表达式的类型限定为 Int 类型，之后把 if 语句转换为 Java 语言会比较容易。

while 语句的条件表达式同样是 Int 类型。不过，整条 while 语句的类型并不直接沿用代码块的类型。我们规定，while 语句的类型是代码块类型与 Int 类型的父类。因此，while 语句只能是 Any 类型或 Int 类型两者其一。之所以这样规定，是因为如果 while 语句的代码块尚未执行，语句的计算结果为 0，必然属于 Int 类型。

如果类型检查的对象是 def 语句，整条语句的类型与它所定义的函数类型相同。它将根据该函数的类型创建一个 FunctionType 对象，并添加至数据类型环境。之后，typeCheck 方法将另外新建一个环境，用于对函数体内部做类型检查。环境创建后，typeCheck 方法将把函数参数的类型添加至该数据类型环境，并检查函数体，也就是代码块的类型是否与函数返回值的类型一致，或是它的子类。

> **C** 这里很重要的一点在于，typeCheck 方法首先需要将 FunctionType 对象添加至数据类型环境中。如果之后没有对函数体做类型检查，递归调用将无法执行。

Arguments 类用于表示函数调用表达式，它的 typeCheck 方法将递归调用参数的 typeCheck 方法，计算实参表达式的类型，并检查它们与形参的类型是否一致。形参的类型能够很容易通过函数调用方获知。整个函数调用表达式的类型与被调用函数的返回值类型相同。

> **C** 在调用函数时，如果不知道函数调用方的类型，就无法执行类型检查了。因此，为了让函数能够实现递归调用，我们必须把它的数据类型先添加至数据类型环境中。
>
> **S** 嗯，那在遇到所谓的相互递归时，我们该怎么做呢？
>
> **A** 相互递归？
>
> **F** 我们将函数 f 中调用了函数 g，g 中又调用了 f 的情况称为相互递归。
>
> **C** 在本章中还不能实现对相互递归的支持。我把它留作读者的课后练习了。
>
> **S** 是要添加类似于 Scheme 和 OCaml 中 let rec 那样的语法功能吗？
>
> **C** 总之要使函数能够被重新定义。现在这种做法将以数据类型错误处理，但为了实现相互递归调用，我们应该允许程序在不改变函数数据类型的前提下重新定义函数。
>
> **F** 也就是说，我们可以像下面这样，先临时定义 odd，之后再覆盖该定义，对吧？
>
> ```
> def odd(x: Int): String { "not implemented" }
> def even(x: Int): String {
>     if x == 0 { "Yes" } else { odd(x - 1) }}
> def odd(x: Int): String {
>     if x == 0 { "No" } else { even(x - 1) }}
> ```
>
> **H** 老师，之前的语言处理器理论上就已经支持重新定义函数了呀，为什么算作数据类型错误呢？
>
> **C** 这是为了之后把它转换为 Java 二进制代码时能更方便些。

代码清单14.6 TypeChecker.java

```java
package chap14;
import java.util.List;
import chap7.FuncEvaluator;
import chap11.EnvOptimizer;
import stone.Token;
import static javassist.gluonj.GluonJ.revise;
import stone.ast.*;
import javassist.gluonj.*;

@Require(TypedEvaluator.class)
@Reviser public class TypeChecker {
    @Reviser public static abstract class ASTreeTypeEx extends ASTree {
        public TypeInfo typeCheck(TypeEnv tenv) throws TypeException {
            return null;
        }
    }
    @Reviser public static class NumberEx extends NumberLiteral {
        public NumberEx(Token t) { super(t); }
        public TypeInfo typeCheck(TypeEnv tenv) throws TypeException {
            return TypeInfo.INT;
        }
    }
    @Reviser public static class StringEx extends StringLiteral {
        public StringEx(Token t) { super(t); }
        public TypeInfo typeCheck(TypeEnv tenv) throws TypeException {
            return TypeInfo.STRING;
        }
    }
    @Reviser public static class NameEx2 extends EnvOptimizer.NameEx {
        protected TypeInfo type;
        public NameEx2(Token t) { super(t); }
        public TypeInfo typeCheck(TypeEnv tenv) throws TypeException {
            type = tenv.get(nest, index);
            if (type == null)
                throw new TypeException("undefined name: " + name(), this);
            else
                return type;
        }
        public TypeInfo typeCheckForAssign(TypeEnv tenv, TypeInfo valueType)
            throws TypeException
        {
            type = tenv.get(nest, index);
            if (type == null) {
                type = valueType;
                tenv.put(0, index, valueType);
                return valueType;
            }
            else {
                valueType.assertSubtypeOf(type, tenv, this);
                return type;
            }
```

```
        }
    }
    @Reviser public static class NegativeEx extends NegativeExpr {
        public NegativeEx(List<ASTree> c) { super(c); }
        public TypeInfo typeCheck(TypeEnv tenv) throws TypeException {
            TypeInfo t = ((ASTreeTypeEx)operand()).typeCheck(tenv);
            t.assertSubtypeOf(TypeInfo.INT, tenv, this);
            return TypeInfo.INT;
        }
    }
    @Reviser public static class BinaryEx extends BinaryExpr {
        protected TypeInfo leftType, rightType;
        public BinaryEx(List<ASTree> c) { super(c); }
        public TypeInfo typeCheck(TypeEnv tenv) throws TypeException {
            String op = operator();
            if ("=".equals(op))
                return typeCheckForAssign(tenv);
            else {
                leftType = ((ASTreeTypeEx)left()).typeCheck(tenv);
                rightType = ((ASTreeTypeEx)right()).typeCheck(tenv);
                if ("+".equals(op))
                    return leftType.plus(rightType, tenv);
                else if ("==".equals(op))
                    return TypeInfo.INT;
                else {
                    leftType.assertSubtypeOf(TypeInfo.INT, tenv, this);
                    rightType.assertSubtypeOf(TypeInfo.INT, tenv, this);
                    return TypeInfo.INT;
                }
            }
        }
        protected TypeInfo typeCheckForAssign(TypeEnv tenv)
            throws TypeException
        {
            rightType = ((ASTreeTypeEx)right()).typeCheck(tenv);
            ASTree le = left();
            if (le instanceof Name)
                return ((NameEx2)le).typeCheckForAssign(tenv, rightType);
            else
                throw new TypeException("bad assignment", this);
        }
    }
    @Reviser public static class BlockEx extends BlockStmnt {
        TypeInfo type;
        public BlockEx(List<ASTree> c) { super(c); }
        public TypeInfo typeCheck(TypeEnv tenv) throws TypeException {
            type = TypeInfo.INT;
            for (ASTree t: this)
                if (!(t instanceof NullStmnt))
                    type = ((ASTreeTypeEx)t).typeCheck(tenv);
            return type;
        }
    }
```

```
@Reviser public static class IfEx extends IfStmnt {
    public IfEx(List<ASTree> c) { super(c); }
    public TypeInfo typeCheck(TypeEnv tenv) throws TypeException {
        TypeInfo condType = ((ASTreeTypeEx)condition()).typeCheck(tenv);
        condType.assertSubtypeOf(TypeInfo.INT, tenv, this);
        TypeInfo thenType = ((ASTreeTypeEx)thenBlock()).typeCheck(tenv);
        TypeInfo elseType;
        ASTree elseBk = elseBlock();
        if (elseBk == null)
            elseType = TypeInfo.INT;
        else
            elseType = ((ASTreeTypeEx)elseBk).typeCheck(tenv);
        return thenType.union(elseType, tenv);
    }
}
@Reviser public static class WhileEx extends WhileStmnt {
    public WhileEx(List<ASTree> c) { super(c); }
    public TypeInfo typeCheck(TypeEnv tenv) throws TypeException {
        TypeInfo condType = ((ASTreeTypeEx)condition()).typeCheck(tenv);
        condType.assertSubtypeOf(TypeInfo.INT, tenv, this);
        TypeInfo bodyType = ((ASTreeTypeEx)body()).typeCheck(tenv);
        return bodyType.union(TypeInfo.INT, tenv);
    }
}
@Reviser public static class DefStmntEx2 extends TypedEvaluator.DefStmntEx {
    protected TypeInfo.FunctionType funcType;
    protected TypeEnv bodyEnv;
    public DefStmntEx2(List<ASTree> c) { super(c); }
    public TypeInfo typeCheck(TypeEnv tenv) throws TypeException {
        TypeInfo[] params = ((ParamListEx2)parameters()).types();
        TypeInfo retType = TypeInfo.get(type());
        funcType = TypeInfo.function(retType, params);
        TypeInfo oldType = tenv.put(0, index, funcType);
        if (oldType != null)
            throw new TypeException("function redefinition: " + name(),
                                    this);
        bodyEnv = new TypeEnv(size, tenv);
        for (int i = 0; i < params.length; i++)
            bodyEnv.put(0, i, params[i]);
        TypeInfo bodyType
            = ((ASTreeTypeEx)revise(body())).typeCheck(bodyEnv);
        bodyType.assertSubtypeOf(retType, tenv, this);
        return funcType;
    }
}
@Reviser
public static class ParamListEx2 extends TypedEvaluator.ParamListEx {
    public ParamListEx2(List<ASTree> c) { super(c); }
    public TypeInfo[] types() throws TypeException {
        int s = size();
        TypeInfo[] result = new TypeInfo[s];
        for (int i = 0; i < s; i++)
            result[i] = TypeInfo.get(typeTag(i));
```

```java
            return result;
        }
    }
    @Reviser public static class PrimaryEx2 extends FuncEvaluator.PrimaryEx {
        public PrimaryEx2(List<ASTree> c) { super(c); }
        public TypeInfo typeCheck(TypeEnv tenv) throws TypeException {
            return typeCheck(tenv, 0);
        }
        public TypeInfo typeCheck(TypeEnv tenv, int nest) throws TypeException {
            if (hasPostfix(nest)) {
                TypeInfo target = typeCheck(tenv, nest + 1);
                return ((PostfixEx)postfix(nest)).typeCheck(tenv, target);
            }
            else
                return ((ASTreeTypeEx)operand()).typeCheck(tenv);
        }
    }
    @Reviser public static abstract class PostfixEx extends Postfix {
        public PostfixEx(List<ASTree> c) { super(c); }
        public abstract TypeInfo typeCheck(TypeEnv tenv, TypeInfo target)
            throws TypeException;
    }
    @Reviser public static class ArgumentsEx extends Arguments {
        protected TypeInfo[] argTypes;
        protected TypeInfo.FunctionType funcType;
        public ArgumentsEx(List<ASTree> c) { super(c); }
        public TypeInfo typeCheck(TypeEnv tenv, TypeInfo target)
            throws TypeException
        {
            if (!(target instanceof TypeInfo.FunctionType))
                throw new TypeException("bad function", this);
            funcType = (TypeInfo.FunctionType)target;
            TypeInfo[] params = funcType.parameterTypes;
            if (size() != params.length)
                throw new TypeException("bad number of arguments", this);
            argTypes = new TypeInfo[params.length];
            int num = 0;
            for (ASTree a: this) {
                TypeInfo t = argTypes[num] = ((ASTreeTypeEx)a).typeCheck(tenv);
                t.assertSubtypeOf(params[num++], tenv, this);
            }
            return funcType.returnType;
        }
    }
    @Reviser public static class VarStmntEx2 extends TypedEvaluator.VarStmntEx {
        protected TypeInfo varType, valueType;
        public VarStmntEx2(List<ASTree> c) { super(c); }
        public TypeInfo typeCheck(TypeEnv tenv) throws TypeException {
            if (tenv.get(0, index) != null)
                throw new TypeException("duplicate variable: " + name(), this);
            varType = TypeInfo.get(type());
            tenv.put(0, index, varType);
            valueType = ((ASTreeTypeEx)initializer()).typeCheck(tenv);
```

```
            valueType.assertSubtypeOf(varType, tenv, this);
            return varType;
        }
    }
}
```

代码清单14.7 TypeEnv.java

```
package chap14;
import java.util.Arrays;
import stone.StoneException;

public class TypeEnv {
    protected TypeEnv outer;
    protected TypeInfo[] types;
    public TypeEnv() { this(8, null); }
    public TypeEnv(int size, TypeEnv out) {
        outer = out;
        types = new TypeInfo[size];
    }
    public TypeInfo get(int nest, int index) {
        if (nest == 0)
            if (index < types.length)
                return types[index];
            else
                return null;
        else if (outer == null)
            return null;
        else
            return outer.get(nest - 1, index);
    }
    public TypeInfo put(int nest, int index, TypeInfo value) {
        TypeInfo oldValue;
        if (nest == 0) {
            access(index);
            oldValue = types[index];
            types[index] = value;
            return oldValue;     // may be null
        }
        else if (outer == null)
            throw new StoneException("no outer type environment");
        else
            return outer.put(nest - 1, index, value);
    }
    protected void access(int index) {
        if (index >= types.length) {
            int newLen = types.length * 2;
            if (index >= newLen)
                newLen = index + 1;
            types = Arrays.copyOf(types, newLen);
        }
    }
}
```

代码清单14.8 TypeException.java

```java
package chap14;
import stone.ast.ASTree;

public class TypeException extends Exception {
    public TypeException(String msg, ASTree t) {
        super(msg + " " + t.location());
    }
}
```

代码清单14.9 TypeInfo.java

```java
package chap14;
import stone.ast.ASTree;
import stone.ast.TypeTag;

public class TypeInfo {
    public static final TypeInfo ANY = new TypeInfo() {
        @Override public String toString() { return "Any"; }
    };
    public static final TypeInfo INT = new TypeInfo() {
        @Override public String toString() { return "Int"; }
    };
    public static final TypeInfo STRING = new TypeInfo() {
        @Override public String toString() { return "String"; }
    };

    public TypeInfo type() { return this; }
    public boolean match(TypeInfo obj) {
        return type() == obj.type();
    }
    public boolean subtypeOf(TypeInfo superType) {
        superType = superType.type();
        return type() == superType || superType == ANY;
    }
    public void assertSubtypeOf(TypeInfo type, TypeEnv env, ASTree where)
        throws TypeException
    {
        if (!subtypeOf(type))
            throw new TypeException("type mismatch: cannot convert from "
                                    + this + " to " + type, where);
    }
    public TypeInfo union(TypeInfo right, TypeEnv tenv) {
        if (match(right))
            return type();
        else
            return ANY;
    }
    public TypeInfo plus(TypeInfo right, TypeEnv tenv) {
        if (INT.match(this) && INT.match(right))
            return INT;
        else if (STRING.match(this) || STRING.match(right))
            return STRING;
        else
```

```
            return ANY;
    }
    public static TypeInfo get(TypeTag tag) throws TypeException {
        String tname = tag.type();
        if (INT.toString().equals(tname))
            return INT;
        else if (STRING.toString().equals(tname))
            return STRING;
        else if (ANY.toString().equals(tname))
            return ANY;
        else if (TypeTag.UNDEF.equals(tname))
            return new UnknownType();
        else
            throw new TypeException("unknown type " + tname, tag);
    }
    public static FunctionType function(TypeInfo ret, TypeInfo... params) {
        return new FunctionType(ret, params);
    }
    public boolean isFunctionType() { return false; }
    public FunctionType toFunctionType() { return null; }
    public boolean isUnknownType() { return false; }
    public UnknownType toUnknownType() { return null; }
    public static class UnknownType extends TypeInfo {
        @Override public TypeInfo type() { return ANY; }
        @Override public String toString() { return type().toString(); }
        @Override public boolean isUnknownType() { return true; }
        @Override public UnknownType toUnknownType() { return this; }
    }
    public static class FunctionType extends TypeInfo {
        public TypeInfo returnType;
        public TypeInfo[] parameterTypes;
        public FunctionType(TypeInfo ret, TypeInfo... params) {
            returnType = ret;
            parameterTypes = params;
        }
        @Override public boolean isFunctionType() { return true; }
        @Override public FunctionType toFunctionType() { return this; }
        @Override public boolean match(TypeInfo obj) {
            if (!(obj instanceof FunctionType))
                return false;
            FunctionType func = (FunctionType)obj;
            if (parameterTypes.length != func.parameterTypes.length)
                return false;
            for (int i = 0; i < parameterTypes.length; i++)
                if (!parameterTypes[i].match(func.parameterTypes[i]))
                    return false;
            return returnType.match(func.returnType);
        }
        @Override public String toString() {
            StringBuilder sb = new StringBuilder();
            if (parameterTypes.length == 0)
                sb.append("Unit");
            else
                for (int i = 0; i < parameterTypes.length; i++) {
```

```
            if (i > 0)
                sb.append(" * ");
            sb.append(parameterTypes[i]);
        }
        sb.append(" -> ").append(returnType);
        return sb.toString();
    }
}
}
```

14.3 运行程序时执行类型检查

至此，Stone 语言处理器已经能够支持类型检查，我们先来尝试一下在运行程序时执行类型检查。代码清单 14.10 是新的解释器。它与之前的解释器大同小异，唯一的区别在于会在调用 eval 方法执行输入的程序之前，通过 typeCheck 方法对数据类型执行检查。也就是说，该解释器会依次对输入的程序调用 lookup、typeCheck 与 eval 方法。此外,在最终显示 eval 方法的返回值时，它将同时显示 typeCheck 方法的返回值，即 eval 方法返回值的数据类型。

代码清单 14.11 是该解释器的启动程序。它应用了 TypeChecker 修改器（及其依赖的其他修改器）。为了对整个程序执行类型检查，它必须知道原生函数的数据类型信息。在第 8 章（第 8 天）已经说明过，原生函数指的是由 Java 语言写成的函数。由于原生函数没有以 Stone 语言定义，因此我们必须事先将它们的定义告诉启动程序。

在向环境添加原生函数时，我们还要向数据类型环境添加该原生函数的数据类型。代码清单 14.12 中的程序能实现这一处理。代码清单 14.10 中的解释器没有像之前那样使用第 8 章代码清单 8.3 中的 Natives 类，将使用代码清单 14.13 的程序。代码清单 14.13 ~ 代码清单 14.17 是新增的原生函数。与之前不同，这些原生函数各自具有单独的类，且函数本身都被命名为 m。这是为了之后将 Stone 语言的程序转换为 Java 二进制代码而做的准备。

> **H** 老师，那些表示原生函数的类的名称都与原生函数的名称一样呢。
>
> **F** 不过这些类名都是以小写字母起始的，没有遵循 Java 的命名习惯。
>
> **C** 这些都是为了方便之后把程序转换为 Java 代码，别太在意。

上述代码实现了新的语言处理器。接下来，我们启动解释器，试着执行以下的程序。

```
def fact(n: Int): Int {
    if n > 1 { n * fact(n - 1) } else { 1 }
}
fact 5
```

执行结果如下所示。

```
=> fact : Int -> Int
=> 120 : Int
```

　　第 1 行定义了函数 fact，并表明它是一个接收 Int 类型参数，返回 Int 类型结果的函数。第 2 行以 5 为参数调用了 fact，得到一个 Int 类型的返回值 120。

A 话说回来，我们一直在讲类型检查，其实能够检查的就只有静态类型语言对吧？

F 动态类型语言不支持类型检查，因为在执行之前我们无法知道具体的数据类型呀。

S 嗯，动态类型语言只是不支持静态类型检查而已。在每次执行计算前它同样会检查操作数的数据类型。

C 例如，在 Ruby 中，如果要对字符串做减法运算，就会发生运行错误。这就好比在执行计算前对 - 运算符两侧的数据类型做了检验。

S 嗯，由于 Ruby 的减法运算通过调用相应的方法实现，因此实际检查的是左侧的对象是否含有用于减法运算的方法。

C 对，你说的没错。

H Java 也会在强制类型转换或数组赋值等操作时执行动态数据类型检查。

C 毕竟静态数据类型检查有其局限性。静态类型只能表示某个表达式的计算结果起码是某种类型而已。

A 在数组赋值操作中也会执行类型检查的吗？

F 嗯，举个例子。

```
String[] sa = new String[1];
Object[] oa = sa;         // OK
oa[0] = new Integer(0); // error!
```

变量 oa 指向的是一个 String 数组，所以不能用一个 Integer 对象为 oa 的元素赋值。

C 除了动态类型检查，我们还能让程序在第 2 行将 sa 赋值给 oa 时，通过静态数据类型检查发现错误。不过 Java 的设计者没有采用这种设计，因此数组赋值操作必须执行动态数据类型检查。

F 我觉得在将 sa 赋值给 oa 时应该引发静态数据类型错误才对。

S 这可不太好，要是 java.util.Arrays.sort(Object[] a) 不能接收 String 数组作为参数，使用起来会很不方便呢。

代码清单14.10　TypedInterpreter.java

```java
package chap14;
import stone.BasicParser;
import stone.CodeDialog;
import stone.Lexer;
import stone.Token;
import stone.TypedParser;
import stone.ParseException;
import stone.ast.ASTree;
import stone.ast.NullStmnt;
```

```java
import chap11.EnvOptimizer;
import chap11.ResizableArrayEnv;
import chap6.BasicEvaluator;
import chap6.Environment;

public class TypedInterpreter {
    public static void main(String[] args) throws ParseException, TypeException {
        TypeEnv te = new TypeEnv();
        run(new TypedParser(),
            new TypedNatives(te).environment(new ResizableArrayEnv()),
            te);
    }
    public static void run(BasicParser bp, Environment env, TypeEnv typeEnv)
        throws ParseException, TypeException
    {
        Lexer lexer = new Lexer(new CodeDialog());
        while (lexer.peek(0) != Token.EOF) {
            ASTree tree = bp.parse(lexer);
            if (!(tree instanceof NullStmnt)) {
                ((EnvOptimizer.ASTreeOptEx)tree).lookup(
                                    ((EnvOptimizer.EnvEx2)env).symbols());
                TypeInfo type
                    = ((TypeChecker.ASTreeTypeEx)tree).typeCheck(typeEnv);
                Object r = ((BasicEvaluator.ASTreeEx)tree).eval(env);
                System.out.println("=> " + r + " : " + type);
            }
        }
    }
}
```

代码清单 14.11 TypedRunner.java

```java
package chap14;
import javassist.gluonj.util.Loader;
import chap8.NativeEvaluator;

public class TypedRunner {
    public static void main(String[] args) throws Throwable {
        Loader.run(TypedInterpreter.class, args, TypeChecker.class,
                                    NativeEvaluator.class);
    }
}
```

代码清单 14.12 TypedNatives.java

```java
package chap14;
import chap6.Environment;
import chap8.Natives;
import chap11.EnvOptimizer.EnvEx2;

public class TypedNatives extends Natives {
    protected TypeEnv typeEnv;
    public TypedNatives(TypeEnv te) { typeEnv = te; }
    protected void append(Environment env, String name, Class<?> clazz,
```

```
                        String methodName, TypeInfo type, Class<?> ... params)
    {
        append(env, name, clazz, methodName, params);
        int index = ((EnvEx2)env).symbols().find(name);
        typeEnv.put(0, index, type);
    }
    protected void appendNatives(Environment env) {
        append(env, "print", chap14.java.print.class, "m",
                TypeInfo.function(TypeInfo.INT, TypeInfo.ANY),
                Object.class);
        append(env, "read", chap14.java.read.class, "m",
                 TypeInfo.function(TypeInfo.STRING));
        append(env, "length", chap14.java.length.class, "m",
                TypeInfo.function(TypeInfo.INT, TypeInfo.STRING),
                String.class);
        append(env, "toInt", chap14.java.toInt.class, "m",
                TypeInfo.function(TypeInfo.INT, TypeInfo.ANY),
                Object.class);
        append(env, "currentTime", chap14.java.currentTime.class, "m",
                TypeInfo.function(TypeInfo.INT));
    }
}
```

代码清单14.13 currentTime.java

```
package chap14.java;
import chap11.ArrayEnv;

public class currentTime {
    private static long startTime = System.currentTimeMillis();
    public static int m(ArrayEnv env) { return m(); }
    public static int m() {
        return (int)(System.currentTimeMillis() - startTime);
    }
}
```

代码清单14.14 length.java

```
package chap14.java;
import chap11.ArrayEnv;

public class length {
    public static int m(ArrayEnv env, String s) { return m(s); }
    public static int m(String s) { return s.length(); }
}
```

代码清单14.15 print.java

```
package chap14.java;
import chap11.ArrayEnv;

public class print {
    public static int m(ArrayEnv env, Object obj) { return m(obj); }
    public static int m(Object obj) {
```

```
        System.out.println(obj.toString());
        return 0;
    }
}
```

代码清单 14.16　read.java

```
package chap14.java;
import chap11.ArrayEnv;
import javax.swing.JOptionPane;

public class read {
    public static String m(ArrayEnv env) { return m(); }
    public static String m() {
        return JOptionPane.showInputDialog(null);
    }
}
```

代码清单 14.17　toInt.java

```
package chap14.java;
import chap11.ArrayEnv;

public class toInt {
    public static int m(ArrayEnv env, Object value) { return m(value); }
    public static int m(Object value) {
        if (value instanceof String)
            return Integer.parseInt((String)value);
        else if (value instanceof Integer)
            return ((Integer)value).intValue();
        else
            throw new NumberFormatException(value.toString());
    }
}
```

14.4　对类型省略的变量进行类型推论

在实现了类型检查之后，接下来我们将设计类型推论功能。之前，如果没有明确指定变量或参数的类型，我们将默认它们是 Any 类型。然而，Any 类型的值无法进行减法与乘法计算，非常不便。

> **C** 还有一种做法是，如果没有指定数据类型，就以与之前采用动态数据类型的 Stone 语言同样的方式处理，变量可以被赋值为整数、字符串或其他任意类型的值，并能参与各种四则运算。
>
> **H** 老师，这样的话，只要在执行四则运算前做下动态类型检查就行了对吧？
>
> **C** 嗯，渐进类型指派(gradual typing)就是这么做的。无论如何，静态数据类型与动态数据类型将来都会进一步融合吧。

为此，如果没有明确指定数据类型，我们就需要调查该变量或参数的使用方式，推测恰当的数据类型。这就是类型推论（type inference）。例如，如果某个变量出现在减法表达式的左侧或右侧，我们就能推测出它是一个 Int 类型的变量。之后，如果数据类型省略，我们将暂时把它记为 Unknown 类型（类型不明的类型），并通过类型推论确定它具体是什么类型。

> **A** 如果某个变量出现在减法表达式的……真绕呀，直接说加法不好吗？
>
> **C** 嗯，但是加法也可能是用于字符串连接运算哦。也就是说 + 运算符的两侧不一定非要是 Int 类型的值。

类型推论算法与类型检查算法大同小异。在执行类型检查时，语言处理器常需要确认 - 运算符左右两侧的子表达式是否都是 Int 类型，如果不是 Int 类型就会发生类型错误。不难想象，为了避免发生类型错误，我们需要将 Unknown 类型的子表达式视为 Int 类型处理。这样一来，最初是 Unknown 类型的值将随着类型检查的进行，逐渐被指定为具体的数据类型。

> **H** 类型检查与类型推论之间还真是有着千丝万缕的联系呢。
>
> **C** 没错。至少从实现上来看，类型检查与类型推论是同步进行的，类型推论就像是随着类型检查一起执行似的。

对于上面的减法表达式，我们可以很容易地推测出 Unknown 具体指代的类型，但是有时，要确定一个值的类型并非易事。例如，在下面的赋值表达式中，变量 x 与 y 都没有被指定类型。

```
x = y
```

这时，变量 y 要么与 x 的类型相同，要么是 x 类型的子类。然而，如果无法确定具体的类型，仅凭这些条件，我们无法推测出更加具体的结果。

因此，我们只能推迟类型推论处理，等待获取进一步的信息。我们需要暂时记录这条赋值表达式中包含的信息，通常，这些信息以方程式的形式表现。首先，对于没有明确指定且尚不能推测出数据类型的变量与参数，我们将以 t_x、t_y 等变量表示。于是，该赋值表达式包含的信息就与下面的式子等价。

$$t_y \leq t_x$$

这里的 < 表示子类关系。将数据类型信息以方程式的形式表现之后，类型推论的适用范围将更广。例如，如果在执行类型检查时遇到形如 x - 1 的表达式，我们可以通过同样的思路，用下面的方程式表示其中包含的类型条件。

$$t_x = Int$$

减法两侧必须都是 Int 类型的值。连立两个方程式可得 $t_y \leq$ Int，又由于 Int 不含子类，因此可知 t_x、t_y 都是 Int 类型的值。

不难发现，类型推论的本质其实就是连立含有数据类型条件的方程式后求解。该连立方程式的解就是各个 Unknown 类型变量的具体数据类型。

> **A** 方程式也不总是有解的对吧？
>
> **F** 如果没有解就说明有数据类型错误了呀。也就是说，类型检查失败。
>
> **A** 那含有多个解的情况呢？

有些方程式可能含有多个解，我们无法据此确定某个变量的具体类型。方便起见，对于这种情况，Stone 语言将把变量指定为 Any 类型。例如，下面的函数 id 将在接收参数 x 后直接返回 x 的值，我们设参数 x 的类型为 t_x，函数 id 返回值的类型为 t_{ret}，并连立方程式，解得 $t_x \leqslant t_{ret}$。

```
def id(x) { x }
```

满足该方程式的 t_x、t_y 类型组合不只一种。除了 Any、Any 外，Int、Int 及 Int、Any 也都符合条件。不过如上所述，Stone 语言将把 Any、Any 作为方程式的最终解。

> **H** 老师，不增加对多态函数（polymorphic function）的支持吗？
>
> **F** 那样的话，我们就能对上面函数 id 的类型下定义了。即，它是一种接收 α 类型的参数并返回 α 类型返回值的函数。
>
> **A** α 类型？
>
> **F** 是 α 类型变量。与 Java 中泛型（generics）的类型变量相同。
>
> **C** 多态函数是一个很有意思的概念，不过它的类型检查与类型推论比较复杂，这里就不具体展开了。

代码清单 14.18 中的修改器将修改与类型推论处理相关的类。它修改了 TypeEnv 类、TypeInfo 类及其子类 UnknownType 类。在此之前，TypeInfo 类的 assertSubtypeOf 方法用于确认两种类型是否相同，或是否具有子类关系，如果不符合则抛出异常。修改后，如果遇到 Unknown 类型的值，该方法将为这两种类型建立方程式，并添加至数据类型环境 TypeEnv 对象中。新增的方程式本应可以表示两种类型一致或具有子类关系，不过简单起见，这里添加的方程式仅能表示两种类型相同。例如，如果赋值表达式需要将 t_1 类型的值赋值给 t_2 类型的变量，该方法将向数据类型环境添加方程式 $t_1=t_2$，而非 $t_1 \leqslant t_2$。同样地，union 方法也做了类似的简化。

> **S** 唉，也就是说，本来能够通过类型推论避免类型错误的程序，现在可能仍会发生类型错误吗？
>
> **C** 嗯，错是没错啦，不过如果要解不等式，程序就会变得很复杂了。

此外，由 + 运算符构成的双目运算表达式的类型指派规则也需要简化。按照之前的类型指派规则，如果运算符左右两侧都是 Int 类型，整个双目运算表达式也是 Int 类型，除此之外，无论两侧的值是什么类型，双目运算表达式的类型都需要视具体情况进一步分析决定。与该类型指派生规则对应的方程式非常复杂，因此我们需要简化该规则。如果无法确定 + 运算符左右两侧的数据类型，我们将始终推测它们是 Int 类型。

> F　还真是简化了很多啊。
>
> S　嗯，和 Standard ML 一样呢。
>
> H　没关系，如果遇到问题，只要显式地指定数据类型就好了对吧，老师？
>
> C　或者也可以像 OCaml 那样，通过 + 与 +. 等不同的运算符来区分数据类型。

要最终完成类型推论的实现，除了代码清单 14.18 中提供的，我们还需要再使用一个修改器。前面提到过，对于函数内部的局部变量或参数，如果仅凭函数内部的类型推论，无法确定 Unknown 类型的具体结果，Stone 语言将默认采用 Any 类型。代码清单 14.19 中的修改器实现了这一逻辑。该修改器覆盖了 DefStmnt 类的 typeCheck 方法，在函数体的类型检查结束时，尚且无法确定具体数据类型的 Unknown 类型全都置为了 Any 类型。

> H　老师，如果不使用代码清单 14.19 中的修改器，会有什么问题呢？
>
> C　嗯，比如说，我们来看一下下面这段代码。
>
> ```
> def id(x) { x }
> print id(3)
> print id("three")
> ```
>
> 其中，函数 id 本应接收 Any 类型的参数并返回 Any 类型的值，但从第 2 行起，它接收的是 Int 类型的值，返回的却是一个 Any 类型的值。
>
> F　于是第 3 行就会发生类型错误了对吧。
>
> S　嗯，函数类型会中途改变，还真奇怪啊。
>
> C　语言处理器在第 2 行调用 id 时将对 id(3) 执行类型检查，新增一个含有 id 的参数类型的方程式，并推测出参数是一个 Int 类型的值。
>
> F　也就是说，如果没有代码清单 14.19 中的修改器，就会一直不停地做类型推论呢。

代码清单 14.20 是解释器的启动程序。为了支持类型推论功能，它在运行 Stone 语言解释器前将首先应用代码清单 14.18 与代码清单 14.19 中的修改器。代码清单 14.20 虽然没有显式地应用 InferTypes 修改器，但应用了 InferFuncTypes 修改器。由于 InferFuncTypes 修改器通过 @Require 隐式地应用了 InferTypes 等修改器，因此它们都会被一起应用于新的解释器。

代码清单 14.18　InferTypes.java

```
package chap14;
import java.util.ArrayList;
import java.util.LinkedList;
import java.util.List;
```

```java
import stone.ast.ASTree;
import javassist.gluonj.Reviser;
import chap14.TypeInfo.UnknownType;

@Reviser public class InferTypes {
    @Reviser public static class TypeInfoEx extends TypeInfo {
        @Override
        public void assertSubtypeOf(TypeInfo type, TypeEnv tenv, ASTree where)
            throws TypeException
        {
            if (type.isUnknownType())
                ((UnknownTypeEx)type.toUnknownType()).assertSupertypeOf(this,
                                                                tenv, where);
            else
                super.assertSubtypeOf(type, tenv, where);
        }
        @Override public TypeInfo union(TypeInfo right, TypeEnv tenv) {
            if (right.isUnknownType())
                return right.union(this, tenv);
            else
                return super.union(right, tenv);
        }
        @Override public TypeInfo plus(TypeInfo right, TypeEnv tenv) {
            if (right.isUnknownType())
                return right.plus(this, tenv);
            else
                return super.plus(right, tenv);
        }
    }
    @Reviser public static class UnknownTypeEx extends TypeInfo.UnknownType {
        protected TypeInfo type = null;
        public boolean resolved() { return type != null; }
        public void setType(TypeInfo t) { type = t; }
        @Override public TypeInfo type() { return type == null ? ANY : type; }
        @Override public void assertSubtypeOf(TypeInfo t, TypeEnv tenv,
                                        ASTree where) throws TypeException
        {
            if (resolved())
                type.assertSubtypeOf(t, tenv, where);
            else
                ((TypeEnvEx)tenv).addEquation(this, t);
        }
        public void assertSupertypeOf(TypeInfo t, TypeEnv tenv, ASTree where)
            throws TypeException
        {
            if (resolved())
                t.assertSubtypeOf(type, tenv, where);
            else
                ((TypeEnvEx)tenv).addEquation(this, t);
        }
        @Override public TypeInfo union(TypeInfo right, TypeEnv tenv) {
            if (resolved())
                return type.union(right, tenv);
```

```
            else {
                ((TypeEnvEx)tenv).addEquation(this, right);
                return right;
            }
        }
        @Override public TypeInfo plus(TypeInfo right, TypeEnv tenv) {
            if (resolved())
                return type.plus(right, tenv);
            else {
                ((TypeEnvEx)tenv).addEquation(this, INT);
                return right.plus(INT, tenv);
            }
        }
    }
    @Reviser public static class TypeEnvEx extends TypeEnv {
        public static class Equation extends ArrayList<UnknownType> {}
        protected List<Equation> equations = new LinkedList<Equation>();
        public void addEquation(UnknownType t1, TypeInfo t2) {
            // assert t1.unknown() == true
            if (t2.isUnknownType())
                if (((UnknownTypeEx)t2.toUnknownType()).resolved())
                    t2 = t2.type();
            Equation eq = find(t1);
            if (t2.isUnknownType())
                eq.add(t2.toUnknownType());
            else {
                for (UnknownType t: eq)
                    ((UnknownTypeEx)t).setType(t2);
                equations.remove(eq);
            }
        }
        protected Equation find(UnknownType t) {
            for (Equation e: equations)
                if (e.contains(t))
                    return e;
            Equation e = new Equation();
            e.add(t);
            equations.add(e);
            return e;
        }
    }
}
```

代码清单14.19 InferFuncTypes.java

```
package chap14;
import java.util.List;
import chap14.TypeInfo.FunctionType;
import chap14.TypeInfo.UnknownType;
import chap14.InferTypes.UnknownTypeEx;
import stone.ast.ASTree;
import javassist.gluonj.Require;
import javassist.gluonj.Reviser;
```

```
@Require({TypeChecker.class, InferTypes.class})
@Reviser public class InferFuncTypes {
    @Reviser public static class DefStmntEx3 extends TypeChecker.DefStmntEx2 {
        public DefStmntEx3(List<ASTree> c) { super(c); }
        @Override public TypeInfo typeCheck(TypeEnv tenv) throws TypeException {
            FunctionType func = super.typeCheck(tenv).toFunctionType();
            for (TypeInfo t: func.parameterTypes)
                fixUnknown(t);
            fixUnknown(func.returnType);
            return func;
        }
        protected void fixUnknown(TypeInfo t) {
            if (t.isUnknownType()) {
                UnknownType ut = t.toUnknownType();
                if (!((UnknownTypeEx)ut).resolved())
                    ((UnknownTypeEx)ut).setType(TypeInfo.ANY);
            }
        }
    }
}
```

代码清单 14.20　InferRunner.java

```
package chap14;
import javassist.gluonj.util.Loader;
import chap8.NativeEvaluator;

public class InferRunner {
    public static void main(String[] args) throws Throwable {
        Loader.run(TypedInterpreter.class, args, InferFuncTypes.class,
                                                 NativeEvaluator.class);
    }
}
```

14.5　Java 二进制代码转换

　　获得了静态数据类型信息之后，我们终于可以考虑如何将抽象语法树转换成 Java 二进制代码了。Java 二进制代码是 Java 虚拟机使用的机器语言。如果直接从正面入手，我们可以像上一章讲的那样通过 `compile` 方法实现。不过，本章将利用现有的库，用一种不同的方式实现 Java 二进制代码的转换。

　　为了对 Java 二进制代码进行操作，本章采用了一种名为 Javassist 的库。该库能够在程序执行过程中创建并载入新的类，并调用其中的方法。由于新增方法的定义能以 Java 源代码的形式传递给 Javassist，因此我们无需在程序中生成 Java 二进制代码，非常方便。Javassist 能自动编译接收的源代码，并将其转换为二进制代码。

　　代码清单 14.21 中的程序能够通过 Javassist 来定义新的方法。JavaLoader 类的 `load` 方法将在接收类名与方法的定义后，对方法进行定义，并生成二进制代码，最后载入 Java 虚拟机。load 方法的返回值是该类的 Class 对象。只要有了 Class 对象，我们就能利用第 8 章介绍的 Java 中的反射机制来执行新定义的方法。

> **F** 每一个方法都需要定义一个新的类吗？
>
> **C** 没错，毕竟对 Java 来说，一个类一旦被载入虚拟机，就无法再添加新的方法了。因此如果我们用 Stone 语言定义了新的函数，就不得不新定义一个 Java 的类。

JavaLoader 类中使用的 ClassPool 对象由 Javassist 提供，用于管理类名与二进制代码（类文件）的对应关系。它会同时管理类的路径，而且在必要时能够从文件系统中取得类文件，读取二进制代码。

我们可以通过调用 ClassPool 对象的 makeClass 方法，在 JavaLoader 类中定义新的类。该方法将创建一个没有任何类与字段的空类。该方法的返回值是一个 CtClass 对象，用于表示 Javassist 中的类。这里的 CtClass 是 compile-time 类的简称。该对象与 java.lang.Class 有些相像，且提供了一些类似的方法。我们可以通过 addMethod 方法向 CtClass 对象添加希望定义的方法。在调用 toClass 之后，该 CtClass 对象将被转换为二进制代码并载入虚拟机，以获取与之对应的 Class 对象。addMethod 方法需要接收一个 String 对象，作为方法的定义。

代码清单14.21 JavaLoader.java

```java
package chap14;
import stone.StoneException;
import javassist.CannotCompileException;
import javassist.ClassPool;
import javassist.CtClass;
import javassist.CtMethod;

public class JavaLoader {
    protected ClassLoader loader;
    protected ClassPool cpool;
    public JavaLoader() {
        cpool = new ClassPool(null);
        cpool.appendSystemPath();
        loader = new ClassLoader(this.getClass().getClassLoader()) {};
    }
    public Class<?> load(String className, String method) {
        // System.out.println(method);
        CtClass cc = cpool.makeClass(className);
        try {
            cc.addMethod(CtMethod.make(method, cc));
            return cc.toClass(loader, null);
        } catch (CannotCompileException e) {
            throw new StoneException(e.getMessage());
        }
    }
}
```

> **F** CtClass 是 compile-time 的简称呀？其实应该算是 Load-time，叫 LtClass 不是更好嘛？
>
> **C** 的确，我现在也觉得 Lt 更好。
>
> **F** 还有就是，为什么 toClass 要接收一个类载入器呢？
>
> **H** 你是说 ClassLoader 对象对吧？每个 JavaLoader 对象都有专门的类载入器，它们用于载入新定义的类。
>
> **C** 如果替换成 JavaLoader，就能载入具有相同名称的类了。在 Java 中，对于两个名称相同但定义不同的类，只要它们的类载入器不同，就能同时在程序中使用。

出于与上一章相同的理由，我们将仅对抽象语法树中的函数部分进行 Java 二进制代码转换。非函数调用部分将照常通过 eval 方法执行。函数调用表达式由 Arguments 类表示，该类的 eval 方法用于执行已转换为 Java 二进制代码的函数。

代码清单 14.22 中 JavaFunction 类的对象用于表示函数。该类的对象能够保存已被转换为 Java 二进制代码的 Stone 语言函数信息，并同时在环境中记录这些信息及对应的函数名称。由于函数调用之外的代码仍将由 eval 方法执行，因此本章依然需要使用用于记录全局变量与函数的环境。这些环境将以第 11 章介绍的方式实现，语言处理器在执行过程中将通过编号而非名称来查找信息。另一方面，函数体已被转换为 Java 二进制代码，因此语言处理器将借助 Java 语言的参数与局部变量来记录函数参数及局部变量的值。这些值将不会被记录至环境中。

代码清单14.22 JavaFunction.java

```java
package chap14;
import stone.StoneException;
import chap7.Function;

public class JavaFunction extends Function {
    protected String className;
    protected Class<?> clazz;
    public JavaFunction(String name, String method, JavaLoader loader) {
        super(null, null, null);
        className = className(name);
        clazz = loader.load(className, method);
    }
    public static String className(String name) {
        return "chap14.java." + name;
    }
    public Object invoke(Object[] args) {
        try {
            return clazz.getDeclaredMethods()[0].invoke(null, args);
        } catch (Exception e) {
            throw new StoneException(e.getMessage());
        }
    }
}
```

> **A** 所以说，最后该怎样把抽象语法树转换为 Java 二进制代码呢？

由于本章使用了 Javassist，因此与其说是将抽象语法树转换为 Java 二进制代码，不如说是将它转换为 Java 源代码。例如，假设我们定义了这样一个 Stone 语言函数 fact。

```
def fact(n) {
    if n < 2 { 1 } else { n * fact(n - 1) }
}
```

该函数将被转换为名为 chap14.java.fact 的类中的一个 static 方法，如下所示。

```
public static int m(chap11.ArrayEnv env, int v0){
    int res;
    if ((v0 < 2 ? 1 : 0) != 0) {
        res = 1;
    } else {
        res = (v0 * chap14.java.fact.m(env, (v0 - 1)));
    }
    return res;
}
```

chap14.java.fact 类仅包含一个方法 m。m 这个方法名并没有什么特殊含义。该方法的第一个参数 env 是一个用于引用全局变量的环境，不过在该例中，fact 函数不需要使用这个环境。m 方法的第二个参数 v0 是 fact 函数的参数。在转换为 Java 语言的方法后，if 语句有一条稍显冗长的条件表达式。该表达式由 fact 函数的定义直接翻译，几乎没有改动。

> **C** 如果想知道函数被转换成了怎样的 Java 语言方法，只要在代码清单 14.21 中 JavaLoader 类的 load 方法的前部输出参数 method 的值就能看到了。
>
> **F** 哦，原来如此，这部分现在被注释掉了呢。

代码清单 14.23 中的修改器用于将函数转换为 Java 二进制代码。修改器起始处的 ranslateExpr 与 returnZero 是两个辅助方法，需由其他方法调用。EnvEx3 与 ArrayEnvEx 修改器将向环境中添加新的字段，并通过它们保存 JavaLoader 对象。此外，相应的访问器方法也将被添加，用于获取这些对象。

其他的修改器将分别修改抽象语法树的相应节点，为它们添加 translate 方法。该方法将在被调用后以调用了它的对象为根节点遍历子树，并在生成与该子树对应的源代码后返回。与 eval 方法及 compile 方法相同，该方法也会通过递归调用的形式实现语法树节点的遍历。

在 Java 语言的转换过程中，Stone 语言的 Int、String 与 Any 类型分别对应 Java 中的 int、String 与 Object 类型。由于 Stone 语言的语法与 Java 较为相近，所以转换逻辑并不复杂，只需为每个变量添加静态数据类型即可。不过，Javassist 内置的编译器不支持 Java5 引入的 autoboxing 功能，因此我们必须显式地执行该处理。该处理由 `translateExpr` 方法实现。例如，假设有下面的表达式。

```
x = i + 3
```

其中变量 x 为 Any 类型，变量 i 为 Int 类型。将其转换为 Java 语言后，它们将分别是 Object 与 int 类型的值，于是，该表达式将把一个 int 类型的值赋值给一个 Object 类型的变量。对于下面的表达式，如果语言处理器支持 autoboxing 功能，转换得到的 Java 语言表达式就能直接运行。如果不支持，由于 = 左右两侧类型不同，语言处理器将发生数据类型错误。

```
x = i + 3
```

为此，我们必须像下面这样，在代码中显式地执行数据类型转换。

```
x = new Integer(i + 3)
```

此外，为了执行显式的类型转换，除了变量与参数，语言处理器还需要知道子表达式的静态数据类型。因此，我们需要在执行类型检查的同时，为抽象语法树的节点对象添加相关字段，以保存已知的子表达式类型。Java 语言的转换处理将根据需要使用这些信息。

一个变量名不但可以指向局部变量，还可以指向全局变量或函数。我们必须根据情况将它们转换为相应的 Java 语言代码。由 NameEx3 修改器向 Name 类添加的 `translate` 方法能够实现这一功能。如果变量名指向的是局部变量或参数，它们将被转换为形如 v0、v1 的名称。v 之后数字代表变量在环境中的保存位置的编号。该编号能够通过 index 字段获取。

> **A** 咦，环境又不是通过数组实现的，保存位置的编号是指什么？好乱啊。
>
> **C** 环境确实不是通过数组实现的……
>
> **S** 我记得用于记录全局变量的环境的确是由数组实现的呀。
>
> **C** 虽然函数中的环境不是由数组实现的，不过我们还是会通过编号来管理局部变量，而不使用它们的名称。编号的分配由第 11 章介绍的修改器完成，这种实现较为简单。

另一方面，全局变量的变量名在转换后将引用作为参数传递的环境 env。由于数据类型的转换较为麻烦，因此实际的处理将交由代码清单 14.24 中 Runtime 类的相应方法实现，这里的代码仅需调用该方法即可。对于函数名称，它们将在函数转换为 Java 二进制代码后，被同时转换为对应的 static 方法的名称，如下所示。

```
chap14.java.fact.m
```

其中，chap14.java 是包名，m 是方法名。类名则与原来的函数名相同。

在转换过程中，我们还需要对比较运算符多加注意。Stone 语言与 Java 的运行机制稍有不同。Stone 语言的 == 运算符能同时对整数与字符串进行比较，但在 Java 中，字符串比较必须通过调用 equals 方法实现。此外，在 Stone 语言中，所有种类的比较结果都是 Int 类型的 0 或 1，但 Java 则通过 boolean 值表示结果。因此，我们在转换中使用了下面这样的三目运算表达式。

```
(v0 < 2 ? 1 : 0)
```

类似地，+ 运算符的计算结果如果是 Any 类型，转换逻辑也会相对复杂些。这两种运算符的计算由代码清单 14.24 中 Runtime 类的 eq 与 plus 方法实现，语言处理器将调用相应的代码进行实际的处理。详细信息请读者参见代码清单 14.23 中的 BinaryEx2 修改器。

> **A** 要分别处理这些细节差异还真不容易啊。从一开始就以 Java 为标准来设计 Stone 语言不好嘛。

我们还要小心处理代码块与 if 语句的转换。在 Stone 语言中，代码块内最后一条语句（或表达式）的计算结果将被作为整个代码块的结果。但 Java 语言并非如此，它需要通过 return 语句来确定返回结果。此外，虽然下面的表达式在 Stone 语言中合法，但它既没有执行赋值操作，也没有进行方法调用，因此无法作为独立的语句在 Java 语言中使用。

```
x + 1;
```

为此，我们为整个函数准备了一个名为 res 的局部变量，并将可能作为代码块最后一条语句的结果的值，即函数的返回值，保存在这一 res 变量中。事实上，translate 方法的参数表示的是当前正在转换的 Stone 语言函数的返回值类型。如果该参数为 null，就意味着（调用了 translate 方法的）语句或代码块的计算结果不是函数的返回值，而不必保存在变量 res 中。

在本章中，我们禁止在 Stone 语言的代码块内单独使用形如 x+1 这样的既非赋值也没有调用行数的表达式语句，除非它位于代码块的最后。BlockEx2 修改器的 translateStmnt 方法将对此进行检查，如发现违例，则会抛出异常。

> **A** 这还真是偷懒，完全是怎么方便怎么改嘛。这样一来，Stone 语言的语法兼容性就会很差了吧。
>
> **C** 在这种地方花太多心思也没用啊。其实我在其他一些地方也做了简化处理，比如，函数无法重新定义。如果要支持这个功能，Java 语言转换就会变得很复杂了。
>
> **H** 哦，所以前面才提到 Stone 语言不支持相互递归对吧？
>
> **F** 知道了这些后，我真是体会到了实用程序设计语言设计者们的辛苦呢。他们就不能那么简单地放弃兼容性了。

代码清单 14.23 中的修改器覆盖了 DefStmnt 类与 Arguments 类中的 eval 方法，改变了函数定义与函数调用的执行逻辑。在定义函数时，语言处理器将首先调用 DefStmnt 类中修改过的 eval 方法。该方法会调用 translate 方法，将函数体转换为 Java 语言的方法，并创建一个 JavaFunction 对象。该对象用于表示函数，它将与函数名一起被保存至环境中。

另一方面，在调用最外层函数时，语言处理器将调用 Arguments 类中修改过的 eval 方法。它将计算实参的值，并调用 JavaFunction 对象的 invoke 方法，执行已被转换为 Java 二进制代码的函数。

代码清单14.23 ToJava.java

```java
package chap14;
import java.util.ArrayList;
import java.util.List;
import chap11.ArrayEnv;
import chap11.EnvOptimizer;
import chap6.Environment;
import chap7.FuncEvaluator;
import stone.StoneException;
import stone.Token;
import stone.ast.*;
import javassist.gluonj.Require;
import javassist.gluonj.Reviser;
import static javassist.gluonj.GluonJ.revise;

@Require(TypeChecker.class)
@Reviser public class ToJava {
    public static final String METHOD = "m";
    public static final String LOCAL = "v";
    public static final String ENV = "env";
    public static final String RESULT = "res";
    public static final String ENV_TYPE = "chap11.ArrayEnv";

    public static String translateExpr(ASTree ast, TypeInfo from, TypeInfo to) {
        return translateExpr(((ASTreeEx)ast).translate(null), from, to);
    }
    public static String translateExpr(String expr, TypeInfo from,
                                       TypeInfo to)
    {
        from = from.type();
        to = to.type();
        if (from == TypeInfo.INT) {
            if (to == TypeInfo.ANY)
                return "new Integer(" + expr + ")";
            else if (to == TypeInfo.STRING)
                return "Integer.toString(" + expr + ")";
        }
        else if (from == TypeInfo.ANY)
            if (to == TypeInfo.STRING)
                return expr + ".toString()";
            else if (to == TypeInfo.INT)
                return "((Integer)" + expr + ").intValue()";
        return expr;
    }
    public static String returnZero(TypeInfo to) {
        if (to.type() == TypeInfo.ANY)
            return RESULT + "=new Integer(0);";
```

```
        else
            return RESULT + "=0;";
}

@Reviser public static interface EnvEx3 extends EnvOptimizer.EnvEx2 {
    JavaLoader javaLoader();
}
@Reviser public static class ArrayEnvEx extends ArrayEnv {
    public ArrayEnvEx(int size, Environment out) { super(size, out); }
    protected JavaLoader jloader = new JavaLoader();
    public JavaLoader javaLoader() { return jloader; }
}
@Reviser public static abstract class ASTreeEx extends ASTree {
    public String translate(TypeInfo result) { return ""; }
}
@Reviser public static class NumberEx extends NumberLiteral {
    public NumberEx(Token t) { super(t); }
    public String translate(TypeInfo result) {
        return Integer.toString(value());
    }
}
@Reviser public static class StringEx extends StringLiteral {
    public StringEx(Token t) { super(t); }
    public String translate(TypeInfo result) {
        StringBuilder code = new StringBuilder();
        String literal = value();
        code.append('"');
        for (int i = 0; i < literal.length(); i++) {
            char c = literal.charAt(i);
            if (c == '"')
                code.append("\\\"");
            else if (c == '\\')
                code.append("\\\\");
            else if (c == '\n')
                code.append("\\n");
            else
                code.append(c);
        }
        code.append('"');
        return code.toString();
    }
}
@Reviser public static class NameEx3 extends TypeChecker.NameEx2 {
    public NameEx3(Token t) { super(t); }
    public String translate(TypeInfo result) {
        if (type.isFunctionType())
            return JavaFunction.className(name()) + "." + METHOD;
        else if (nest == 0)
            return LOCAL + index;
        else {
            String expr = ENV + ".get(0," + index + ")";
            return translateExpr(expr, TypeInfo.ANY, type);
```

```
            }
        }
        public String translateAssign(TypeInfo valueType, ASTree right) {
            if (nest == 0)
                return "(" + LOCAL + index + "="
                        + translateExpr(right, valueType, type) + ")";
            else {
                String value = ((ASTreeEx)right).translate(null);
                return "chap14.Runtime.write" + type.toString()
                        + "(" + ENV + "," + index + "," + value + ")";
            }
        }
    }
    @Reviser public static class NegativeEx extends NegativeExpr {
        public NegativeEx(List<ASTree> c) { super(c); }
        public String translate(TypeInfo result) {
            return "-" + ((ASTreeEx)operand()).translate(null);
        }
    }
    @Reviser public static class BinaryEx2 extends TypeChecker.BinaryEx {
        public BinaryEx2(List<ASTree> c) { super(c); }
        public String translate(TypeInfo result) {
            String op = operator();
            if ("=".equals(op))
                return ((NameEx3)left()).translateAssign(rightType, right());
            else if (leftType.type() != TypeInfo.INT
                    || rightType.type() != TypeInfo.INT) {
                String e1 = translateExpr(left(), leftType, TypeInfo.ANY);
                String e2 = translateExpr(right(), rightType, TypeInfo.ANY);
                if ("==".equals(op))
                    return "chap14.Runtime.eq(" + e1 + "," + e2 + ")";
                else if ("+".equals(op)) {
                    if (leftType.type() == TypeInfo.STRING
                        || rightType.type() == TypeInfo.STRING)
                        return e1 + "+" + e2;
                    else
                        return "chap14.Runtime.plus(" + e1 + "," + e2 + ")";
                }
                else
                    throw new StoneException("bad operator", this);
            }
            else {
                String expr = ((ASTreeEx)left()).translate(null) + op
                            + ((ASTreeEx)right()).translate(null);
                if ("<".equals(op) || ">".equals(op) || "==".equals(op))
                    return "(" + expr + "?1:0)";
                else
                    return "(" + expr + ")";
            }
        }
    }
    @Reviser public static class BlockEx2 extends TypeChecker.BlockEx {
```

```java
    public BlockEx2(List<ASTree> c) { super(c); }
    public String translate(TypeInfo result) {
        ArrayList<ASTree> body = new ArrayList<ASTree>();
        for (ASTree t: this)
            if (!(t instanceof NullStmnt))
                body.add(t);
        StringBuilder code = new StringBuilder();
        if (result != null && body.size() < 1)
            code.append(returnZero(result));
        else
            for (int i = 0; i < body.size(); i++)
                translateStmnt(code, body.get(i), result,
                                i == body.size() - 1);
        return code.toString();
    }
    protected void translateStmnt(StringBuilder code, ASTree tree,
                                TypeInfo result, boolean last)
    {
        if (isControlStmnt(tree))
            code.append(((ASTreeEx)tree).translate(last ? result : null));
        else
            if (last && result != null)
                code.append(RESULT).append('=')
                    .append(translateExpr(tree, type, result)).append(";\n");
            else if (isExprStmnt(tree))
                code.append(((ASTreeEx)tree).translate(null)).append(";\n");
            else
                throw new StoneException("bad expression statement", this);
    }
    protected static boolean isExprStmnt(ASTree tree) {
        if (tree instanceof BinaryExpr)
            return "=".equals(((BinaryExpr)tree).operator());
        return tree instanceof PrimaryExpr || tree instanceof VarStmnt;
    }
    protected static boolean isControlStmnt(ASTree tree) {
        return tree instanceof BlockStmnt || tree instanceof IfStmnt
                || tree instanceof WhileStmnt;
    }
}
@Reviser public static class IfEx extends IfStmnt {
    public IfEx(List<ASTree> c) { super(c); }
    public String translate(TypeInfo result) {
        StringBuilder code = new StringBuilder();
        code.append("if(");
        code.append(((ASTreeEx)condition()).translate(null));
        code.append("!=0){\n");
        code.append(((ASTreeEx)thenBlock()).translate(result));
        code.append("} else {\n");
        ASTree elseBk = elseBlock();
        if (elseBk != null)
            code.append(((ASTreeEx)elseBk).translate(result));
        else if (result != null)
```

```
                code.append(returnZero(result));
            return code.append("}\n").toString();
        }
    }
    @Reviser public static class WhileEx extends WhileStmnt {
        public WhileEx(List<ASTree> c) { super(c); }
        public String translate(TypeInfo result) {
            String code = "while(" + ((ASTreeEx)condition()).translate(null)
                            + "!=0){\n" + ((ASTreeEx)body()).translate(result)
                            + "}\n";
            if (result == null)
                return code;
            else
                return returnZero(result) + "\n" + code;
        }
    }
    @Reviser public static class DefStmntEx3 extends TypeChecker.DefStmntEx2 {
        public DefStmntEx3(List<ASTree> c) { super(c); }
        @Override public Object eval(Environment env) {
            String funcName = name();
            JavaFunction func = new JavaFunction(funcName, translate(null),
                                                ((EnvEx3)env).javaLoader());
            ((EnvEx3)env).putNew(funcName, func);
            return funcName;
        }
        public String translate(TypeInfo result) {
            StringBuilder code = new StringBuilder("public static ");
            TypeInfo returnType = funcType.returnType;
            code.append(javaType(returnType)).append(' ');
            code.append(METHOD).append("(chap11.ArrayEnv ").append(ENV);
            for (int i = 0; i < funcType.parameterTypes.length; i++) {
                code.append(',').append(javaType(funcType.parameterTypes[i]))
                        .append(' ').append(LOCAL).append(i);
            }
            code.append("){\n");
            code.append(javaType(returnType)).append(' ').append(RESULT)
                    .append(";\n");
            for (int i = funcType.parameterTypes.length; i < size; i++) {
                TypeInfo t = bodyEnv.get(0, i);
                code.append(javaType(t)).append(' ').append(LOCAL).append(i);
                if (t.type() == TypeInfo.INT)
                    code.append("=0;\n");
                else
                    code.append("=null;\n");
            }
            code.append(((ASTreeEx)revise(body())).translate(returnType));
            code.append("return ").append(RESULT).append(";}");
            return code.toString();
        }
        protected String javaType(TypeInfo t) {
            if (t.type() == TypeInfo.INT)
                return "int";
            else if (t.type() == TypeInfo.STRING)
```

```
                return "String";
            else
                return "Object";
        }
    }
    @Reviser public static class PrimaryEx2 extends FuncEvaluator.PrimaryEx {
        public PrimaryEx2(List<ASTree> c) { super(c); }
        public String translate(TypeInfo result) { return translate(0); }
        public String translate(int nest) {
            if (hasPostfix(nest)) {
                String expr = translate(nest + 1);
                return ((PostfixEx)postfix(nest)).translate(expr);
            }
            else
                return ((ASTreeEx)operand()).translate(null);
        }
    }
    @Reviser public static abstract class PostfixEx extends Postfix {
        public PostfixEx(List<ASTree> c) { super(c); }
        public abstract String translate(String expr);
    }
    @Reviser public static class ArgumentsEx extends TypeChecker.ArgumentsEx {
        public ArgumentsEx(List<ASTree> c) { super(c); }
        public String translate(String expr) {
            StringBuilder code = new StringBuilder(expr);
            code.append('(').append(ENV);
            for (int i = 0; i < size(); i++)
                code.append(',')
                    .append(translateExpr(child(i), argTypes[i],
                                          funcType.parameterTypes[i]));
            return code.append(')').toString();
        }
        public Object eval(Environment env, Object value) {
            if (!(value instanceof JavaFunction))
                throw new StoneException("bad function", this);
            JavaFunction func = (JavaFunction)value;
            Object[] args = new Object[numChildren() + 1];
            args[0] = env;
            int num = 1;
            for (ASTree a: this)
                args[num++] = ((chap6.BasicEvaluator.ASTreeEx)a).eval(env);
            return func.invoke(args);
        }
    }
    @Reviser public static class VarStmntEx3 extends TypeChecker.VarStmntEx2 {
        public VarStmntEx3(List<ASTree> c) { super(c); }
        public String translate(TypeInfo result) {
            return LOCAL + index + "="
                   + translateExpr(initializer(), valueType, varType);
        }
    }
}
```

代码清单14.24 Runtime.java

```java
package chap14;
import chap11.ArrayEnv;

public class Runtime {
    public static int eq(Object a, Object b) {
        if (a == null)
            return b == null ? 1 : 0;
        else
            return a.equals(b) ? 1 : 0;
    }
    public static Object plus(Object a, Object b) {
        if (a instanceof Integer && b instanceof Integer)
            return ((Integer)a).intValue() + ((Integer)b).intValue();
        else
            return a.toString().concat(b.toString());
    }
    public static int writeInt(ArrayEnv env, int index, int value) {
        env.put(0, index, value);
        return value;
    }
    public static String writeString(ArrayEnv env, int index, String value) {
        env.put(0, index, value);
        return value;
    }
    public static Object writeAny(ArrayEnv env, int index, Object value) {
        env.put(0, index, value);
        return value;
    }
}
```

14.6 综合所有修改再次运行程序

代码清单14.25是新版的启动程序。该启动程序在运行Stone语言时将同时执行类型检查、类型推论以及Java二进制代码的转换。虽然本章需要使用Javassist库，不过它已经包含在了GluonJ中，因此我们无需做额外的处理。

A 这次多少会快一些了吧。

F 第8章代码清单8.6中的fib函数在经过类型推论处理后，所有的变量都将具有数据类型。（小心翼翼地定义了函数）

H 是嘛，所有变量都具有类型了啊。那么这就不需要添加:Int之类的声明了呢。

F 什么？还真能直接运行呀。

S 嗯，因为代码中只有Int与String，非常简单，所以添加类型也很容易。

A 那么执行速度如何？试着计算下fib 33吧。（试着多次执行fib 33）

F 在函数定义完成后有点慢啊。第一次要花 0.2 到 0.7 秒才行。不过之后每次执行时就只要 0.03 至 0.04 秒了。

A 比 Ruby 要快多了嘛。

C 不能这么说。不要仅凭斐波那契数的计算速度来判断一种语言的性能，这话我说了多少次了，可别忘了。

H 老师，第一次比较慢是因为 JIT 编译器的关系吗？

C Stone 语言处理器本身的 JIT 似乎很费时。不过如果是 Server 模式，第一次也会很快。0.03 秒的结果和直接用 Java 写成的斐波那契数计算程序差不多了。

A 话说用 C 语言来计算 `fib 33` 要花多少时间？

C 编译未经优化的话，gcc 需要 0.1 秒左右吧。

A 竟然比 C 语言还快？

F 不要仅凭斐波那契数的计算速度来判断一种语言的性能呀，A 君。

C 先不说这个，如果开启了 O2 编译优化，gcc 只要不到 0.5 毫秒就能完成计算了。

H 毫秒吗，有 100 倍的差距了呀。

C 斐波那契数是一个例外，所以差别会很大。不过要评论语言的性能是很难的。只是不断优化一个简单的程序的话，最后就不知道到底在测什么了。事实上，在 O4 优化下，gcc 只要 4 微妙就能算好了。

代码清单14.25　JavaRunner.java

```
package chap14;
import javassist.gluonj.util.Loader;
import chap8.NativeEvaluator;

public class JavaRunner {
    public static void main(String[] args) throws Throwable {
        Loader.run(TypedInterpreter.class, args, ToJava.class,
                    InferFuncTypes.class, NativeEvaluator.class);
    }
}
```

专栏5 Twitter

第
15
天

手工设计词法分析器

第 15 天　手工设计词法分析器

在第 3 天（第 3 章），我们借助正则表达式库实现了词法分析器。由于程序设计语言通常都需具备正则表达式库，因此这种方式不会产生不便。不过在本章中，我们将讨论一种不使用正则表达式库的词法分析器设计方法。具体来讲，我们将不再通过正则表达式库来实现字符串匹配，正则表达式的处理逻辑将全部手工完成。

15.1　修改自动机

首先，我们来看一个例子，试考虑下面的正则表达式。

```
[0-9]+
```

该正则表达式用于匹配整型字面量。它能匹配由 0 至 9 这些数字至少重复一次组成的字符串。元字符 + 表示至少重复一次，元字符 * 表示至少重复 0 次，含有元字符 * 的正则表达式有时可以借助元字符 + 简化表述。

```
[0-9][0-9]*
```

这条正则表达式将匹配由 1 个数字或 1 个数字后接若干数字构成的字符串。从结果上来看，这两种正则表达式将始终匹配相同的字符串。

为了设计能够执行这一正则表达式匹配的程序，我们首先需要创建与之等价的自动机（automaton，准确来讲，这是一种确定有限状态自动机）。

> Ⓐ 确定什么的……名字可真长啊。
>
> Ⓒ 还有其他很多种自动机，为了区分它们，只能用那么长的名字了。

自动机类似于一种极为简单的计算机。它的内部包含了一个仅能记录有限类型的值的内存，在接收新的输入后，新值将由输入值与当前值共同决定，并更新至内存中。自动机不支持包括四则运算或分支运算等在内的任何其他类型的运算。自动机程序实质是一张对应关系表，根据该表，我们能由输入值及当前内存值的组合，得到需要保存至内存中的新值。

图 15.1 中的自动机与正则表达式 [0-9] [0-9]* 等价。图中，圆圈内的数字表示自动机内存记录的当前值。圆圈（或其中的数字）称为状态。图中的箭头表示自动机在某一状态下，如果收到箭头旁标识的输入，将转换至箭头指向的状态（这一过程称为转换）。也就是说，如果圆圈内的数字是内存的当前值，且箭头旁的数字是自动机接受的输入，那么内存的值将被更新为箭头

指向的圆圈内的数字。

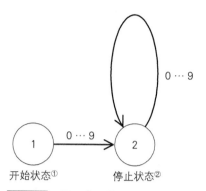

图15.1 用于表示整型字面量的自动机

事实上，圆圈内的数字并没有特殊的含义。它们仅仅用于区分不同的圈圈。因此，有些图中圆圈内不写数字。该图最为根本的一点在于，圆圈的数量有限（因此称为有限状态自动机）。读者千万不能误以为圆圈的个数可以无限增加。

> **A** 说是不能无限，那万一有的正则表达式只能与含有无限个圆圈的自动机等价的话，该怎么办呢？
>
> **F** A君，你好好听课了吗？任何正则表达式都能转化为与之等价的有限状态机哦，也就是说自动机定能仅包含有限个圆圈，这可是常识呀。

字符串匹配的执行将从起始状态，即图中的状态 1 开始。自动机将从字符串头部开始逐一输入字符，并据此改变状态，最终抵达停止状态，即图中的状态 2。执行途中如果找不到符合要求的箭头就会出现错误，字符串匹配失败。例如，假设自动机在状态 1 下接受了输入 A，由于图中的箭头只有在接受数字输入时有效，因此本次匹配将以出错告终。

状态 2 是一个停止状态，其中，我们应当关注的是状态 2 上标有的箭头。可以看到，该自动机的状态 2 依然能够接受数字输入并继续执行。由于箭头从状态 2 出发又回到该状态，因此无论输入几次，自动机将始终处于状态 2。只要输入内容是数字，自动机的执行将不断循环。

要判断正则表达式是否与整个字符串匹配，程序需要检查字符串的最后一个字符输入后，自动机是否处于停止状态。如果没有到达停止状态，或中途出错，则表示字符串与正则表达式不匹配。

在词法分析过程中，语言处理器需要判断正则表达式与字符串头部的多少字符匹配。例如，假设有以下字符串。

37+41

---

① 亦有起始状态、初始状态等译法。——译者注
② 亦有接受状态、终止状态、结束状态等译法。——译者注

该字符串的前两个字符，即子字符串 37，与正则表达式 [0-9][0-9]* 匹配。为了得到这一结果，自动机必须不断运行，直至无法再接受新的输入，到达停止状态。无法再接受新的输入指的是，任何新的输入都会引起错误。对于上面的例子，自动机将接受 2 个字符，至数字 7 为止。此时，自动机处于状态 2，且已抵达停止状态，如果继续接受第 3 个字符 + 就会报错。该状态下，已经接受的字符将能与正则表达式匹配。由于这里最后接受的字符是 7，因此子字符串 37 能够与正则表达式匹配。

C 正则表达式被改为自动机后，似乎就能用程序实现了对吧？

H 毕竟自动机的执行方式多少和计算机有些相似呢。

A 不过，改起来难度不小吧？

F 老师，您要不先讲下怎么把正则表达式改为非确定有限状态自动机，再介绍怎么把它进一步改写为确定有限状态机吧？一般的教材都是这么安排的。

C 如果允许任意的正则表达式，并改写与之相应的匹配程序的话，确实是要这样……

H 意思是我们要从头自己手工设计正则表达式库？

C 如果已知正则表达式，要直接把它转换成确定有限状态自动机也不是件难事。稍微想想就能做出来了。

H 那是因为老师您已经理解得很透彻了所以才能做到吧……

下面我们再来看一个自动机的例子。这次我们尝试将一条更加复杂的正则表达式改写为自动机吧。

```
\s*([0-9][0-9]*|[A-Za-z][A-Za-z0-9]*|=|==)
```

它与第 3 章使用的正则表达式十分相似。在该正则表达式中，\s* 之后跟有由 | 连接的 4 种模式。其中，第 1 个模式用于与整形字符串匹配。第 2 个模式用于与标识符匹配。如果一个字符串的首个字符是 A 至 Z 中的某个字母，且之后跟有若干个字母或数字，抑或不后接任何内容，它就会与该模式匹配。最后两个模式用于匹配 = 以及 ==。由于 \s 表示空白符，因此最终该正则表达式匹配的字符串将由两部分组成。首先，空白符将重复出现多次或完全不出现，之后，再接有一个与四种模式中的某模式相匹配的字符串。

图 15.2 是与该正则表达式等价的自动机，它含有 5 种状态。其中，状态 1 是开始状态，其余都是停止状态。当自动机处于状态 1 时，它能根据输入的内容在 4 种模式中选择，并转换至相应的状态。如果输入的是空白符，自动机将保持状态 1，直至接受到与某种模式匹配的字符。

由于模式 = 与 == 的首字符相同，因此对于这两种模式，自动机都将转换至状态 4。如果下一个字符不是 =，匹配将就此结束。如果自动机继续接受了一个字符 =，就将转换至状态 5 并结束。状态 5 没有转换至其他状态的箭头，因此无论之后的输入是什么，匹配过程都会直接结束，不会进行判断。

15.2 自动机程序

　　如果能够将正则表达式改写为自动机，就不难将其进一步改写为用于执行基于原正则表达式的字符串匹配程序。代码清单 15.1 是根据图 15.2 中的自动机改写而来的程序。其中包含了用于测试的 main 方法。

　　在调用 Lexer 类的 read 方法后，词法分析器将从 Reader 对象中读取字符，并返回前端与正则表达式匹配的子字符串。不过，起始的空白符不会被返回。再次调用 read 方法时，词法分析器将从上次返回的字符串之后接着继续处理，返回与正则表达式匹配的字符串。

　　分析 read 方法的内部可以发现，它仅是自动机逻辑的一种直接表述。自动机中的箭头在程序中以 if 或 while 语句表示。如果箭头返回的是原有状态，则由 while 语句表示。如果正则表达式不是很复杂，这种级别的简单程序就足以表达它的匹配逻辑。

　　词法分析器通过 Lexer 类的 getChar 方法从 Reader 对象中逐一读取字符。ungetChar 方法将重置字符的读取状态，使词法分析器能够重新读取该字符。在重置了字符的读取状态后，词法分析器能再次使用 getChar 方法重新读取该字符。

　　词法分析器之所以需要支持这种操作，是因为它必须从读取的字符串前端获取与正则表达式匹配的尽可能长的部分。为此，正如之前所讲，词法分析器不得不持续运行，直至无法再接受新的输入字符，到达停止状态。此时，Reader 对象中可能还留有一些字符。由于词法分析器在继续读取字符时将发生错误，因此它必须能够通过 ungetChar 方法取消读取。此外，这些字符如果不是空白符，将在下次调用 read 方法时成为字符串的起始字符。

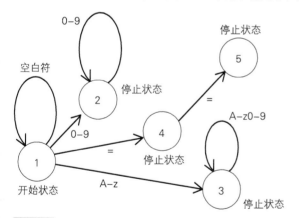

图15.2　用于识别整型字面量、标识符与等号的自动机

代码清单15.1　由图15.2中的自动机改写得到的程序

```
package chapA;
import java.io.IOException;
import java.io.Reader;
import stone.CodeDialog;
```

```
public class Lexer {
    private Reader reader;
    private static final int EMPTY = -1;
    private int lastChar = EMPTY;
    public Lexer(Reader r) { reader = r; }
    private int getChar() throws IOException {
        if (lastChar == EMPTY)
            return reader.read();
        else {
            int c = lastChar;
            lastChar = EMPTY;
            return c;
        }
    }
    private void ungetChar(int c) { lastChar = c; }
    public String read() throws IOException {
        StringBuilder sb = new StringBuilder();
        int c;
        do {
            c = getChar();
        } while (isSpace(c));
        if (c < 0)
            return null;  // end of text
        else if (isDigit(c)) {
            do {
                sb.append((char)c);
                c = getChar();
            } while (isDigit(c));
        }
        else if (isLetter(c)) {
            do {
                sb.append((char)c);
                c = getChar();
            } while (isLetter(c) || isDigit(c));
        }
        else if (c == '=') {
            c = getChar();
            if (c == '=')
                return "==";
            else {
                ungetChar(c);
                return "=";
            }
        }
        else
            throw new IOException();

        if (c >= 0)
            ungetChar(c);

        return sb.toString();
    }
    private static boolean isLetter(int c) {
        return 'A' <= c && c <= 'Z' || 'a' <= c && c <= 'z';
    }
```

```
private static boolean isDigit(int c) { return '0' <= c && c <= '9'; }
private static boolean isSpace(int c) { return 0 <= c && c <= ' '; }
public static void main(String[] args) throws Exception {
    Lexer l = new Lexer(new CodeDialog());
    for (String s; (s = l.read()) != null; )
        System.out.println("-> " + s);
}
}
```

15.3 正则表达式的极限

　　正则表达式能够表述非常复杂的字符串模式匹配逻辑，但它并非万能。例如，我们来考虑一下与由 /* 与 */ 括起的注释语句匹配的正则表达式。乍一看，它可以通过正则表达式表述，但只要在这样的注释中还嵌套了由 /* 与 */ 标识的注释，正则表达式就无能为力了。

```
/* java /* ruby */ scala */
```

　　试考虑上述注释。该注释中嵌套了另一条注释 /*ruby*/。我们无法写出一条能够与整条注释匹配的正则表达式。正则表达式最多能匹配下面这样的注释，scala*/ 将无法被识别。

```
/* java /* ruby */
```

　　C 其实上面的说法不太准确，含有嵌套的模式并非完全无法由正则表达式表述。如果嵌套只有有限的几层，正则表达式还是能表述的。但如果嵌套是无限的，就没办法了。

　　A 为什么会这样呢？

　　F 因为正则表达式一定能以有限状态自动机表示呀。也就是说，它只能处理有限的状态。因此能够处理有限层嵌套的正则表达式还是存在的，但能处理无限层嵌套的正则表达式从理论上就不可能实现。

第

16

天

语法分析方式

第 16 天　语法分析方式

第 5 章（第 5 天）通过 Parser 库轻松实现了语法分析逻辑。本章将介绍怎样才能不使用这类外部的库，手工设计语法分析程序。

16.1　正则表达式与 BNF

上一章已经介绍了如何设计基于正则表达式的字符串匹配程序。由代码清单 15.2 的程序可知，该匹配程序比想象中简单得多。

如果由 BNF 定义的语法的复杂程度不高，基于该语法的语法分析程序同样会直观明了。事实上，正则表达式也能视作一种语法表述方式，它能够表达某些由 BNF 定义的语法。能够由 BNF 表述的语法称为上下文无关文法，而能通过正则表达式表述的语法称为正则文法。如果一种语法是正则文法，我们就能通过与上一章类似的方式，设计出语法分析程序。

> **C** 顺便提一句，也有上下文有关文法这种语法。
>
> **H** 嗯，那是怎样的语法来着？
>
> **C** BNF 语法规则的左侧是一个非终结符。如果它的前后含有终结符，比如 `"/"` pat `"/"` 这样，该语法就是一种上下文有关文法。也就是说，只有被字符 / 前后括起时，非终结符 pat 才能扩展成这条语法规则右侧的模式。

正则表达式用于字符串的匹配，BNF 则用于单词序列的匹配。乍一看两者区别很大，其实，如果将字符串中的每个字符视作一个单词，就不难发现正则表达式与 BNF 的本质相同，都能用于模式匹配。例如，下面的正则表达式与由 BNF 定义的语法规则相同。

```
[0-9][0-9]*
digit: "0" | "1" | "2" | ... | "8" | "9"
number: digit | digit  number
```

非终结符 number 的语法规则以递归形式定义，它表示非终结符 digit（0 至 9 的数字）将至少出现一次，本质与上面的正则表达式相同。如上所示，如果语法规则的右侧同时包含终结符与非终结符，且除了最右端是非终结符外，右侧的剩余部分都是终结符，该语法就是一种正则文法。也就是说，该语法能由正则表达式表述。

> **C** 右侧的非终结符表示递归，因此这里的关键是语法规则必须在尾部递归。
>
> **H** 也就是说能够循环展开的就是正则文法对吧？

我们顺便通过一个具体的例子来深入探讨一下 number 的定义。number 可以由一个 digit 构成，也能由 digit 后接 number 构成。

在第一种情况下，number 就是一个 digit。在第二种情况下，后接的 number 可以是一个 digit，也可以是一个 digit 再后接 number。

```
digit
digit number
```

于是，以 digit number 为例，对于第一种情况，加上原有的 digit，整个 number 由两个 digit 组成。对于第二种情况，最后的 number 既可以是一个 digit，也可以是 digit 再后接 number。由于这可以无限循环，因此最终，number 可以仅含有一个 digit，也可以由任意个连续的 digit 组成。

```
digit digit
digit digit number
```

16.2　语法分析算法

如果一种由 BNF 定义的语法不是正则文法，我们就不得不使用更加复杂的算法来实现语法分析。遗憾的是，绝大部分的程序设计语言语法都不是正则文法。只要语言支持在表达式中使用无限嵌套的括号，它就无法通过正则文法表述。

现已存在大量能够对非正则文法进行语法分析的算法。这些算法各有特色。其中一些算法较为简单，只能处理与正则文法区别不大的语法。另外一些算法非常复杂，但能够对各种不同类型的语言进行语法分析。

> **F** 这部分理论非常深奥呢。
>
> **A** 嗯，是呀。
>
> **F** 你嗯个什么啊，编译课上不是讲过吗？
>
> **A** 哎呀，当时我完全在梦游了。

常见的语法分析算法可以分为向上分析算法与向下分析算法两类。前者称为自底向上语法分析，后者称为自顶向下语法分析。向上分析算法将首先组合相邻单词创建子表达式，再组合这些子表达式，逐步构造出整体结构。LR 语法分析（Left-to-right，Rightmost derivation）是一种著名的自底向上分析算法。LR 语法分析非常强大，但基于 LR 算法的语法分析程序很难实现，因此，人们通常会使用自动工具将 BNF 语法转换为语法分析器。其中，yacc 是长久以来为人们所熟知的典型。不过需要注意的是，yacc 实现的其实是 LALR 语法分析，它的语法分析能力稍逊于 LR 语法分析。

> **A** 老师，我们就直接用工具来生成吧，不用讲内部的原理了。
>
> **F** A 君，把工具当黑盒直接使用可不好啊。

另一种向下分析语法将从整体结构开始向下分析。LL 语法分析（Left-to-right，Leftmost derivation）是其中的代表。LL 语法分析器程序较为简单，是一种充分利用了递归调用的递归下降语法分析器（recursive-descent parser）。这种分析器也可称为基于递归的自顶向下语法分析器。本书讲解 LL 语法分析。然而遗憾的是，LL 语法分析算法并非万能，它无法处理所有 LR 语法分析能够胜任的情况。不过，如果程序设计语言的语法不是特别复杂，LL 语法分析就已足够。因此，如果不使用自动生成工具，人们常会采用 LL 语法分析来处理语法。

> **C** 只要多预读几次，LL 语法分析的性能就能与 LR 语法分析不相上下，因此我选择讲解 LL 语法分析。之后还会详细介绍这里提到的预读机制。
>
> **F** 这里说 LL 语法分析弱于 LR 语法分析的前提是只允许预读一次。也就是说，比较的对象是 LL(1) 与 LR(1) 的分析能力 [①]。

16.3　LL 语法分析

接下来，我们来分析一下支持 LL 语法分析的递归下降语法分析器。我们将以第 4 章代码清单 4.7 中的语法规则为例，设计一个能对四则运算表达式进行语法分析的程序。

为方便阅读，代码清单 16.1 重新列出了代码清单 4.7 中的语法规则。代码清单 16.2 是相应的程序，其中包含了用于测试的 main 方法。该程序使用了第 3 章（第 3 天）代码清单 3.3 中的 Lexer 类，作为语言处理器的词法分析器。

阅读程序后不难理解，代码清单 16.1 中的各条语法规则分别由 factor、term 与 expression 这 3 种方法实现。这些方法分别与 : 左侧的各个非终结符对应。它们将通过词法分析器读取一条

---

① 东京工业大学的佐佐政孝老师为这一点添加了补充说明。

从这段对话来看，似乎 LL(k) 的分析能力弱于 LR(1)。然而，情况并没有那么简单。

严格来讲，能够通过 LL(k) 分析的语言，即 LL(k) 语言，只要方法得当，总能够转换为能够以 LR(1) 分析的语言。也就是说，假设有某种程序设计语言，如果它能通过 LL(k) 分析，我们只要稍微修改一下它的语法，就能使用 LR(1) 来分析该语言。这里所说的语法修改自然不能改变语言本来的语法含义。因此，如果一段程序符合（或不符合）某种语法，它同样也符合（或不符合）修改后的版本。

反之，能够由 LR(1) 分析的语言并不一定都能改写为可以通过 LL(k) 分析的版本。与 LR(1) 相比，LL(k) 分析适用性更强。

不过，这一切的前提都是语言需要经过改写。LL(k) 语法在被改写为能通过 LR(1) 分析的版本后，常常会变得难以理解。从易读性的观点来看，基于 LL(k) 分析的版本更加合适。

如果不允许转换语法，有些语法就只能通过 LL(k) 方式分析，而无法使用 LR(1) 分析。此时，最好选择 LL(k)。此外，尽管能由 LL(k) 分析的语法必定能通过 LR(k) 分析，但 LR(k) 分析的算法很难手工设计，LR(k) 语法分析器的生成工具也较为少见，LL(k) 分析依然有一定的优势。

这个问题较为复杂，读者如有兴趣，请参考其他相关书籍。

与非终结符对应的单词序列，并以抽象语法树的形式返回语法分析结果。

　　每一个方法的内部都与自动机十分类似，它们将根据规则对输入进行词法分析。首先，我们来分析一下各条语法规则表示的铁路图。第 4 章的图 4.6 是与代码清单 16.1 中语法规则对应的铁路图。自动机的箭头旁标注的是输入的类型，铁路图则把这些标在箭头指向的圆圈或矩形中，两者本质上十分相似。因此，基于两者实现的基本程序架构也大同小异，都将通过词法分析器获取单词，并以此确定箭头的前进方向。

　　与自动机不同的是，铁路图中的非终结符分别与不同的方法对应。在铁路图中沿箭头前进时，如果中途遇到非终结符（以矩形表示），程序将调用与之对应的方法，对该部分进行语法分析。

代码清单 16.1　四则运算表达式的语法规则（与代码清单 4.7 相同）

```
factor:     NUMBER | "(" expression ")"
term:       factor { ("*" | "/") factor }
expression: term { ("+" | "-") term }
```

代码清单 16.2　ExprParser.java

```java
package chapB;
import java.util.Arrays;
import stone.*;
import stone.ast.*;

public class ExprParser {
    private Lexer lexer;

    public ExprParser(Lexer p) {
        lexer = p;
    }
    public ASTree expression() throws ParseException {
        ASTree left = term();
        while (isToken("+") || isToken("-")) {
            ASTLeaf op = new ASTLeaf(lexer.read());
            ASTree right = term();
            left = new BinaryExpr(Arrays.asList(left, op, right));
        }
        return left;
    }
    public ASTree term() throws ParseException {
        ASTree left = factor();
        while (isToken("*") || isToken("/")) {
            ASTLeaf op = new ASTLeaf(lexer.read());
            ASTree right = factor();
            left = new BinaryExpr(Arrays.asList(left, op, right));
        }
        return left;
    }
    public ASTree factor() throws ParseException {
        if (isToken("(")) {
            token("(");
```

```
            ASTree e = expression();
            token(")");
            return e;
        }
        else {
            Token t = lexer.read();
            if (t.isNumber()) {
                NumberLiteral n = new NumberLiteral(t);
                return n;
            }
            else
                throw new ParseException(t);
        }
    }
    void token(String name) throws ParseException {
        Token t = lexer.read();
        if (!(t.isIdentifier() && name.equals(t.getText())))
            throw new ParseException(t);
    }
    boolean isToken(String name) throws ParseException {
        Token t = lexer.peek(0);
        return t.isIdentifier() && name.equals(t.getText());
    }

    public static void main(String[] args) throws ParseException {
        Lexer lexer = new Lexer(new CodeDialog());
        ExprParser p = new ExprParser(lexer);
        ASTree t = p.expression();
        System.out.println("=> " + t);
    }
}
```

在本例中，expression 方法将在中途调用 term 方法，term 方法又会中途调用 factor 方法。这是由于表示各个非终结符的语法规则的右侧都含有其他的非终结符。factor 方法甚至可能会调用 expression 方法。这就是所谓的递归调用。

> **C** 与正则表达式不同，BNF 支持递归定义，这也是它的一大特征。
>
> **A** 为了让语法规则支持递归，每条规则都需要通过不同的方法来实现对吧？这我还是知道的。
>
> **C** 真的明白了吗？反过来说，由于正则表达式不支持递归，因此我们不得不想方设法通过 while 语句来实现循环处理。
>
> **H** 代码清单 16.2 的程序也通过 while 语句实现了对 BNF 中 {} 部分的循环处理。
>
> **C** 嗯，{} 是 BNF 的一种元字符，它是从正则表达式中引入的。

程序在铁路图中遇到箭头分支时，将调用 isToken 方法来分析下一个单词，确定箭头的走向。例如，expression 方法将通过 isToken 方法判断非终结符 term 之后跟的是否是 + 或 -。如果接受的输入是 + 或 -，根据语法规则，之后应该跟有非终结符 term，因此程序将进一步调用 term 方法。如果不是，处理将就此结束。isToken 方法将调用 Lexer 类的 peek 方法来查找之后的单词。请读者注意，由于该方法只是预读单词，因此在 isToken 方法确定了前进路线后，程序还需要再次调用 lexer 的 read 方法执行实际的读取。不过，factor 方法不需要直接调用 read 方法，它能通过 token 方法间接完成调用。

> **C** 词法分析器的基本输出形式是数据流。请大家注意 read 与 peek 的区别。3.3 节也提到过这点。

如果在与语法对应的铁路图中遇到箭头分支，为使 LL 语法分析顺利执行，程序必须能够仅凭下一个单词就确定分支的选择。如果一种语法无法达到这一要求，就不能由 LL 语法分析执行解析。查看下一个单词的内容的操作称为预读。

在代码清单 16.2 中，peek 方法能够预读下一个单词，确定箭头的走向。对于有些语法规则，语法分析器不能仅凭下一个单词就确定箭头的走向。这时，上述方法无法完成语法分析。不过，如果预读多个单词后能够确定结果，语法分析器只需预读必需的单词即可完成分析。这类 LL 语法分析称为 LL(k)。为方便区分，至多预读一次的 LL 语法分析称为 LL(1)。LL(k) 算法自然会比 LL(1) 更为强大，能够分析更加复杂的语法。

> **H** 什么时候需要预读 2、3 个单词来着？
>
> **C** 看一下下面的语法吧。
>
> > 表达式 ： "(" 标识符 ")" 表达式 | "(" 表达式 ")" | 项 { "+" 项 }
>
> **F** 根据该定义，表达式可以是类型转换表达式、括号括起的表达式，或是加法运算表达式等，没错吧？
>
> **H** 也就是说，在预读得到的单词是左括号时，程序必须进一步预读，才能知道当前表达式究竟是一条类型转换表达式还是一条由括号括起的表达式对吗？
>
> **C** 假设有程序 (shape)。你觉得这是类型转换表达式还是由括号括起的表达式？
>
> **F** 如果 shape 是变量，这就是一个由括号括起的表达式。不过词法分析器可不知道这些。
>
> **A** 在这个例子里，不进一步预读的话可不知道具体怎么处理呀。
>
> **C** 说的对。只预读左右括号括起的内容还不够，还要继续预读单词。如果下一个单词是一个标识符，比如 (shape) s，那这段程序就是一条类型转换表达式。
>
> **H** 如果程序是 (shape) + 3，即右括号之后是一个 + 号，那 shape 就是一个变量名，(shape) 则是一条括号表达式。
>
> **C** 没错。但如果 shape 是一个 double 类型的名称，(shape) + 3 就该是类型转换表达式了。
>
> **A** 这么说，无论预读多少都没用了咯。说到底，这里的语法规则设计得有问题。
>
> **C** 正是如此。由于这里的语法定义有歧义，因此无法通过 LL 语法分析处理。
>
> **A** 那该怎么办才好？
>
> **C** 暂且不必深究，类型转换也好，括号表达式也好，都行。先创建语法树，在完成语法分析后再做修正就行了吧。

对于有些语法，语法分析器无论预读多少个单词也不能确定箭头的走向。如果预读了一个单词后仍有多种可选走向，语法分析器就无法做出正确选择。这时，我们只需让语法分析器任意选择走向，如果之后走不通（发生语法错误），返回（回溯）至分支处选择其他路线即可。不过，这已经超越了 LL 语法分析的范畴。不断的回溯也会影响语法分析速度。为了避免这种情况，在设计程序设计语言时，我们应尽可能将预读次数限制在一次以内。如果语法需要多次预读才能分析，它的定义通常比较模棱两可，我们应该先考虑修改这些定义。

> **C** 我们也可以用其他方法来解决这个问题。在词法分析器中进一步细分单词的类型后，语法中的歧义就有可能会自动消失。例如，如果下一个单词是一个标识符，只要词法分析器能明确它是变量名、类型名还是保留字，语法歧义就会减少。
>
> **F** 不过，能够做到这些的词法分析器还算是词法分析器吗？
>
> **H** 在完成分析前不停循环回溯的 LL 语法分析其实是一种 packrat 语法分析对吧？
>
> **S** 嗯，packrat 语法分析会先将数据存于内存（即 memoization 处理），不会循环回溯同一段逻辑，因此分析性能依然是线性的，并没有在不停地费力回溯哦。
>
> **F** 只要在分析过程中经过一次，该箭头及之后的处理结果都将全部记录在案。因此同一条分支无需反复计算判断。
>
> **S** 嗯，如果在源代码中的位置及箭头与之前相同，就不必重新执行一遍了。
>
> **A** 啊，真糟糕，感觉要占用大量内存。
>
> **C** 现在内存容量不断增加，这种分析方式也有了实用价值。
>
> **F** 这种算法虽然很耗内存，但分析能力很强。即使单词是由单个字符构成的，执行速度也相当快哦。下面这样的语法定义也完全没问题。
>
> ```
> def_keyword : "d" "e" "f"
> ```
>
> **H** 如果单词都是由单个字符构成的，LL(1) 就无能为力了。因此这是一个很重要的优势。
>
> **C** 如果一个字符就能构成一个单词，我们就不需要词法分析器了。觉得哪种情况更好啊？
>
> **A** 如果可以不设计词法分析器，肯定是不设计比较好咯。
>
> **H** 如果语言可以根据上下文改变标识符的含义就好了。
>
> **C** AspectJ 之类的能够实现这个要求。AspectJ 提供了切入点的概念。假设有一个切入点 `foo*bar`，由于其中含有通配符 `*`，因此 `foo*bar` 将被整个识别为独立的标识符。对于其他情况，`*` 都用于表示乘号。也就是说它被分解为了 `foo`、`*` 与 `bar` 这三个单词。

LL 语法分析需要根据预读结果决定之后的箭头走向。如果不习惯这种算法，可能会有些难以理解。为了理解 LL 语法分析算法，我们可以列举所有符合语法规则、有可能接着出现的单词。由于各条语法规则间可能相互依赖，因此我们在列举可能的情况时必须多加小心。如果箭头一端是非终结符，我们还要考虑该非终结符之后连接的会是什么单词。

在设计语法分析器程序时还可能出现下面这样的错误。明明仅靠一次预读无法判断箭头的走向，却误以为能够确定分支路线，最终导致语法分析出错。因此，我们必须仔细检查，避免出现这种问题。

16.4 算符优先分析法与自底向上语法分析

LL 语法分析是一种典型的自顶向下语法分析算法。LR 语法分析则是一种具有代表性的自底向上语法分析算法。由于 LR 语法分析较为复杂，我们将介绍另一种名为算符优先分析法的算法。这种算法非常简单，甚至已经脱离了自底向上语法分析的范畴。

顾名思义，算法优先分析法（operator precedence parsing）是一种基于运算符优先级的语法分析算法。它是 LR(1) 的弱化版本，类似于一种至多预读一次的 LR 语法分析算法，因此只能对数学运算之类的简单语句执行语法分析，而不会被单独用于通常的程序设计语言语法分析。

不过，由于这种算法非常适合对数学算式执行语法分析，因此基于其他方法的语法分析器常会结合使用算法优先分析法，专门对表达式执行语法分析。算符优先分析法不仅能用于自底向上语法分析器，也能嵌入自顶向下语法分析器中使用。事实上，本书使用的 Parser 库也在一定程度上利用了算符优先分析法。

接下来，我们看一下如何在 LL 语法分析这种自顶向下分析法中结合使用算符优先分析法。算符优先分析法其实能同时对双目运算符及括号等字符执行语法分析，不过我们在此将仅用算法优先分析法来处理双目运算符。其他诸如 factor（因子）等成分将交由 LL 语法分析执行。

A 为什么要费这么大劲儿使用算符优先分析法呀？

F 肯定还是为了给我们讲解它的原理吧？

C 不，我这么决定是有现实原因的。

将算符优先分析法与 LL 语法分析，尤其是递归下降语法分析器结合后，双目运算表达式的分析程序将变得非常简单。代码清单 16.1 中含有两种用于处理双目运算的非终结符，其中非终结符 expression 表示加减法算式，term 表示乘除法算式。这种设计是为了区分运算符之间的优先级。

通常，抽象语法树的节点与语法规则中的非终结符对应。为了表现运算符之间的优先级，与含有较高优先级运算符的表达式对应的节点将位于更接近抽象语法树叶节点的位置。反之，如果节点对应的表达式中运算符优先级较低，该节点就会更靠近根节点。为了实现这一机制，语法规则将使各个运算符两侧的表达式都具有比该运算符更高的优先级。对于本例来说，运算符 +、- 的两侧是 term。term 表达式中含有运算符 * 与 /，具有更高的优先级。

因此，随着具有不同优先级的运算符的增加，语法规则也会相应变得复杂。递归下降语法分析器将为每一条语法规则定义一个方法，于是语法分析器中将同时存在大量相似的方法。例如，代码清单 16.3 除了四则运算，还包含了其他运算符的语法规则。语法规则的数量与优先级的数量一致。因此，语法分析器中也含有相同数量的类似方法。

　　只要语法分析器结合使用了算符优先分析法，就能避免这样的问题。我们来看一个例子。代码清单 16.4 改写了代码清单 16.2 中的递归下降语法分析器的程序，将双目运算符处理逻辑替换为了算符优先分析法，并添加了用于测试的 main 方法。

代码清单16.3　含有不同优先级运算符的表达式

```
factor:    NUMBER | "(" expression ")"
term:      factor { ("*" | "/") factor }
add_expr:  term { ("+" | "-") term }
rel_expr:  add_expr { ("<" | ">") add_expr }
eq_expr:   rel_expr { ("==" | "!=") rel_expr }
and_expr:  eq_expr { "&&" eq_expr }
or_expr:   and_expr { "||" and_expr }
```

代码清单16.4　使用了算符优先分析法的语法分析器（OpPrecedenceParser.java）

```java
package chapB;
import java.util.Arrays;
import java.util.HashMap;
import stone.*;
import stone.ast.*;

public class OpPrecedenceParser {
    private Lexer lexer;
    protected HashMap<String,Precedence> operators;

    public static class Precedence {
        int value;
        boolean leftAssoc; // left associative
        public Precedence(int v, boolean a) {
            value = v; leftAssoc = a;
        }
    }
    public OpPrecedenceParser(Lexer p) {
        lexer = p;
        operators = new HashMap<String,Precedence>();
        operators.put("<", new Precedence(1, true));
        operators.put(">", new Precedence(1, true));
        operators.put("+", new Precedence(2, true));
        operators.put("-", new Precedence(2, true));
        operators.put("*", new Precedence(3, true));
        operators.put("/", new Precedence(3, true));
        operators.put("^", new Precedence(4, false));
    }
    public ASTree expression() throws ParseException {
        ASTree right = factor();
        Precedence next;
        while ((next = nextOperator()) != null)
            right = doShift(right, next.value);

        return right;
    }
    private ASTree doShift(ASTree left, int prec) throws ParseException {
```

```java
        ASTLeaf op = new ASTLeaf(lexer.read());
        ASTree right = factor();
        Precedence next;
        while ((next = nextOperator()) != null && rightIsExpr(prec, next))
            right = doShift(right, next.value);

        return new BinaryExpr(Arrays.asList(left, op, right));
    }
    private Precedence nextOperator() throws ParseException {
        Token t = lexer.peek(0);
        if (t.isIdentifier())
            return operators.get(t.getText());
        else
            return null;
    }
    private static boolean rightIsExpr(int prec, Precedence nextPrec) {
        if (nextPrec.leftAssoc)
            return prec < nextPrec.value;
        else
            return prec <= nextPrec.value;
    }
    public ASTree factor() throws ParseException {
        if (isToken("(")) {
            token("(");
            ASTree e = expression();
            token(")");
            return e;
        }
        else {
            Token t = lexer.read();
            if (t.isNumber()) {
                NumberLiteral n = new NumberLiteral(t);
                return n;
            }
            else
                throw new ParseException(t);
        }
    }
    void token(String name) throws ParseException {
        Token t = lexer.read();
        if (!(t.isIdentifier() && name.equals(t.getText())))
            throw new ParseException(t);
    }
    boolean isToken(String name) throws ParseException {
        Token t = lexer.peek(0);
        return t.isIdentifier() && name.equals(t.getText());
    }
    public static void main(String[] args) throws ParseException {
        Lexer lexer = new Lexer(new CodeDialog());
        OpPrecedenceParser p = new OpPrecedenceParser(lexer);
        ASTree t = p.expression();
        System.out.println("=> " + t);
    }
}
```

代码清单 16.2 与代码清单 16.4 的主要区别在于 expression 方法。代码清单 16.4 中的 expression 方法使用了 doShift、nextOperator 及 rightIsExpr 这三个辅助方法，并且移除了代码清单 16.2 中含有的 term 方法。factor 方法、token 方法及 isToken 方法则没有变化。

由于代码清单 16.4 中的语法分析器使用了算符优先分析法，因此我们能很容易地为语法规则添加双目运算符。在添加新的运算符时，我们无需新增 term 之类的方法，只需将运算符添加至 operators 字段即可。这里的 operators 字段是一张运算符表。事实上，代码清单 16.4 中根本就没有 term 方法。

运算符表由哈希表实现。其中，键名是运算符的名称，与之对应的值是一个 Precedence 对象。Precedence 类的构造函数的第一个参数用于接收运算符的优先级。优先级由一个大于零的整数表示，数值越大，优先级就越高。第二个参数用于标识运算符采用的是左结合还是右结合。如果该值为 true，就表示这是一个左结合的运算符。

> **A** 所以说，算符优先分析法具体是怎样执行的呢？

代码清单 16.5 四则运算表达式的语法规则（递归定义）

```
factor:      NUMBER | "(" expression ")"
term:        factor | term ("*" | "/") factor
expression:  term | expression ("+" | "-") term
```

expression 方法的执行方式如下。现假设对于代码清单 16.5 所示的语法规则，我们有以下单词序列。

```
NUMBER "+" NUMBER "*" NUMBER
```

这也是一条由 BNF 终结符组成的序列。虽然上面的语法规则包含递归，但它的实际含义与代码清单 16.1 所示的语法规则相同。

在对这条单词序列执行语法分析时，我们必须能够识别左起第 2 个 NUMBER 究竟是其左侧 + 运算符的右操作数，还是右侧 * 运算符的左操作数。算符优先分析法将通过比较左右两个运算符的优先级来解决这个问题。代码清单 16.4 中，doShift 方法内 while 语句的条件表达式用于执行这一判断。如果 rightIsExpr 方法的返回值为 true，中间的 NUMBER 就是右侧运算符的左操作数。

在上例中，* 运算符的优先级较高，因此第二个 NUMBER 是其右侧 * 的左操作数。整个乘法表达式是 + 运算符的右操作数。

自底向上分析算法将相邻单词合并为子表达式，再将相邻的子表达式合并为表达式，逐步构造完整的结构。中途创建的子表达式能在语法规则中找到对应的非终结符。如果单词或子表达式序列与某个非终结符的模式匹配，序列就将被合并，作为与该非终结符对应的子表达式。在上例中，单词及子表达式的合并过程如下所示。

```
  NUMBER  "+" NUMBER "*" NUMBER
  factor  "+" factor "*" factor
   term   "+" term   "*" factor
expression "+" term
expression
```

例如，由于单词 NUMBER 与非终结符 factor 的模式匹配，因此 NUMBER 能够被视为与 factor 对应的子表达式。为了表现这种对应关系，第 2 行用 factor 替换了上一行中出现的所有 NUMBER。类似地，第 4 行将第 3 行右侧的三个单词替换为了一个 term。同时，第 3 行左侧的 term 被替换为了 expression。之所以能够这样替换，是因为原来的单词与相应的非终结符匹配。如上例所示，在语法分析器将所有单词最终合并为一个非终结符后，语法分析结束。

查找与模式相匹配的单词序列，并将其替换为非终结符的操作称为归约（reduce）。除非语法特别简单，否则语法分析器不应在执行分析时，没有章法地任意寻找与模式匹配的序列。例如，在上面的例子中，从第 3 行起也能采用以下归约方式。

```
  term     "+" term "*" factor
expression "+" term "*" factor
expression         "*" factor
```

如果采用这种方式，归约将提前在中途结束。没有模式能与最后一行的单词序列匹配。之所以出现这种结果，是由于该方式首先归约了 + 运算符及其两侧的三个单词。由这次归约创建的抽象语法树中，+ 运算符的优先级高于 * 运算符，逻辑整个错了。我们在制定语法规则时，应事先考虑到这一问题，使归约操作在遇到这类语法分析不当的情况时无法顺利完成。

> **F** 我们也可以设计一种语法分析算法，用蛮力法把所有可能的归约情况都尝试一遍，再找出其中完成了所有归约的方法。
>
> **C** 没错。不过计算机科学存在的意义就是为了找出更加合理高效的解决方法呀。

大部分语法分析算法都试图从前往后逐一读取单词序列，并依次执行归约。这些算法不会从后往前，或一次读取全部单词。因此，每读取一个新的单词后，只可能有三种结果：该单词符合某种模式的最后一部分，单词序列将归约为该模式；该单词是某种模式的起始部分；该单词处于某种模式的中段。其中，后两种结果称为移进（shift）。

在上例中，语法分析器在读取左起第二个单词 NUMBER 后，立即将其归约为了 factor 与 term。之后，新得到的 term 有两种可能的合并方式。它既可以与左侧的 + 运算符共同作为非终结符 expression 模式的末尾部分进行归约，也能与右侧的 * 运算符一起充当非终结符 term 模式的起始部分进行移进。

算符优先分析法将在读取单词后比较其前后运算符的优先级，并以此决定执行归约还是移进操作。由于比较方式较为简单，因此这种算法只适用于对数学算式执行语法分析，难以应对其他类型的表达式。同为自底向上方式的 LR 语法分析采用了更复杂的方式来选择操作，因而能对更复杂的语法规则进行分析。

在上例中，*运算符的优先级更高，因此语法分析器在读取左起第二个单词 NUMBER 后应当执行移进操作。只需递归调用代码清单 16.4 中的 doShift 方法就能实现移进。语法分析器原本正在匹配非终结符 expression 的模式，此时该匹配将暂时中断，以执行方法的递归调用。doShift 方法的递归调用结束后（*运算符被归约为 term 后），匹配将重新开始。在代码清单 16.4 中，doShift 方法在执行完成后将返回原调用处，这即是归约操作。

> **F** 说到蛮力法，前面提到的 packrat 语法分析就是使用了蛮力法呢。
>
> **C** 嗯，话是没错，不过那种算法只要遇到了一种可能的路径就会结束查找了。
>
> **A** 可能的路径？
>
> **H** 就是铁路图中箭头的轨迹。可能的路径就是中途不会中断，能够不发生语法错误一路走到最后的路径。
>
> **C** 如果语法有歧义，就可能存在多条可能路径。第一条符合条件的路径将成为分析的结果。
>
> **A** 这样也可以吗？！
>
> **S** 嗯，就算有歧义也很难发现不是吗？不过 LR 语法分析能识别 shift/reduce conflict 之类的错误。
>
> **F** 但要调试 shift/reduce conflict 可让人头大了。
>
> **H** F 君，比起直接发布含有歧义的语法，多花点力气调试并执行类型检查才更好呀。
>
> **C** 如果使用 Packrat 语法分析，我们可以通过 PEG（Parsing Expression Grammar）来定义语法，明确规定该以怎样的顺序来尝试通过哪些路径。这样一来，就算存在多条可能的路径，我们也能明确知道首先找到的将是哪一条。
>
> **F** 哦，所以没有用 | 而是用了 / 呢。
>
> **C** 不过使用 PEG 之后，虽然语法不再有歧义，但由 PEG 定义的语法是否符合最初的设计意图就不得而知了。这需要我们另外考虑。

专栏6 英勇事迹

第

17

天

Parser 库的内部结构

第**17**天 Parser 库的内部结构

本书在设计语法分析器程序时利用了 Parser 库。第 5 章（第 5 天）已经介绍了该库的基本用法，但没有讲解它的内部结构。本章将通过 Parser 库的源代码，讲解它的内部结构。

在设计 LL 语法分析程序时，我们常会遇到类似的代码模式。Parser 库将这些反复出现的相似代码打包成库，语法分析器只需按需调用库的方法即可执行关键的语法分析操作。这是一种极为简单的解析器组合子（parser combinator）库。

17.1 组合子分析

组合子（combinator）是一个由组合子逻辑（combinatory logic）衍生而来的概念。组合子是一种高阶函数，它将接收若干函数作为参数，并返回它们的组合。此外，组合子不含自由变量（组合子的定义中只能使用参数）。

Y-combinator（fixed-point combinator）是一种著名的组合子，用于表述递归计算。由于组合子无法在定义中使用指代自身的（自由变量）名称，因此无法显式地表述递归调用。Y-combinator 通过某种形式表现了递归逻辑，是一种非常引人注目的组合子。

组合子分析原本是 Haskell 这类函数型语言中的一种程序设计技巧。将多个能对简单语法执行语法分析（parsing）的函数进行组合后，我们就能获得一个能够对更复杂的语法进行分析的新的函数。我们将这种能够执行简单语法分析的函数作为参数，将其组合后返回能够执行复杂语法分析的函数称为解析器组合子。

> **H** 老师，解析器组合子和 Y-combinator 什么的有关系吗？
>
> **C** 先不管它与跟函数型语言有多少关系，毕竟 Parser 库是用于 Java 语言的，内部逻辑肯定大幅简化了呀，并不高深。
>
> **A** 说到底，就是在拿些玄妙难懂的概念糊弄我们嘛。

由 Parser 库实现的 Java 版组合子分析非常简单。它将组合多个能够执行简单语法分析的对象，并以此新建一个能够执行较复杂语法分析的对象。本章组合的并非函数，而是对象。库提供了一些基本的类，帮助实现用于执行语法分析的对象。库的使用者只要创建必需的对象，并将其组合，就能得到所需的语法分析器。

17.2 解析器组合子的内部

本章末尾的代码清单 17.1 是 Parser 库的源程序。该库与其他一些复杂的库不同，源程序的规模很小，主要的类就只有一个 `Parser` 类。不过，在阅读源码后我们不难发现，`Parser` 类还含有 `Element` 类等不少嵌套子类（图 17.1）。

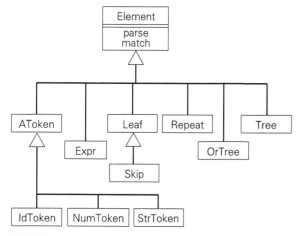

图 17.1 Parser 类中包含的嵌套子类

这些嵌套子类用于表现 `Parser` 对象需要处理的语法规则模式。语言处理器在将语法规则转换为 `Parser` 对象时，会调用 `number` 或 `ast` 等方法来构造模式。这些方法将创建 `Parser` 类中嵌套子类的对象，并将它们添加至 `Parser` 对象的 `elements` 字段指向的 `ArrayList` 对象中。例如，`ast` 方法将创建一个 `Tree` 对象，并将其添加至 `ArrayList` 中。

`Parser` 类的 `parse` 方法将根据构造的模式执行语法分析。它主要采用 LL 语法分析方式，并根据需要，部分使用了算符优先分析法。

`Parser` 类中嵌套子类的对象将被添加至 `elements` 字段指向的 `ArrayList` 对象中。这些新增的对象共同表现了铁路图的线路关系。铁路图是一种语法规则的表述方式，已在之前的第 4章（第 4 天）中与 BNF 一同介绍过。

例如，图 17.2 通过 `Parser` 类及其嵌套子类的对象来表现第 4 章图 4.6 中铁路图的局部。对象的构造程序如下所示。

```
Parser factor = rule().or(rule().sep("(").ast(expr).sep(")"), rule().number());
```

不难看出，语言处理器构造的对象之间的关系与铁路图颇为相似。铁路图中箭头分支能够由 `OrTree` 对象表示。左括号、表达式、右括号组成的序列分别能由 `elements` 字段中的元素 `Skip`、`Tree` 与 `Skip` 这三个对象表示。

`Parser` 类的 `parse` 方法能够遍历这种形式的铁路图的同时执行语法分析。这就如同词法分析器能够一边遍历自动机，一边执行词法分析。`parse` 方法采用的是 LL 语法分析方式。上一章提到过，LL 语法分析的执行方式与遍历自动机实现的词法分析非常相似。

`parse` 方法将从词法分析器接收单词，遍历铁路图中的箭头，确认整条路径是否能够走通。

如果不能，则会发生语法错误，如果能走通，表示语法分析成功，于是 parse 方法将创建并返回相应的抽象语法树。我们能够通过反复调用 Parser 类的嵌套子类的 parse 方法，来判断箭头路径是否被正确遍历。词法分析器提供的单词最终由嵌套子类的 parse 方法接收，于是我们可以借此判断，这些子类自身表示的终结符或非终结符是否与接收的单词匹配。如果不匹配，就说明存在语法错误，parse 方法将抛出异常。

　　嵌套子类提供的 parse 方法通常只能完成极为简单的语法分析。但 Expr 类的 parse 是个例外，它能执行较复杂的分析。该类的对象由 Parser 类的 expression 方法添加。Expr 的 parse 方法将通过算符优先分析法对表达式执行语法分析。不过，由于因子部分将由其他嵌套子类对象的 parse 方法完成，因此 Expr 类复杂的分析并不算太复杂。

铁路图

因子

Parser 库

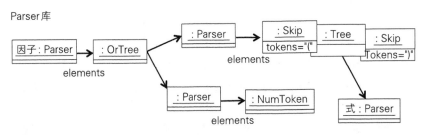

图17.2　通过 Parser 对象来表现铁路图

> **H** 总之，嵌套子类的对象是执行语法分析的基本组件，我们将组合这些对象来实现希望的语法分析对吧？
>
> **F** 每一个组件都只能执行非常简单的分析。
>
> **C** 于是，语法分析最终变为了一种单调的处理，语法分析器只需逐一确认接收的单词是否符合语法规则即可。
>
> **F** 还要根据这一确认操作构造抽象语法树。
>
> **C** 要这么说的话，不断接收的单词可能存在多种可能的匹配情况，而这也是确认操作要解决的问题，可没有想象中那么容易。

　　在 Parser 类的嵌套子类提供的 parse 方法中，最重要的是 OrTree 类的 parse 方法。Parser 类的 or 方法将使用 OrTree 来实现或运算逻辑。它与铁路图中的箭头分支对应，不过该方法需要确定箭头的走向。

如有必要，LL 语法分析将预读单词，以确定箭头的走向。也就是说，语法分析器将事先调查之后将接收什么单词，并选择能够成功执行语法分析（不发生语法错误）的路径。该操作由 Parser 类及其嵌套子类的 match 方法执行。

通过 or 方法的参数传递的 Parser 对象将被 OrTree 对象接收，作为可用的分支选项。OrTree 对象的 parse 方法在调用后，将首先依次调用与各个分支选项对应的 Parser 对象的 match 方法。match 方法将预读一个单词，并将读取的单词与自身表示的模式的头部进行匹配，返回匹配结果。如果 match 方法返回真，OrTree 对象就会选择该 Parser 对象，并调用该对象的 parse 方法，继续执行语法分析。match 方法在遇到第一个符合条件的 Parser 对象后就会停止匹配，不再检查之后的选项。

> **F** 这跟上一章最后提到的 PEG 很像嘛。

由于 OrTree 类的 parse 方法采用了这种方式来选择 Parser 对象，因此 Parser 类的 or 方法的执行逻辑与 BNF 中 |（或关系）稍有差异。于是，在通过 Parser 库执行语法分析时存在一些限制条件。需要分析的语法必须能够仅通过一次单词预读，就完全确定分支选项的选择。也就是说，并不是所有由 BNF 表述的语法定义都能通过这种方式完成语法分析。此外，如果同时存在多种选项，每个选项头部的终结符必须不同。不仅是 or 方法，repeat 及 option 方法也必须遵循这一规定。用于表示循环范围的语法规则必须以终结符起始，且该终结符不能与循环结束后遇到的终结符相同。这样一来，语法分析器只需预读一个单词，就能确定是否应该继续执行循环。

> **A** 感觉最后的最后讲了 Parser 库的一些关键限制呢。
> **C** 毕竟超出限制的话就麻烦了。
> **S** 嗯，Scala 的解析器组合子可是会采用更强大的方式来选择分支。
> **C** 话是没错……不过 Stone 语言用这种程度的方法就足够了。

代码清单17.1 Parser.java

```java
package stone;

import java.util.HashMap;
import java.util.HashSet;
import java.util.List;
import java.util.ArrayList;
import java.lang.reflect.Method;
import java.lang.reflect.Constructor;
import stone.ast.ASTree;
import stone.ast.ASTLeaf;
import stone.ast.ASTList;

public class Parser {
```

```java
protected static abstract class Element {
    protected abstract void parse(Lexer lexer, List<ASTree> res)
        throws ParseException;
    protected abstract boolean match(Lexer lexer) throws ParseException;
}

protected static class Tree extends Element {
    protected Parser parser;
    protected Tree(Parser p) { parser = p; }
    protected void parse(Lexer lexer, List<ASTree> res)
        throws ParseException
    {
        res.add(parser.parse(lexer));
    }
    protected boolean match(Lexer lexer) throws ParseException {
        return parser.match(lexer);
    }
}

protected static class OrTree extends Element {
    protected Parser[] parsers;
    protected OrTree(Parser[] p) { parsers = p; }
    protected void parse(Lexer lexer, List<ASTree> res)
        throws ParseException
    {
        Parser p = choose(lexer);
        if (p == null)
            throw new ParseException(lexer.peek(0));
        else
            res.add(p.parse(lexer));
    }
    protected boolean match(Lexer lexer) throws ParseException {
        return choose(lexer) != null;
    }
    protected Parser choose(Lexer lexer) throws ParseException {
        for (Parser p: parsers)
            if (p.match(lexer))
                return p;

        return null;
    }
    protected void insert(Parser p) {
        Parser[] newParsers = new Parser[parsers.length + 1];
        newParsers[0] = p;
        System.arraycopy(parsers, 0, newParsers, 1, parsers.length);
        parsers = newParsers;
    }
}

protected static class Repeat extends Element {
    protected Parser parser;
    protected boolean onlyOnce;
    protected Repeat(Parser p, boolean once) { parser = p; onlyOnce = once; }
    protected void parse(Lexer lexer, List<ASTree> res)
        throws ParseException
```

```
        {
            while (parser.match(lexer)) {
                ASTree t = parser.parse(lexer);
                if (t.getClass() != ASTList.class || t.numChildren() > 0)
                    res.add(t);
                if (onlyOnce)
                    break;
            }
        }
        protected boolean match(Lexer lexer) throws ParseException {
            return parser.match(lexer);
        }
    }

    protected static abstract class AToken extends Element {
        protected Factory factory;
        protected AToken(Class<? extends ASTLeaf> type) {
            if (type == null)
                type = ASTLeaf.class;
            factory = Factory.get(type, Token.class);
        }
        protected void parse(Lexer lexer, List<ASTree> res)
            throws ParseException
        {
            Token t = lexer.read();
            if (test(t)) {
                ASTree leaf = factory.make(t);
                res.add(leaf);
            }
            else
                throw new ParseException(t);
        }
        protected boolean match(Lexer lexer) throws ParseException {
            return test(lexer.peek(0));
        }
        protected abstract boolean test(Token t);
    }

    protected static class IdToken extends AToken {
        HashSet<String> reserved;
        protected IdToken(Class<? extends ASTLeaf> type, HashSet<String> r) {
            super(type);
            reserved = r != null ? r : new HashSet<String>();
        }
        protected boolean test(Token t) {
            return t.isIdentifier() && !reserved.contains(t.getText());
        }
    }

    protected static class NumToken extends AToken {
        protected NumToken(Class<? extends ASTLeaf> type) { super(type); }
        protected boolean test(Token t) { return t.isNumber(); }
    }

    protected static class StrToken extends AToken {
```

```
        protected StrToken(Class<? extends ASTLeaf> type) { super(type); }
        protected boolean test(Token t) { return t.isString(); }
    }

    protected static class Leaf extends Element {
        protected String[] tokens;
        protected Leaf(String[] pat) { tokens = pat; }
        protected void parse(Lexer lexer, List<ASTree> res)
            throws ParseException
        {
            Token t = lexer.read();
            if (t.isIdentifier())
                for (String token: tokens)
                    if (token.equals(t.getText())) {
                        find(res, t);
                        return;
                    }

            if (tokens.length > 0)
                throw new ParseException(tokens[0] + " expected.", t);
            else
                throw new ParseException(t);
        }
        protected void find(List<ASTree> res, Token t) {
            res.add(new ASTLeaf(t));
        }
        protected boolean match(Lexer lexer) throws ParseException {
            Token t = lexer.peek(0);
            if (t.isIdentifier())
                for (String token: tokens)
                    if (token.equals(t.getText()))
                        return true;

            return false;
        }
    }

    protected static class Skip extends Leaf {
        protected Skip(String[] t) { super(t); }
        protected void find(List<ASTree> res, Token t) {}
    }

    public static class Precedence {
        int value;
        boolean leftAssoc; // left associative
        public Precedence(int v, boolean a) {
            value = v; leftAssoc = a;
        }
    }

    public static class Operators extends HashMap<String,Precedence> {
        public static boolean LEFT = true;
        public static boolean RIGHT = false;
        public void add(String name, int prec, boolean leftAssoc) {
            put(name, new Precedence(prec, leftAssoc));
        }
```

```
}
protected static class Expr extends Element {
    protected Factory factory;
    protected Operators ops;
    protected Parser factor;
    protected Expr(Class<? extends ASTree> clazz, Parser exp,
                   Operators map)
    {
        factory = Factory.getForASTList(clazz);
        ops = map;
        factor = exp;
    }
    public void parse(Lexer lexer, List<ASTree> res) throws ParseException {
        ASTree right = factor.parse(lexer);
        Precedence prec;
        while ((prec = nextOperator(lexer)) != null)
            right = doShift(lexer, right, prec.value);

        res.add(right);
    }
    private ASTree doShift(Lexer lexer, ASTree left, int prec)
        throws ParseException
    {
        ArrayList<ASTree> list = new ArrayList<ASTree>();
        list.add(left);
        list.add(new ASTLeaf(lexer.read()));
        ASTree right = factor.parse(lexer);
        Precedence next;
        while ((next = nextOperator(lexer)) != null
                && rightIsExpr(prec, next))
            right = doShift(lexer, right, next.value);

        list.add(right);
        return factory.make(list);
    }
    private Precedence nextOperator(Lexer lexer) throws ParseException {
        Token t = lexer.peek(0);
        if (t.isIdentifier())
            return ops.get(t.getText());
        else
            return null;
    }
    private static boolean rightIsExpr(int prec, Precedence nextPrec) {
        if (nextPrec.leftAssoc)
            return prec < nextPrec.value;
        else
            return prec <= nextPrec.value;
    }
    protected boolean match(Lexer lexer) throws ParseException {
        return factor.match(lexer);
    }
}

public static final String factoryName = "create";
```

```java
protected static abstract class Factory {
    protected abstract ASTree make0(Object arg) throws Exception;
    protected ASTree make(Object arg) {
        try {
            return make0(arg);
        } catch (IllegalArgumentException e1) {
            throw e1;
        } catch (Exception e2) {
            throw new RuntimeException(e2); // this compiler is broken.
        }
    }
    protected static Factory getForASTList(Class<? extends ASTree> clazz) {
        Factory f = get(clazz, List.class);
        if (f == null)
            f = new Factory() {
                protected ASTree make0(Object arg) throws Exception {
                    List<ASTree> results = (List<ASTree>)arg;
                    if (results.size() == 1)
                        return results.get(0);
                    else
                        return new ASTList(results);
                }
            };
        return f;
    }
    protected static Factory get(Class<? extends ASTree> clazz,
                                 Class<?> argType)
    {
        if (clazz == null)
            return null;
        try {
            final Method m = clazz.getMethod(factoryName,
                                          new Class<?>[] { argType });
            return new Factory() {
                protected ASTree make0(Object arg) throws Exception {
                    return (ASTree)m.invoke(null, arg);
                }
            };
        } catch (NoSuchMethodException e) {}
        try {
            final Constructor<? extends ASTree> c
                = clazz.getConstructor(argType);
            return new Factory() {
                protected ASTree make0(Object arg) throws Exception {
                    return c.newInstance(arg);
                }
            };
        } catch (NoSuchMethodException e) {
            throw new RuntimeException(e);
        }
    }
}

protected List<Element> elements;
protected Factory factory;
```

```java
public Parser(Class<? extends ASTree> clazz) {
    reset(clazz);
}
protected Parser(Parser p) {
    elements = p.elements;
    factory = p.factory;
}
public ASTree parse(Lexer lexer) throws ParseException {
    ArrayList<ASTree> results = new ArrayList<ASTree>();
    for (Element e: elements)
        e.parse(lexer, results);

    return factory.make(results);
}
protected boolean match(Lexer lexer) throws ParseException {
    if (elements.size() == 0)
        return true;
    else {
        Element e = elements.get(0);
        return e.match(lexer);
    }
}
public static Parser rule() { return rule(null); }
public static Parser rule(Class<? extends ASTree> clazz) {
    return new Parser(clazz);
}
public Parser reset() {
    elements = new ArrayList<Element>();
    return this;
}
public Parser reset(Class<? extends ASTree> clazz) {
    elements = new ArrayList<Element>();
    factory = Factory.getForASTList(clazz);
    return this;
}
public Parser number() {
    return number(null);
}
public Parser number(Class<? extends ASTLeaf> clazz) {
    elements.add(new NumToken(clazz));
    return this;
}
public Parser identifier(HashSet<String> reserved) {
    return identifier(null, reserved);
}
public Parser identifier(Class<? extends ASTLeaf> clazz,
                         HashSet<String> reserved)
{
    elements.add(new IdToken(clazz, reserved));
    return this;
}
public Parser string() {
    return string(null);
}
```

```java
    public Parser string(Class<? extends ASTLeaf> clazz) {
        elements.add(new StrToken(clazz));
        return this;
    }
    public Parser token(String... pat) {
        elements.add(new Leaf(pat));
        return this;
    }
    public Parser sep(String... pat) {
        elements.add(new Skip(pat));
        return this;
    }
    public Parser ast(Parser p) {
        elements.add(new Tree(p));
        return this;
    }
    public Parser or(Parser... p) {
        elements.add(new OrTree(p));
        return this;
    }
    public Parser maybe(Parser p) {
        Parser p2 = new Parser(p);
        p2.reset();
        elements.add(new OrTree(new Parser[] { p, p2 }));
        return this;
    }
    public Parser option(Parser p) {
        elements.add(new Repeat(p, true));
        return this;
    }
    public Parser repeat(Parser p) {
        elements.add(new Repeat(p, false));
        return this;
    }
    public Parser expression(Parser subexp, Operators operators) {
        elements.add(new Expr(null, subexp, operators));
        return this;
    }
    public Parser expression(Class<? extends ASTree> clazz, Parser subexp,
                             Operators operators) {
        elements.add(new Expr(clazz, subexp, operators));
        return this;
    }
    public Parser insertChoice(Parser p) {
        Element e = elements.get(0);
        if (e instanceof OrTree)
            ((OrTree)e).insert(p);
        else {
            Parser otherwise = new Parser(this);
            reset(null);
            or(p, otherwise);
        }
        return this;
    }
}
```

第
18
天

GluonJ 的使用方法

GluonJ 的使用方法

为了通过 Java 语言实现类似于 Ruby 语言中 open class 的功能，本书采用了一种名为 GluonJ 的工具。为此，我们必须在编译与执行时多注意一些细节问题。本章将简单讲解 GluonJ 的使用方法。

18.1　设定类路径

由于通过 GluonJ 写成的程序中含有 @Reviser 等 Java 标注，因此编译器的类路径中必须包含 gluonj.jar。下面是一条编译示例。

```
javac -cp .:gluonj.jar chap6/BasicEvaluator.java
```

-cp (或 -classpath) 是类路径设定选项。如果存在多个路径，Linux 与 Mac OS[①] 的路径之间需要通过冒号:分隔，对于 Windows，则需使用分号;。在本章的所有示例中，默认 gluonj.jar 文件位于当前文件夹。

如果开发环境是 Eclipse，我们需要先打开 Project (项目) 菜单中的 Properties (属性) 面板，并在 Java Build Path (Java 的编译路径) 的 Libraries (库) 界面中将 gluonj.jar 作为外部 jar 文件添加进去 (图 18.1)。

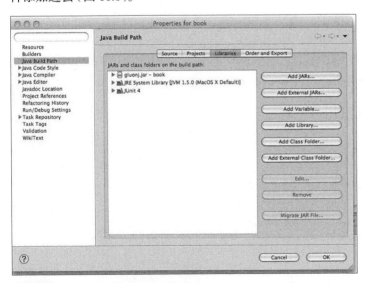

图 18.1　将 gluonj.jar 添加至编译路径

---

① 现改名为 OS X，是由苹果公司开发的操作系统。——译者注

18.2 启动设定

由于修改器无法直接应用于需要修改的类，因此我们必须在编译后，执行程序前，将修改器应用于相关的类。有多种方式能够确保修改器成功应用。

本书将通过启动程序来实现这一处理。除了原本的 main 方法外，我们还需要另外准备一个 main 方法，通过它调用由 GluonJ 提供的 Loader 类中的 run 方法，以启动原本的 main 方法。代码清单 18.1 展示的是第 6 章（第 6 天）代码清单 6.5 的 Runner 类，我们将以它为例进行讲解。其中，BasicInterpreter 是包含了原有 main 方法的类，我们将为它应用 BasicEvaluator 修改器。

代码清单18.1 计时器启动程序 Runner.java（与代码清单6.5相同）

```java
package chap6;
import javassist.gluonj.util.Loader;

public class Runner {
    public static void main(String[] args) throws Throwable {
        Loader.run(BasicInterpreter.class, args, BasicEvaluator.class);
    }
}
```

在通过该方法启动程序时，需要在类路径中包含 gluonj.jar。

```
java -cp .:gluonj.jar chap6.Runner
```

如果使用 Eclipse，由于类路径（编译路径）中已经含有了 gluonj.jar，因此无需做额外处理，只需执行 Runner 类的 main 方法即可。

此外还有一种解决方法，该方法不必使用启动程序，而是通过 Java 虚拟机的启动选项来应用所需的修改器。此时，程序的启动方式如下所示。

```
java -javaagent:gluonj.jar=chap6.BasicEvaluator chap6.BasicInterpreter
```

该指令与代码清单 18.1 的功能相同，即应用 chap6.BasicEvaluator 修改器，并启动 chap6.BasicInterpreter 的 main 方法。请读者注意，该指令启动的 main 方法并不是代码清单 18.1 中由 Runner 类提供的 main 方法，而是 BasicInterpreter 中原本的 main 方法。

我们可以通过下面的选项来启用 GluonJ。= 之后的部分用于指定修改器的应用方式。

```
-javaagent:gluonj.jar=
```

在 Eclipse 中，我们也能通过类似的方式，为程序添加选项并执行。为此，我们需要打开 Run Configurations（执行配置）面板中的 Arguments（参数）标签页，在该标签页的 VM arguments（虚拟机参数）栏中填入选项（图 18.2）。请读者注意，不要将选项误填入 Program arguments（程序参数）栏中。

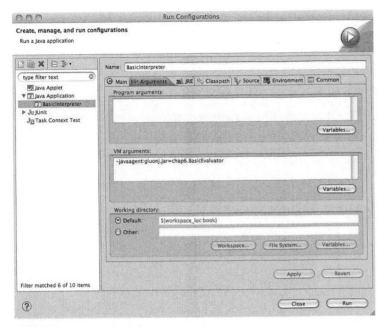

图18.2　指定虚拟机参数

　　最后一种方法将对编译生成的类文件（`.class` 文件）执行后期处理，并在程序执行前事先应用相关的修改器。应用了修改器的类文件无需 GluonJ 也能正常执行，是标准的 Java 语言程序。即使没有代码清单 18.1 中 Runner 类那样的启动程序，文件也能启动执行。`-javaagent:gluonj.jar=` 这样的选项也不再需要。为了对类文件执行后期处理，我们要运行下面这样的 Java 指令。所有需要处理的类文件（及修改器）都要添加为该指令的参数。

```
java -jar gluonj.jar chap6/*.class stone/*.class stone/ast/*.class
```

　　该指令将改写参数包含的类文件的内容，指令执行后，即使没有 GluonJ，它们也能正常运行。请读者注意，选项中没有使用 `-cp`，而是使用了 `-jar`。由于经过后期处理得到的只是普通的 Java 类文件，因此启动程序时无需使用额外的选项，只要启动原本的 `main` 方法即可。在本例中，我们将启动 `chap6.BasicInterpreter` 类的 `main` 方法。

```
java chap6.BasicInterpreter
```

　　其中，类路径不必包含 `gluonj.jar`。

> **c** 如果采用后期处理的方式，由修改器带来的启动开销将几乎为 0，因此不会由于使用了 GluonJ 而大幅拖慢程序的速度。

18.3 GluonJ 语言

本书使用了 GluonJ 框架，它能使 Java 语言实现类似于 Ruby 语言中 open class 那样的功能。不过事实上，GluonJ 是一种独立的程序设计语言，它有专门的用于定义修改器的语法。要使用这些 GluonJ 语言自定义的语法，我们需要通过专门的编译器来执行编译操作。由于 Eclipse 等集成开发环境不适合开发这类语言，因此本书采用了另外的框架，以在 Java 语言中使用 GluonJ 语言提供的功能。

> A 话说，还是要有用于 GluonJ 语言的 Eclipse 插件才好呀。
>
> F 它还是实验室级别的语言，跟能投入实用的语言还是有差距的。
>
> C 最近新出现了 Spoofax 之类的工具，用于解决这类问题。不过要实现 Eclipse 对 GluonJ 的支持，依然不是一件容易的事。

如代码清单 18.2 所示，GluonJ 语言无需通过 @Reviser 标注来使用修改器。GluonJ 语言的修改器声明与类声明几乎相同，唯一的区别在于原本写于类名前的 class 替换成了 reviser。

代码清单18.2 GluonJ 语言中的修改器声明

```
public reviser NegativeEx extends NegativeExpr {
    public Object eval(Environment env) {
        Object v = operand().eval(env);
        if (v instanceof Integer)
            return new Integer(-((Integer)v).intValue());
        else
            throw new RuntimeException("bad type " + location());
    }
}
```

> A 哎呀，没太大区别嘛。
>
> C 话不能这么说，这里重要的是在使用时是否需要执行数据类型转换。

此外，如果通过 Java 语言定义修改器，除了需要使用 @Reviser 标注，还必须根据需要显式地执行强制类型转换。例如，ASTree 类的 eval 方法需由 ASTreeEx 修改器添加。如果使用 @Reviser 标注，我们必须在调用 ASTree 对象新增的 eval 方法时，将对象强制转换为与修改器相同的类型。以代码清单 18.2 的第 3 行为例，我们需要改用下面这样的语句。

```
Object v = ((ASTreeEx)operand()).eval(env);
```

之所以要这样修改，是因为 operand 方法返回的是一个 ASTree 类型的值。不过，如果使用 GluonJ 语言专门的语法，我们就能像代码清单 18.2 那样，无需强制类型转换即可直接完成赋值操作。

如果使用 @Reviser 标注，代码中插入的诸如 (ASTreeEx) 这样的强制类型转换必定成功，不存在转换失败并抛出 ClassCastException 异常的可能。需要修改的类一定能被成功转换为与相应的修改器相同的类型。由此可知，即使使用标注，也不会对 Java 语言的静态类型检查造成多大影响。不过，在使用 GluonJ 语言时，类型检查的效率更高。而且最重要的是，此时程序结构将更加简洁，因此我们更推荐做法。

> **H** GluonJ 除了具有一些与 open class 类似的功能，还支持其他很多别的特性。不一起介绍一下吗？
>
> **C** 本书用不到的功能就不专门讲解了。有兴趣的读者请自己去了解吧。

代码清单 18.3　通过 @Reviser 声明修改器

```
@Reviser public class NegativeEx extends NegativeExpr {
    public NegativeEx(List<ASTree> c) { super(c); }
    public Object eval(Environment env) {
        Object v = ((ASTreeEx)operand()).eval(env);
        if (v instanceof Integer)
            return new Integer(-((Integer)v).intValue());
        else
            throw new StoneException("bad type " + location());
    }
}
```

18.4　功能总结

我们已经林林总总讲解了一些 GluonJ 的功能，本章的最后将重新整理这些内容。GluonJ 语言提供了很多专用语法，不过我们要整理的并非 GluonJ 语言的这些语法，而是在本书中作为 Java 语言框架使用的 GluonJ 语言功能。

● @Reviser

标记 @Reviser 表示该类是一个修改器，它可以修改 extends 之后的类的定义。修改器的字段与方法将被直接添加至需要修改的目标类中。

如果需要修改的类含有构造函数，修改器也会包含具有相同类型签名的构造函数。如果构造函数不止一个，修改器将同时包含所有对应的构造函数。构造函数无法另外添加。

代码清单 18.3 是一个例子，它改写了代码清单 18.2，通过 @Reviser 实现了修改器的声明。两种方式的主要区别在于是否使用了构造函数，以及 eval 方法在最初调用 operand() 的 eval 方法时是否需要执行强制类型转换。

● 强制类型转换与 revise 方法

在调用由修改器添加的方法时，我们必须将修改后的类强制转换为与修改器一样的类型。不过有时，这样的强制类型转换可能会与 Java 语言的语法冲突，造成编译错误。此时，我们可以改用 javassist.gluonj.GluonJ 类中的 static 方法 revise。例如，在第 11 章代码清单 11.4 中，FunEx 修改的 lookup 方法就使用了这一 revise 方法。

```
import static javassist.gluonj.GluonJ.revise;
    :
((ASTreeOptEx)revise(body)).lookup(newSyms);
```

其中，body 是一个 BlockStmnt 类型的变量，并应用了 ASTreeOptEx 修改器。lookup 方法由 ASTreeOptEx 修改器添加。根据 Java 语言的语法，ASTreeOptEx 修改器和 BlockStmnt 类都是 ASTree 的子类，但两者之间并无继承关系。也就是说，ASTreeOptEx 类并不是 BlockStmnt 类的子类。因此下面这样的强制类型转换将引起编译错误。

```
(ASTreeOptEx)body
```

为避免该问题，我们要像下面这样改用 revise。

```
(ASTreeOptEx)revise(body)
```

● **super 调用**

修改器在覆盖修改对象的类方法时，可以在自身的方法中通过 super 调用需要修改的类提供的方法。这与子类的方法可以借助 super 来调用父类方法的机制相同。

如果一个类应用了多个修改器，由某个修改器添加的方法能被其他修改器再次覆盖。这时，super 调用的是被覆盖的修改器提供的方法。

● **@Require**

如果修改器含有 @Require 标注，表示它依赖于由 @Require 的参数列出的其他修改器。如果某个修改器 R 依赖于另一个修改器 S，程序在应用修改器 R 之前将首先隐式地应用修改器 S。也就是说，修改器 S 的应用将先于 R。如果两个修改器修改了同一个类，后应用的修改器有可能会覆盖前一个修改器添加的方法。

● **分组**

我们能将多个修改器分组。标有 @Reviser 但不含 extends 部分的类用于表示修改器的分组。分组内的修改器都是该类的嵌套子类。这些嵌套子类都必须是 static 类型。

修改器的分组可以作为 @Require 标注的参数使用。此时，具有该标注的修改器将依赖于参数中的修改器的分组。这一分组中的所有修改器都将被事先应用。

● **修改器的 extends 操作**

除了通常的类，修改器还可以 extends 另一个修改器。例如，对于下面这样修改器 R 的定义，S 如果不是普通的类，而是另一个修改器，修改器 R 将修改 S 修改的类。

```
@Reviser public class R extends S { ... }
```

此时，修改器 R 将在修改器 S 之后应用。因此，修改器 R 的方法能够覆盖由修改器 S 添加的方法。

专栏7 英勇事迹（续）

第 **19** 天

抽象语法树与设计模式

第19天　抽象语法树与设计模式

本书在实现程序中的抽象语法树时，使用了 GluonJ 语言以及 Ruby 语言中 open class 风格的语法结构。不过，抽象语法树的类设计有一些重要的设计模式，通过这些设计模式，我们可以完全在 Java 语言的框架内设计相关的类。本章将讲解如何通过设计模式设计抽象语法树，并分析这种方式的优缺点，供有兴趣的读者阅读。

19.1　理想的设计

本书已经分阶段逐步构建了 Stone 语言的语言处理器。我们首先选取了一些必需的语法规则，实现了一个极为简单的版本。在确认该处理器能正常工作后，我们又进一步为其添加新功能，并再次确认执行情况，如此反复……本书采用的这种流程称为迭代式开发风格。如今，不只是语言处理器，这种方式广泛应用于 Web 服务等各种类型的开发，十分常见。

然而，在新增功能时，我们难免要为一些类改写或添加方法与字段。对已经确认能正常执行的程序做局部修改，也就是修改已有的类定义，或彻底替换某些类的定义，将使程序变得难以理解，提升今后的开发难度。

> **H** 如果随意修改程序，可能会把原本能正常执行的部分也改错呢。
>
> **S** 嗯，这时需要使用版本管理系统才行，这可是常识。如果在修改前签入过代码，万一发生问题，只要还原之前的代码即可。
>
> **C** 不过进行多次修改后，合并与移除会很麻烦。
>
> **F** 老师，通过语言来管理版本问题时，融合也不轻松。不过，这时的粒度较细，比版本管理系统多少要方便些……

理想情况下，程序新增的功能应能作为差分文件[①]处理。只要将它们与现有程序结合，就能得到具有新功能的软件。我们希望尽可能不对原有程序做额外的修改。此外，即使是差分文件，也应易于开发者阅读与理解。如果差分文件的表述形式与 diff 指令的输出结果类似，和程序结构本身无关，将给开发造成很大的困难。

实现这一理想，是程序设计语言研究领域的一大目标。在开发程序设计语言的处理器时，我们可以通过多种手法努力向这一目标靠近。本章将介绍 interpreter 模式与 visitor 模式，这两种设计模式是常用的处理器设计手法。应用这些模式后，程序将变得易于修正，且无需在新增功能时

---

① 或称为差别文件。——译者注

对代码做太大的改动。

19.2 Interpreter 模式

　　第 6 章 (第 6 天) 最初在设计仅含基本功能的 Stone 语言处理器时，通过修改器向抽象语法树的节点类添加了 eval 方法。新增了 eval 方法的类其实采用了 Interpreter 设计模式。所有抽象语法树的节点类共享一个父类 ASTree，各个类又分别定义了各自的 eval 方法，这是典型的 interpreter 模式。本书使用了大量的抽象语法树节点类，方便起见，下面将以一种简化版本为例进行讲解。首先，抽象语法树将仅含 NumberLiteral 与 BinaryExpr 这两种具体类。在第 4 章 (第 4 天) 的图 4.5 中，它们与 ASTree 类之间还夹有 ASTLeaf 类与 ASTList 类，不过本章将省略这两个类。此外，各类的字段定义也将从简，与 BinaryExpr 类对应的节点仅表示加法或乘法。代码清单 19.1 是具体的程序。图 19.1 是与之对应的类图。

　　由于采用了 interpreter 模式，各节点类共享的父类 ASTree 也包含 eval 方法。调用该方法后程序将开始执行。BinaryExpr 类含有字段 left 与 right，它们分别表示左侧与右侧的操作数，是 ASTree 类型的变量。因此，我们无需在意实际的对象究竟是 NumberLiteral 还是 BinaryExpr，只需直接调用 eval 方法即可。调用 eval 方法后，语言处理器将根据对象的实际类型选择合适的 eval 方法执行。这种方式称为动态方法分派，是面向对象语言具备的基本功能。

代码清单 19.1 　简化后的抽象语法树节点类

```java
public abstract class ASTree {
    public abstract int eval() throws Exception;
}

public class NumberLiteral extends ASTree {
    public Token value;
    public int eval() throws Exception {
        return value.getNumber();
    }
}

public class BinaryExpr extends ASTree {
    public Token operator;
    public ASTree left, right;
    public int eval() throws Exception {
        String op = operator.getText();
        if ("+".equals(op))
            return left.eval() + right.eval();
        else if ("*".equals(op))
            return left.eval() * right.eval();
        else
            throw new Exception("bad operator " + op);
    }
}
```

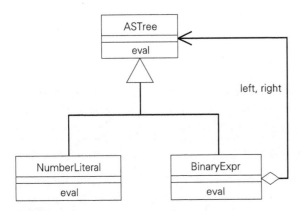

图19.1 简化后的抽象语法树节点类之间的相互关系

代码清单19.2 将eval方法从抽象语法树的节点类中分离

```
public class Evaluator {
    public static int eval(ASTree tree) throws Exception {
        if (tree instanceof BinaryExpr) {
            BinaryExpr expr = (BinaryExpr)tree;
            String op = expr.operator.getText();
            if ("+".equals(op))
                return expr.left.eval() + expr.right.eval();
            else if ("*".equals(op))
                return expr.left.eval() * expr.right.eval();
            else
                throw new Exception("bad operator " + op);
        }
        else if (tree instanceof NumberLiteral) {
            NumberLiteral num = (NumberLiteral)tree;
            return num.value.getNumber();
        }
        else
            throw new Exception("unknown ASTree");
    }
}
```

> **C** 你们觉得 interpreter 模式好在哪里呢?
>
> **F** 对于面向对象语言写成的程序来说,这些是理所应当的,没觉得特别好呀。
>
> **A** 这都已经被归纳为一种设计模式了,只管用就好了,不用考虑为什么要用它。

　　我们来考虑一下不使用 interpreter 模式的程序,并与使用了该模式的程序进行比较。eval 方法用于执行程序,但它并不一定适合作为抽象语法树节点类中的方法。有观点认为,抽象语法树节点类的方法应仅用于抽象语法树的构建及其他一些相关操作,而不是程序的执行。

　　代码清单 19.2 将 eval 方法分离出了抽象语法树的节点类。该 eval 方法将接收抽象语法树作为参数,并执行程序。它将分析由参数传递而来的对象 tree 的类型,根据情况执行相应的处理。实际的处理逻辑与代码清单 19.1 的 eval 方法基本相同。可以说，它只是通过 if 语句显式地完成了由动态方法分派隐式地执行的操作。图 19.2 显示了这种方式与 interpreter 模式之间的差异。interpreter 模式将分别在不同的类中执行相应的处理（在图中以矩形表示），而分离后的 eval 方法则将在一条 if 语句中执行所有的处理。

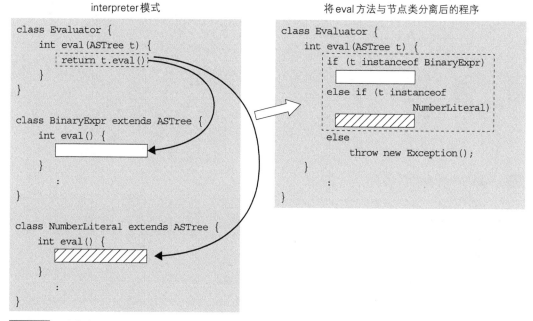

图19.2 动态方法分派与 if 语句

> **F** 这种结构不佳的代码简直是典型的反面教材呢。
>
> **C** 不过，在面向对象普及之前，大家都是这么设计程序的哦。

　　使用了 interpreter 模式的程序，即使之后因扩充语法规则而新增了一些 ASTree 类的子类，原有程序也无需做太多修改，这也是 interpreter 模式的一大优点。例如，假设我们要为语言处理器扩充语法，为其添加对单目负号运算符（即整数前的负号）的支持。此时，原有程序几乎不会有什么改动。

　　为了表示具有负号的项，我们可以为 ASTree 定义一个新的子类 NegativeExpr。如果程序没有采用 interpreter 模式，if 语句就必须做相应的修改。我们必须为 if 语句添加逻辑，使它能够在参数是一个 NegativeExpr 对象时也做出恰当的处理（图 19.3）。另一方面，如果程序采用了 interpreter 模式，我们只需为 NegativeExpr 类定义合适的 eval 方法即可。BinaryExpr 类等其他一些已经能够正确运行的部分不必做额外的修改。

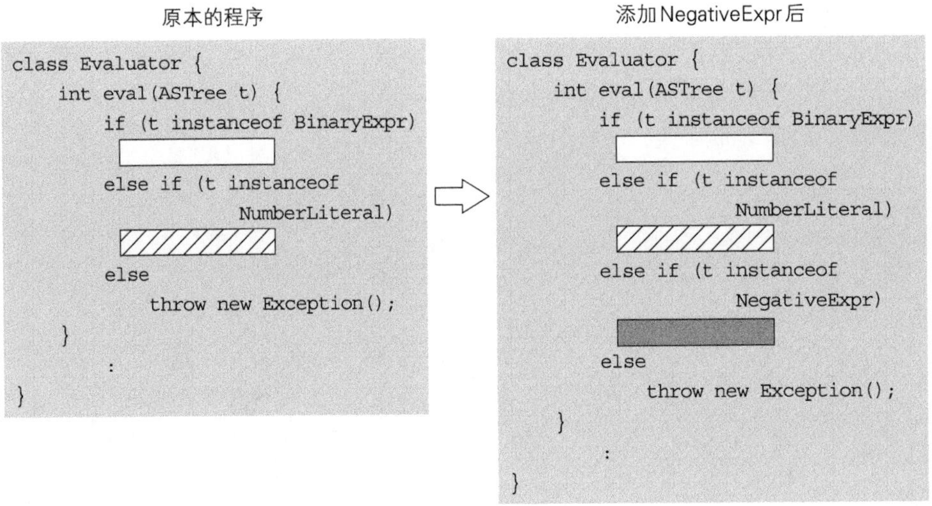

原本的程序　　　　　　　　　　　　　　添加 NegativeExpr 后

```
class Evaluator {
    int eval(ASTree t) {
        if (t instanceof BinaryExpr)
            ▭
        else if (t instanceof
                NumberLiteral)
            ▨
        else
            throw new Exception();
    }
        :
}
```

```
class Evaluator {
    int eval(ASTree t) {
        if (t instanceof BinaryExpr)
            ▭
        else if (t instanceof
                NumberLiteral)
            ▨
        else if (t instanceof
                NegativeExpr)
            ▬
        else
            throw new Exception();
    }
        :
}
```

图 19.3 新增抽象语法树的节点类

> **A** 说是要修改 if 语句，也不过是添加一条 else 分支嘛，不要紧，不是什么大问题。
>
> **C** 方法内部也需要修改哦。对于现有的这些能够正常执行的类，它们的源代码免不了要做些修改。
>
> **S** 常常看起来容易，真做起来时会发现要改的地方一大堆。
>
> **F** 如果使用 interpreter 模式，就不用修改已有的源代码了呢。
>
> **H** 不过老师您也得讲讲 interpreter 模式的缺点才行啊……

　　采用 interpreter 模式的程序也存在不足。如果程序不采用该模式，所有的处理都能在 Evaluator 类的 eval 方法中完成。采用 interpreter 模式的程序则需要分别在不同的 eval 方法中执行处理。在上例中，BinaryExpr 类与 NumberLiteral 类各自含有专门的 eval 方法，原本能在一个 eval 方法中执行的处理不得不分为两部分。随着 ASTree 的子类的增加，eval 方法的数量也会不断增加。由于这些方法分别位于不同的源文件中，因此很难理清全体 eval 方法具体实现了怎样的功能，可读性较差。例子中的程序比较简短，这个问题尚不明显，如果程序规模较大，我们就不能再忽略这个缺点了。面向切面程序设计中的横切关注点也有这个问题。

19.3　Visitor 模式

　　前面介绍的 interpreter 模式还有另一个问题。在第 11 章（第 11 天）的具体实现中，我们为抽象语法树的节点类添加了 lookup 方法。lookup 方法将事先统计程序中出现的变量，并确定变量的保存位置。与 eval 方法相同，该方法也将从抽象语法树的根节点向叶节点遍历整棵语法树，同时逐步执行必要的计算。

> **A** 咦，本章讨论的抽象语法树中不含变量呀。只有数字而已。
>
> **H** A 君，就别在意这些小细节了。
>
> **C** 无论 lookup 方法的内部怎样，总之只要知道 lookup 方法在执行时会遍历语法树，并查找叶节点的内容就好了。

如果使用 interpreter 模式，我们就必须为各个类添加相应的 lookup 方法，其中包含了与 eval 方法同样的程序结构。NumberLiteral 类与 BinaryExpr 类原本已能正常运行，却依然需要添加一些方法，其实质与修改代码无异。这并非是我们所希望的结果。

> **A** 哎呀，interpreter 模式也不行呀。
>
> **C** 不，上面的例子已经超出了 interpreter 模式的适用范围。所以说上面说的其实有些吹毛求疵了。

此时，我们可以利用 visitor 模式来解决这一问题。该模式下，eval 方法与 lookup 方法将被移至其他的类，抽象语法树的 ASTree 类、NumberLiteral 类或 BinaryExpr 类中无需包含这些方法。在新增方法时，抽象语法树的类定义也不需要修改。我们只要创建新的类，再向其中添加方法即可。

> **F** 说起来，那本书 ① 里也说这种情况下适合使用 visitor 模式呢。

我们来看一下经改写后采用了 visitor 模式的程序。该模式是一种不易从整体上把握的设计模式，图 19.4 是它的整体结构。大家可以比较一下图 19.2 介绍的 interpreter 模式。不难发现，在扩充功能时，visitor 模式无需向 NumberLiteral 与 BinaryExpr 等抽象语法树节点类添加诸如 eval 或 lookup 这类的方法。

首先，我们无需直接在抽象语法树的相关类中定义 eval 等方法。为此，我们需要为各个类逐一定义 accept 这一通用的方法作为替代。另一方面，具体的处理操作将由 Visitor 类型的对象中的方法实现。accept 方法将接收该对象作为参数，选择该对象中合适的 visit 方法并执行。这样一来，我们只需更改传递给 accept 方法的 Visitor 对象，就能轻松替换抽象语法树各节点类的处理操作。这就是 visitor 模式的核心思想。图 19.4 中的虚线表示由参数接收的 Visitor 对象的替换操作。

---

① *Design Pattern*，Erich Gamma 等著，艾迪生－韦斯利出版公司 1995 年出版。中文译本《设计模式》由机械工业出版社于 2000 年 9 月出版，李英军、马晓星 、蔡敏、刘建中等译。

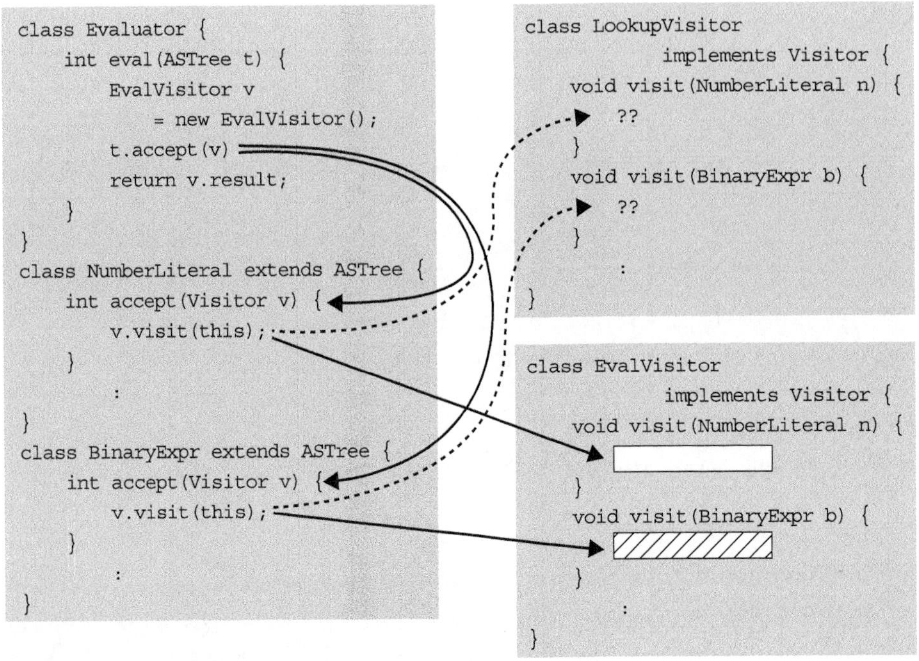

```
class Evaluator {
    int eval(ASTree t) {
        EvalVisitor v
            = new EvalVisitor();
        t.accept(v)
        return v.result;
    }
}
class NumberLiteral extends ASTree {
    int accept(Visitor v) {
        v.visit(this);
    }
        :
}
class BinaryExpr extends ASTree {
    int accept(Visitor v) {
        v.visit(this);
    }
        :
}
```

```
class LookupVisitor
                implements Visitor {
    void visit(NumberLiteral n) {
        ??
    }
    void visit(BinaryExpr b) {
        ??
    }
        :
}
```

```
class EvalVisitor
                implements Visitor {
    void visit(NumberLiteral n) {
        [          ]
    }
    void visit(BinaryExpr b) {
        [////////]
    }
        :
}
```

图19.4　使用 visitor 模式并改写程序

> **A** 这段讲解完全听不懂啊。
> **C** 果然还是要阅读实际的代码才行。
> **S** 嗯，不过就算阅读实际的代码，也没那么容易理解哦。

interpreter 模式将在调用抽象语法树根节点对象的 eval 方法后开始执行程序。visitor 模式在将像下面这样调用 accept 方法执行。其中，变量 t 指向表示抽象语法树根节点的 ASTree 对象。

```
EvalVisitor v = new EvalVisitor();
t.accept(v);
int res = v.result;
```

这段代码首先创建了一个用于执行实际处理的 EvalVisitor 对象，再将它作为参数调用 accept 方法。此处，计算结果通过 result 字段获得，而不是 accept 方法的返回值。在 interpreter 模式下，程序将仅执行 t.eval()，visitor 模式则会按上述方式处理。

> **S** 通过泛型（generics）就能让 accept 方法的返回值作为计算结果哦。
> **C** 嗯……之后我会讲的。

代码清单 19.3 是根据 visitor 模式修改得到的抽象语法树节点类。它去除了代码清单 19.1 中的 eval 方法，同时添加了相应的 accept 方法。新增的 accept 方法的参数类型是 Visitor 接口。代码清单 19.4 是该接口的定义。也就是说，抽象语法树能够通过 accept 方法接收（accept）指定的访问者（visitor）。

除了 ASTree 类之外，代码清单 19.3 的各个类中的 accept 方法都基本相同。然而，由于 visit 方法已被覆盖，因此它们在实际执行时将分别调用不同的 visit 方法。变量 this 的类型将由具体情况决定，在调用 visit 方法时，参数可以是各种类型的值。

代码清单 19.3 根据 visitor 模式改写抽象语法树的节点类

```java
public abstract class ASTree {
    public abstract void accept(Visitor v) throws Exception;
}

public class NumberLiteral extends ASTree {
    public Token value;
    public void accept(Visitor v) throws Exception {
        v.visit(this);
    }
}

public class BinaryExpr extends ASTree {
    public Token operator;
    public ASTree left, right;
    public void accept(Visitor v) throws Exception {
        v.visit(this);
    }
}
```

代码清单 19.4 Visitor 接口（Visitor.java）

```java
public interface Visitor {
    void visit(NumberLiteral n) throws Exception;
    void visit(BinaryExpr e) throws Exception;
}
```

于是，以 t.accept(v) 的形式调用 accept 方法后，最终调用的其实是与变量 t 所属的对象类型对应的 visit 方法。另一方面，interpreter 模式将通过 t.eval() 调用与 t 的对象类型对应的 eval 方法，两者表示的含义相同，区别仅在于一个方法名是 visit，另一个是 eval，且这两种方法分别由不同的类定义。

代码清单 19.5 是 EvalVisitor 类的定义。在 interpreter 模式下，NumberLiteral 与 BinaryExpr 类分别含有各自的 eval 方法，在 visitor 模式下，它们将汇总于 EvalVisitor 类，同时，方法名变为 visit。EvalVisitor 类通过不同的方法，描述了它在访问（visit）NumberLiteral 类或 BinaryExpr 类等各种不同的类时，应具体执行哪些操作。

此外，为提高通用性，visit 方法将返回一个 void 而非 int 类型的值。因此，计算结果的返回方式也将发生变化。visit 方法不通过 return 语句返回结果，而将借助 result 字段传递方法的返回值。被调用的方法将把返回值保存于 result 字段，调用方则通过该字段读取所需的返回值。

代码清单19.5　EvalVisitor 类（EvalVisitor.java）

```
public class EvalVisitor implements Visitor {
    public int result;
    public void visit(NumberLiteral num) {
        result = num.value.getNumber();
    }
    public void visit(BinaryExpr e) throws Exception {
        String op = e.operator.getText();
        e.left.accept(this);
        int r1 = result;
        e.right.accept(this);
        if ("+".equals(op))
            result = r1 + result;
        else if ("*".equals(op))
            result = r1 * result;
        else
            throw new Exception("bad operator " + op);
    }
}
```

C 通过对象的字段传递返回值的做法看起来可能有些古怪。

F 哎呀，说明 EvalVisitor 不支持多线程是吧？

H 不会啊。只要为每个线程创建 EvalVisitor 对象，就能正常地并行处理了不是吗？

S 老师，泛型的用法什么时候介绍……

C 对了，这就讲。虽然有些复杂，但我们也能直接通过 accept 方法的返回值获取计算结果。

为此，我们首先要将 Visitor 接口改为泛型。

```
public interface Visitor<R> {
    R visit(NumberLiteral n) throws Exception;
    R visit(BinaryExpr e) throws Exception;
}
```

然后，各类中的 accept 方法需做如下改动。

```
public <R> R accept(Visitor<R> v) throws Exception {
    return v.visit(this);
}
```

accept 方法的返回值类型为 R，与参数传来的 Visitor 对象的类型参数相同。R 是一个类型变量。之后，我们只要再修改一下 EvalVisitor 的定义，就能使 accept 方法在接收 EvalVisitor 类型的参数时返回 Integer 类型的值。

```
public class EvalVisitor implements Visitor<Integer> { ... }
```

之所以能这样，是由于 EvalVisitor 也是 Visitor<Integer> 类型的类。顺便一提，如果类型为 Visitor<String>，accept 方法的返回值就是 String 类型。

代码清单 19.6　LookupVisitor 类（LookupVisitor.java）

```java
public class LookuplVisitor implements Visitor {
    private Symbols symbols;
    public LookuplVisitor(Symbols syms) { symbols = syms; }
    public void visit(NumberLiteral num) {
        symbols.put(num.value.getText());
    }
    public void visit(BinaryExpr e) throws Exception {
        e.left.accept(this);
        e.right.accept(this);
    }
}
```

根据 Visitor 模式修改程序后，虽然类的设计变得更为复杂，但能够更轻松地为抽象语法树添加新的处理逻辑。应用该模式后，我们无需再对 NumberLiteral 类及 BinaryExpr 类等抽象语法树的节点类做额外的修改。

例如，假设我们希望实现 lookup 处理，对变量执行统计。在 interpreter 模式下，我们必须修改抽象语法树的各个节点类，为它们添加 lookup 方法。在 visitor 模式下，我们不需要进行这类修改。我们只需定义一个实现了 Visitor 接口的 LookupVisitor 类，并在其中定义 NumberLiteral 类与 BinaryExpr 类所需的 visit 方法即可。各个类的 lookup 处理将由对应的 visit 方法承担。在定义了 LookupVisitor 类之后，我们只要创建相应的对象，并以它为参数调用 accept 方法，就能执行对整棵抽象语法树的 lookup 处理。

代码清单 19.6 是 LookupVisitor 类的定义。lookup 方法原本用于查找表达式中的变量，不过本章讨论的表达式中不含变量，只有数值。方便起见，我们在实现 visit 方法时，该方法执行的 lookup 处理将只查找表达式中的数值，并通过 put 方法将其保存至 Symbols 对象之中。

由于 lookup 处理没有返回值，所以 LookupVisitor 类不必包含 result 字段。此时，返回值将通过 EvalVisitor 类的 result 字段返回，因此我们无需更改 Visitor 接口的定义，就能支持任意类型的返回值。

lookup 处理没有返回值，查找结果将由 result 字段表示。无论哪种类型的返回值都能通过这种方式处理。例如，假设返回值为 String 类型，程序能自动将 result 字段转换为 String 类型。我们不需要对抽象语法树的节点类或 Visitor 接口做额外的修改。在 visitor 模式下，类设计从整体上具有极高的通用性。

不过，尽管 lookup 处理没有返回值，它需要接收参数。第 11 章（第 11 天）添加的 lookup 方法将接收一个 Symbols 类型的参数。LookupVisitor 类改用 symbols 字段来支持这一设计，该字段将通过构造函数的参数初始化。Symbols 对象在作为参数传递后，将借由该字段保存。与返回值处理的设计理念相同，这种方式确保了整个类设计有着很高的通用性。

19.4　使用反射

> **A** visitor 模式还是不行啊。
>
> **F** 为什么这么说?
>
> **A** 普通人哪儿能理解这么复杂的东西呀。要能搞懂就都是天才了。

　　visitor 模式或许能称得上是最难理解的模式之一。不过，得益于 EvalVisitor 与 LookupVisitor，我们不必修改 ASTree 类，或 NumberLiteral 与 BinaryExpr 等子类，就能为语言处理器添加新的语法功能。这也是 visitor 模式的一大优点。此外，由于添加的部分全都集中于 EvalVisitor 与 LookupVisitor 类中，处理逻辑的可读性也很强。但另一方面，因为 ASTree 类及其子类新增了 accept 方法，因此程序的复杂度将会提升。

　　我们可以通过 Java 语言提供的反射机制降低这种类型的程序复杂性。使用反射之后，程序能在执行过程中查找某个类具有哪些方法，并执行找到的方法。

　　如果使用了反射，Visitor 接口就不再需要。此外，作为抽象语法树节点类的父类，ASTree 类仍然需要定义 accept 方法，不过它的子类不必再对 accept 方法进行定义。程序中其他类的定义与没有使用反射时的 visitor 模式相同。

　　我们来看一下具体的程序。代码区的 19.7 是除了 ASTree 之外的抽象语法树节点类的简单定义。此时，这些节点类中不需要 eval 与 accept 等方法。EvalVisitor 与 LookupVisitor 的定义没有变化，不过由于我们不再使用 Visitor 接口，因此删去了 implements 一句。其他部分与原来相同。

代码清单 19.7　使用了反射机制的抽象语法树节点类

```
public class NumberLiteral extends ASTree {
    public Token value;
}

public class BinaryExpr extends ASTree {
    public Token operator;
    public ASTree left, right;
}
```

> **A** 不用写 eval 与 accept 方法，反射真是太棒啦!

　　使用反射机制的关键在于为 ASTree 类定义通用的 accept 方法。只要设计出通用的 accept 方法，ASTree 的子类就不必一次次覆盖该方法。代码清单 19.8 是改写后的 ASTree 类。

　　该 accept 方法将在由参数传递的 visitor 对象中查找与自身所属的类相符的 visit 方法。该方法自身所属的类型可以通过 getClass 方法获取。之后，程序将对 visitor 对象调用找到的 visit 方法，参数就是该类自身。例如，假设该对象是一个 BinaryExpr 对象，此时，accept 方法将查找方法 visit(BinaryExpr e)，并以自身（this 对象）作为参数调用该方法。

findMethod 方法将负责实际查找适用的 visit 方法。它将在由参数传递的 visitor 对象中查找以自身（this 对象）的类型为参数的 visit 方法。如果没有符合条件的结果，findMethod 方法将查找以自身的父类作为参数的 visit 方法。例如，假设 this 对象是一个 BinaryExpr 对象，如果 visitor 对象中不存在 visit(BinaryExpr e) 方法，由于 BinaryExpr 存在父类 ASTree 类，因此 findMethod 方法将进而查找 visit(ASTree e) 方法。

> **A** 这样一来 visitor 模式就完美了！太棒了！
>
> **F** 不过要像这样使用反射机制，运行速度可就很慢了呢。
>
> **C** 确实……不过只要多花些功夫设计 ASTree 类的实现，使其支持缓存功能，运行速度倒也不至于太慢。

代码清单19.8　通用的 accept 方法

```java
import java.lang.reflect.Method;

public abstract class ASTree {
    public final void accept(Object visitor) throws Exception {
        Method method = findMethod(visitor, getClass());
        if (method != null)
            method.invoke(visitor, this);
    }
    private static Method findMethod(Object visitor, Class<?> type) {
        if (type == Object.class)
            return null;
        else
            try {
                return visitor.getClass().getMethod("visit", type);
            }
            catch (NoSuchMethodException e) {
                return findMethod(visitor, type.getSuperclass());
            }
    }
}
```

visitor 模式的逻辑较难理解，不过如果通过反射机制实现，该模式的本质就变得一目了然了。在调用 ASTree 对象的 accept 方法后，语言处理器将选择并调用与该对象实际所属的类对应的 visit 方法。为此，我们可以在与各个类对应的 visit 方法中实现相应的处理。由于所有的处理都整合于 EvalVisitor 类中，因此可读性得到了改善。此外，在添加新的处理时，我们只需定义一个类似于 LookupVisitor 的新类即可，而不必修改已有的类。在当前的设计中，实际执行处理的对象类已经与抽象语法树的节点类分离。

> **F** 这就是所谓的关注点分离呢。

在使用反射机制实现 visitor 模式时，该模式原本存在的另一个问题也将得到改善。在原本的实现中，如果为抽象语法树添加了新的节点类，我们就必须对 Visitor 接口以及所有实现了该接口的类进行修改。

例如，假设我们要为语言处理器扩充单目符号运算符功能，为 ASTree 添加一个新的子类 UnaryExpr。此时，我们必须修改 Visitor 接口，添加一个 visit(UnaryExpr e) 方法。实现该接口的 EvalVisitor 等类自然也需要修改，增加 visit(UnaryExpr e) 方法。事实上，大部分已有的类都需要做一定的修改。

对于抽象语法树节点类的添加问题，interpreter 模式反而更有优势。visitor 模式虽然便于添加抽象语法树的处理，但在添加抽象语法树的节点类时会较为复杂。

不过，在通过反射机制实现 visitor 模式时，我们能在很大程度上避免这个问题。在添加 UnaryExpr 类时，我们只要定义一个 EvalVisitor 的子类，并实现相应的 visit(UnaryExpr e) 方法即可。在这种实现方式下，所谓的静态数据类型检查将不再起效，因此无需执行额外的修改。此外，由于程序不再需要使用 Visitor 接口，自然也就没有修改它的必要。

> **F** 这种实现吸取了动态类型语言的部分优点呢。
> **C** 但反过来讲，如果缺少 visit 方法，编译器也发现不了。

19.5　面向切面语言

> **A** 咦，还有东西要讲啊。
> **H** A 君，只是总结而已，最后再总结一下。

最后，回到问题的核心，我们希望达到的目标有两点。

- 我们希望能在扩展程序功能时，不必修改已有的可以正常运行的类。扩展分为以下两类：
  - 新增诸如 UnaryExpr 这样的抽象语法树节点类；
  - 新增诸如 lookup 这样的针对抽象语法树的处理操作。
- 我们希望能在同一位置实现所有相同类型的方法。

为了实现以上目标，本章介绍了 interpreter 与 visitor 这两种设计模式。它们都是非常优秀的面向对象程序设计手法，但都有优缺点。

在新增 UnaryExpr 等抽象语法树的节点类时，采用 interpreter 模式的程序只需做很少的修改。但如果要为抽象语法树新增 eval 或 lookup 这样的处理操作，该程序就不得不修改各种类型的类，不但修改量较大，可读性也很差。

另一方面，visitor 模式的程序在为抽象语法树添加 eval 与 lookup 处理时，只需修改 EvalVisitor 类即可，修改量较小，且可读性很高。不过，如果要新增 UnaryExpr 之类的抽象语法树节点，程序就必须进行大量的修改。此外，我们无法直接为抽象语法树的节点对象添加新的字段。如果要在 visitor 模式中使用反射机制，程序的复杂性将会上升，这也算是一个不足。

因此，本书采用了面向切面语言，通过 GluonJ 来实现语言处理器。这种方式不但无需勉强设计复杂的 Java 程序，而且能够使语言处理器支持更多的功能。

当然，说是采用了面向切面语言的设计方式，本书其实仅使用了 Ruby 语言中的 open class 功能。不过，很多面向切面语言都支持 open class 或类似的功能。该功能可以有效实现面向切面的程序设计目标。如本节开头所讲，面向切面程序设计的主要目标之一就是希望整合相同类型的代码逻辑，并尽可能减少在功能扩展时所需的修改量。

F 为了得出这一结论，我们讲了好久呢。

C 之前也说过，如果不先试着通过面向对象的方式实现语言处理器的话，读者可能无法理解为什么我们一定要使用 GluonJ。

F 其实这才是老师最想写的内容不是吗？

H 据说老师起初是打算在第 4 章讲解这部分的。

A 哎呀，这可不行。如果是我，读到那里就该把书扔一边了。

C 其实我草稿都写好了，给编辑一看，说是"第 4 章的 iterator 模式好像有点太难了"，于是只好放弃，挪到后面去了。

F iterator？不是 interpreter 吗？

C 不，我没讲错。他确实是说觉得 iterator 模式太难了。

H 也就是说，interpreter 模式难到连编辑都错看成 iterator 了么，又或是因为实在太枯燥所以搞错了……

A 呀，真是有点无奈呀。

编辑 那时候正好在处理另一篇与 iterator 有关的文章……看错了真是抱歉。

C 对了，这是本书的编辑 I 先生。

H 初次见面，我是 H。

F 您也是 SD 杂志的编辑对吧，我一直在读您的杂志哦。

C 最近那边的工作比较忙，这本书就无暇顾及了呢。

H （好啦，老师）尽管如此，各位读者还是读完了这本书啊。

C 怎么说呢……之后进行了反思，改写了很多。

编辑 我觉得这本书真的非常棒！

A 咦，I 先生你怎么好像在冒汗呀？

版 权 声 明